GRONDMECHANICA

GRONDMECHANICA

DOOR

PROF. IR. A.S. KEVERLING BUISMAN

A.A.BALKEMA / ROTTERDAM / BROOKFIELD / 1996

Fotomechanische herdruk van de oorspronkelijke uitgave die in 1940 verscheen bij Uitgeverij Waltman, Delft.

ISBN 90 5410 672 7

VOORWOORD BIJ DEZE HERUITGAVE.

Ik betrapte mezelf er op dat gevoelens van afgunst mij overspoelden wanneer ik weer eens een collega hoorde vertellen dat hij het geluk had gehad bij De Slegte een exemplaar te kunnen kopen van het boek van prof. ir. A.S. Keverling Buisman. Een waardevol bezit. Een voor velen welhaast legendarisch boek.

Hoewel ik Buisman nooit persoonlijk heb kunnen meemaken, heb ik toch het gevoel hem persoonlijk te hebben gekend. Immers vele malen heb ik zijn naam genoemd wanneer ik mocht uitleggen aan bezoekers van Grondmechanica Delft op welke wijze dat instituut is voortgekomen uit het innoverende pionierswerk dat Buisman heeft verricht.

Het begon allemaal met het bekende ernstige spoorwegongeluk bij Weesp op 13 september 1918 dat voor de KIvI-Afdeling voor Bouw- en Waterbouwkunde aanleiding was een *Commissie voor Bouwgrondonderzoek* in te stellen. Als voorzitter trad op dr. ir. C. Lely, oud-Minister van Waterstaat. Prof. ir. A.S. Keverling Buisman was één van de leden. De taak van de Commissie werd omschreven als:

– Vast te stellen welke belasting op de ondergrond kan worden toegelaten,

– Na te gaan welke, voor de veiligheid nadelige veranderingen het draagvermogen van bouwgrond kan ondergaan tijdens en na het gereedkomen van het werk.

Deze taak bleek niet mee te vallen. Na enige tijd werden subcommissies ingesteld waarvan er één, onder leiding van Buisman, „ter bestudering van de theoretische vraagstukken betreffende het draagvermogen van bouwgrond''.

Nu was Nederland niet het enige land waar men zich afvroeg hoe het nu eigenlijk zit met dat grondgedrag. Zo was in de Verenigde Staten al in 1913 een soortgelijke bouwgrondcommissie ingesteld en werd ook in Zweden, eveneens na enige ernstige spoorwegrampen, een speciale commissie gevormd. Verder vond vooral in Duitsland en Oostenrijk onderzoek plaats. In 1925 werd de wetenschappelijke basis gelegd onder – wat vanaf toen werd genoemd – de grondmechanica door de in Praag geboren Karl Terzaghi met zijn boek *Erdbaumechanik auf bodenphysikalischer Grundlage*.

In diezelfde tijd deed Buisman terreinproeven in IJmuiden. En in het laboratorium experimenteerde hij met door hemzelf gemaakte apparaten voor het vaststellen van parameters ten behoeve van berekeningen van de stabiliteit van grondlichamen en van zettingen van de grond. Dat werk trok dermate de aandacht dat men begon in te zien dat Buisman's baanbrekende onderzoekingen van meer dan academische betekenis waren. Buisman zocht steun voor een ruimere opzet van zijn werk bij het bestuur van de in 1933 opgerichte Stichting Waterbouwkundig Laboratorium, waaronder het Waterloopkundig Laboratorium ressorteerde. En dat bestuur besloot dat er een Laboratorium voor Grondmechanica – het huidige Grondmechanica Delft – zou worden gesticht.

Het is in het huidige tijdsgewricht waarin het maatschappelijk belang, het voldoen aan een marktbehoefte zo belangrijk wordt geacht, opmerkelijk te constateren dat – toen al, in 1934! – dit instituut in het leven werd geroepen als een marktgericht verlengstuk van onderzoekingen die plaatsvonden aan de Technische Universiteit. Dat wordt door het Stichtingsbestuur duidelijk verwoord in het eerste jaarverslag: „Onder leiding van prof. ir. A.S. Keverling Buisman werden reeds geruime tijd onderzoekingen verricht op het gebied der Grondmechanica. Deze strekten zich ook uit over opdrachten uit de praktijk. De belangrijke resultaten hierbij verkregen toonden de betekenis van deze onderzoekingen aan en deden verwachten dat weldra belangrijke opdrachten op dit gebied verkregen zouden worden. [...] Financieel was het mogelijk deze taak aanstonds ter hand te nemen, omdat mocht worden aangenomen, dat de kosten in 1934 gedekt zouden kunnen worden uit de inkomsten der opdrachten.''

Het bestuur wees als „tijdelijk-Directeur'' (hij zou tot 1948 in dienst blijven) aan ir. T.K. Huizinga. Zijn eerste ervaringen stroken niet helemaal met de woorden uit het jaarverslag want in 1977 heeft de toen 82-jarige heer Huizinga in een toespraakje nog gememoreerd dat „het Laboratorium werd gevestigd in een lokaal van het gebouw voor Weg- en Waterbouwkunde aan het Oostplantsoen. In dat lokaal stonden twee ingenieurs proeven te doen. De ene ingenieur (Geuze) deed proeven voor professor Keverling Buisman en de andere (Pesman) deed proeven voor professor Van Mourik Broekman. En die twee ingenieurs waren de enige personen die in dat lokaal aanwezig waren. Het waren ook de twee enige mensen die ik ter beschikking kreeg. Maar ik kreeg ze niet alleen ter beschikking, ik moest ook nog hun salaris betalen. En dat terwijl ik geen cent van mezelf had. Gelukkig kon ik geld lenen. Professor Buisman leende mij duizend gulden en ook professor Van Mourik Broekman leende mij duizend gulden.''

Buisman was toen al tien à vijftien jaar bezig om zich te oriënteren op het gedrag van grond. Hierdoor was het mogelijk dat Nederland een vooraanstaande rol speelde bij de verdere internationale ontwikkeling van deze nieuwe tak van wetenschap. Een rol die ook internationaal werd gewaardeerd. Dat bleek al duidelijk twee jaar na de stichting van het Laboratorium voor Grondmechanica, in 1936, toen aan de Harvard Universiteit in Cambridge, Mass., Verenigde Staten een conferentie werd georganiseerd. Van de 152 ingezonden papers waren er niet minder dan zeventien uit Nederland afkomstig. In de Proceedings van die allereerste grondmechanica conferentie zijn de eerste drie papers van de hand van Nederlandse auteurs.

De conferentie verliep zeer succesvol en het was een uitgemaakte zaak dat er een vervolg-conferentie moest komen. Bij de discussie over dat vervolg werd door de Amerikaan Carlton S. Proctor op 24 juni 1936 opgemerkt – en hieruit blijkt voor het eerst duidelijk die internationale waardering – dat een tweede conferentie eigenlijk het beste in Nederland zou kunnen worden georganiseerd, want, zo zei hij, Nederland ligt erg centraal „and there is certainly a great deal of very excellent work being done there, as evidenced by the splendid papers presented here from Holland." Die internationale waardering en bewondering voor de Nederlandse grondmechanica is eigenlijk steeds gebleven.

We mogen ons gelukkig prijzen dat prof. ir. Keverling Buisman besloot de resultaten van jarenlange proefnemingen, de daarbij ontwikkelde denkbeelden en methoden van onderzoek vast te leggen in het in 1940 door Drukkerij Waltman gepubliceerde boek *Grondmechanica*. Een boek met minder differentiaal vergelijkingen dan Terzaghi's boek maar met een rijkere, bijna filosofische inslag.

Een boek dat, ondanks de barrière van de Nederlandse taal, ook in het buitenland bekendheid kreeg en waardering ondervond. Getuige het feit dat ik meermalen in internationale contacten werd aangesproken op dat prachtige boek van Buisman. En: „...kon ik wellicht voor een exemplaar zorgen?"

Prof. ir. A.S. Keverling Buisman, de grondlegger in Nederland van de grondmechanica staat er onder het in brons gegoten portret dat is aangebracht in de hal van het gebouw van Grondmechanica Delft. Het is een uitermate gelukkige gedachte geweest van de Directie van Grondmechanica Delft om deze grondlegger te eren met een heruitgave van dit, in de geschiedenis van de Nederlandse grondmechanica zo belangwekkende en belangrijke boek.

Ir. E.H. de Leeuw
Delft, oktober 1996

EEN WOORD VOORAF.

De grondmechanica is een onderdeel van de toegepaste mechanica, dat zich nog aan het begin zijner ontwikkeling bevindt en waaromtrent de opvattingen der verschillende beoefenaren ten aanzien van belangrijke punten nog tamelijk ver uiteenloopen.

Dit neemt niet weg, dat dank zij hare toepassing in verschillende opzichten opmerkelijke resultaten konden worden bereikt, zoodat alle middelen, welke aan verdere bestudeering en ontwikkeling dienstig kunnen zijn, gerechtvaardigd schijnen.

Tot nu toe werd het ter hand nemen der bestudeering bemoeilijkt door het ontbreken van een handleiding, meer in het bijzonder gericht op de vraagstukken, die zich hier te lande voordoen en met behulp waarvan eene eerste verkenning op het zich steeds uitbreidende gebied zou kunnen worden ondernomen.

Toen mijn hooggeschatte leermeester en voorganger Prof. ir. J. KLOPPER mij op grond van deze overweging, enkele jaren geleden, dan ook voorstelde voor zijn Leerboek der Toegepaste Mechanica een hoofdstuk over de ontwikkeling der grondmechanica te schrijven en ik mij daartoe zette, bleek al heel spoedig, dat, ten einde dit eenigermate aan het gestelde doel te doen beantwoorden, hierbij aan een afzonderlijk deel van dit Leerboek moest worden gedacht. Ook maakte de noodzakelijkheid, de stof op bescheidener toon te behandelen, dan dit dank zij eene lange periode van ontwikkeling bij de mechanica der vaste bouwmaterialen gerechtvaardigd is, onderbrenging in een afzonderlijk deel wenschelijk.

Verschillende beoefenaren der grondmechanica wijzen op het gevaar, dat, indien men aan hunne jeugdige collega's op het gebied der grondmechanica formules „gereed voor gebruik" ter beschikking zou stellen, deze de voor de toepassing daarvan geldende beperkingen uit het oog zullen verliezen. Zij achten het doceeren der grondmechanica dan ook een zaak, die met groote omzichtigheid moet worden ter hand genomen, hoe wenschelijk zij dit overigens ook achten.

Ik heb er met deze opvatting voor oogen naar gestreefd mij zooveel mogelijk te beperken tot, en den nadruk te leggen op de grondbeginselen, daarbij overwegende, dat het voorts eene onmogelijkheid moet worden geacht om voor het schier eindelooze aantal der combinaties, waaronder verschillende omstandigheden zich kunnen voordoen, pasklare oplossingen te geven.

Indien men zich in de aldus op den voorgrond gebrachte grondbeginselen en de in de latere hoofdstukken behandelde toepassingen heeft ingedacht, zal daarop voortbouwend, bestudeering der in de technische literatuur behandelde onderwerpen en zelfstandige behandeling van zich voordoende vraagstukken — voor zoover noodig in samenwerking met een laboratorium — kunnen worden ondernomen.

Bij het behandelen der stof werd zooveel mogelijk gebouwd op eigen proefnemingen en op die van het, op instigatie van den schrijver en dank zij den krachtigen steun van Prof. dr. ir. G. H. VAN MOURIK BROEKMAN en dr. ir. J. A. RINGERS opgerichte, Laboratorium voor Grondmechanica als onderdeel van de onder voorzitterschap van ir. J. F. DE VOGEL staande Stichting „Waterbouwkundig Laboratorium". Zonder de werkzaamheid van den Directeur van dit Laboratorium ir. T. K. HUIZINGA en zijne medewerkers in alle rangen zou nooit eene hoeveelheid aan feitenmateriaal en studiën betreffende uit te voeren en uitgevoerde werken ter beschikking hebben gestaan, als thans het geval is geweest. Verschillende der in dit boek vervatte denkbeelden en methoden van onderzoek zijn mede van hen afkomstig, of tot de ontwikkeling daarvan is door hen bijgedragen. Een poging, ondernomen om ieders aandeel naar billijkheid vast te stellen bleek intusschen tot mislukking gedoemd, daar dikwijls door velen daartoe in uiteenloopende mate werd medegewerkt.

Verwijzingen naar de zeer uitvoerige literatuur op het gebied der grondmechanica (zie Literatuurlijst van de American Society of Civil Engineers. Proceedings A.S.C.E. Aug. 1931 en Schrifttum über Bodenmechanik van dr. ir. H. PETERMANN, Mei 1937) zijn beperkt gehouden tot eenige met de behandelde onderwerpen onmiddellijk verband houdende bronnen.

Tenslotte past een woord van dank aan ir. W. VAN VEEN, die mij met groote nauwgezetheid en toewijding heeft bijgestaan om het manuscript tot boek te doen worden en daarbij nuttige wenken ten beste heeft willen geven. Ook de Directeur en het ingenieurs- en teekenpersoneel van het Laboratorium hebben hierbij hun medewerking verleend.

Moge dit boek als grondslag voor verdere studie bruikbaar blijken, aldus het aantal der beoefenaren der grondmechanica doen toenemen en tot verdere ontwikkeling daarvan bijdragen!

DE SCHRIJVER.

INHOUD.

Bladz.

Bladz.

HOOFDSTUK I.

INLEIDING.

§ 1. *Doelstelling.*

De grondmechanica bestudeert de vraagstukken van het evenwicht en de vervorming van grondmassa's van uiteenloopende geaardheid, welke aan krachtswerkingen zijn onderworpen en past de uitkomsten dezer studiën toe, zoowel op grondlichamen zooals die in de natuur worden aangetroffen, als op langs kunstmatigen weg tot stand gebrachte grondwerken.

Wanneer daartoe aanleiding bestaat, worden ook de krachtswerkingen tusschen grondmassa's en de verschillende daarmede in aanraking komende constructies — zooals grondkeerende muren en wanden, fundamenten, palen en dergelijke — in de beschouwingen betrokken.

Ook in de gevallen waarin het nog niet mogelijk is om bij de vraagstukken die zich voordoen, betrouwbare quantitatieve uitkomsten te verkrijgen, kan toch toepassing van de denkwijzen der grondmechanica in vele gevallen leiden tot een beter inzicht in de gedragingen van grond en aldus tot een resultaat in qualitatieven zin.

§ 2. *Korte aanduidingen.*

Teneinde niet bij herhaling een wijdloopige omschrijving te behoeven te geven van hetgeen in een bepaald geval wordt bedoeld, zal bij de verschillende onderwerpen, die in behandeling worden genomen, zooveel mogelijk van korte aanduidingen worden gebruik gemaakt. Wij zullen er reeds onmiddellijk eenige vermelden; geleidelijk aan zullen er meerdere volgen.

In de eerste plaats zal moeten worden vastgesteld wat wij hier verstaan onder „grond". Wij zullen daaronder verstaan een van nature aanwezige of, na opzettelijke verplaatsing, kunstmatig aangebrachte verzameling van niet of weinig samenhangende, meestal kleine deeltjes van minerale en organische herkomst, waarvan de tusschenruimten geheel of ten deele worden in beslag genomen door water met daarin opgeloste stoffen; de overblijvende ruimten — indien aanwezig — zijn met damphoudende lucht of eenig ander gas als b.v. koolzuurgas, moerasgas of dergelijke, gevuld.

Kortheidshalve zal in het navolgende het gasvormige bestanddeel dikwijls als „lucht" worden aangeduid, de vloeibare phase als „water" en de vaste phase als „korrels" of „korrelmassa".

Een grondmassa zullen wij voorts noemen ieder grondlichaaam, hoe ook

gevormd, waarop wij onze beschouwingen kunnen toepassen, geheel afgezien van de omstandigheid of de massa door verweering ter plaatse is gevormd of door de werking van water, wind of ijs, dan wel door opzettelijk
transport haar plaats heeft bereikt. Wij zullen echter de massa's, die op de
eerstgenoemde wijzen ter plaatse zijn gekomen aanduiden als ongeroerden
grond en de laatstbedoelde als geroerden grond.

Een kunstmatig afgezonderde hoeveelheid eener (ongeroerde, dan wel
geroerde) massa zullen wij noemen een ongeroerd, resp. geroerd monster,
al naar gelang bij de monsterneming al dan niet wijziging is gebracht in den
onderlingen stand der deeltjes, zooals die tevoren in de grondmassa aanwezig was.

De samenhangende gesteenten blijven van onze beschouwingen buiten-
gesloten, daar zij kunnen worden behandeld volgens de methoden der toegepaste mechanica der vaste bouwstoffen.

§ 3. *Grond-, water-, lucht- en korrelspanningen.*

In de grondmechanica hebben wij bijna steeds met drukspanningen te doen; deze worden dan ook positief gerekend,
zoodat trekspanningen een negatief teeken krijgen.

Op een vlakte elementje in grond heersche een grondspanning p_g, welke wij kunnen ontbinden in de ontbondenen
σ_g en τ_g. Deze laatste kan, zooals voor de hand ligt, alleen
door de vaste phase worden opgenomen, zoodat $\tau_g = \tau_k$, de schuifspanning
in de korrelmassa moet zijn.

Op de korrels zijn watermoleculen en opgeloste stoffen geadsorbeerd.
Deze geadsorbeerde moleculen vormen zeer taai water of zelfs vast water,
een soort ijs.

De geadsorbeerde vloeistofhuidjes moeten dan ook ten deele tot de vaste
phase worden gerekend, terwijl een geleidelijke overgang naar het „vrije"
water, dat de vloeibare phase vormt, moet worden verondersteld. In klei,
waarbij dit verschijnsel een belangrijke rol speelt, kan de τ_g aldus feitelijk
mede door water worden gedragen, maar dan door water in specialen toestand. Wij blijven echter ook dan gemakshalve spreken over de spanningen
in de vaste phase.

Ten aanzien der normale ontbondene van de grondspanning σ_g is de toestand minder eenvoudig. Wij dienen te bedenken, dat deze grondspanning
in feite wordt opgenomen door het gezamelijke complex van korrels, water
en lucht en bij een luchtvrij korrel-watercomplex (z.g. tweephasigen grond)
als waarmede wij ons hier eerst zullen bezighouden, ten deele door de korrelmassa en ten deele door het zich daartusschen bevindende water.

3

Wij hebben dus onderscheid te maken tusschen waterspanningen, korrel-spanningen en later ook — bij driephasigen grond — luchtspanningen.

De waterspanning is de spanning in het vrij tusschen de korrels beweeg-lijke water; wij noemen deze σ_w. De waterspanning heerscht feitelijk slechts over een gedeelte van een gedacht doorsnijdingsvlakje, doch leidt (zie fig. 1) steeds tot een even groote spanning in het materiaal der korrels. Wij zullen deze door σ_w veroorzaakte spanning in het korrel-materiaal eenvou-digheidshalve tot de waterspanningen rekenen, niet alleen omdat deze daar-mede onverbrekelijk samenhangt, doch vooral, omdat .daaruit geenerlei drukking der korrels op elkaar voortvloeit. De „waterspanningen" zullen dan dus over het volle oppervlak van een doorsnijdingsvlakje in rekening kunnen worden gebracht. Bij grond, bestaande uit korrels, water en lucht, bij driephasigen grond dus, zou deze uitkomst anders kunnen luiden, doch wij zullen hier eerst tweephasigen grond veronderstellen.

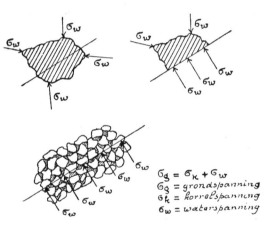

Fig. 1.

$$\sigma_g = \sigma_k + \sigma_w$$
$$\sigma_g = grondspanning$$
$$\sigma_k = korrelspanning$$
$$\sigma_w = waterspanning$$

De benaming „korrelspan-ningen" zullen wij bezigen voor de spanningen, welke in de korrelmassa worden opge-wekt, doordat de korrels in hun aanrakingspunten druk-krachtjes op elkaar uitoefe-nen; de alzijdige waterspan-ningen σ_w geven tot korrel-spanningen volgens deze op-vatting geen aanleiding. De korrelspanningen σ_k worden voorts berekend als ware de korrelmassa homogeen, zoo-als wij dit trouwens ook bij een poreuze betonmassa doen en worden dus eenvoudig op het volle oppervlak van een doorsnijdingsvlakje betrokken. Aldus wordt $\sigma_g = \sigma_k + \sigma_w$ (form. 1a) en dus $\sigma_k = \sigma_g - \sigma_w$ (formule 1b).

Wij moeten bedenken, dat σ_k niet de werkelijke spanning in de korrels voorstelt; deze zou binnen iedere korrel van punt tot punt veranderen en tot op zekere hoogte evenredig zijn met σ_k. In de aanrakingspunten zou bijv. de drukspanning tusschen de korrels veel grooter zijn dan σ_k; σ_k is slechts een gemiddelde spanning, doch daarom niet minder bruikbaar, mits wij slechts zoowel bij proefnemingen als bij de toepassing van de uitkomsten daarvan in onze berekeningen σ_k steeds op dezelfde hierboven aangegeven wijze bepalen.

Opgemerkt wordt nog, dat σ_w, zooals wij later bij de capillaire verschijn-

4

selen nader zullen bespreken, niet steeds een druk zal behoeven te beteekenen, doch ook negatieve waarden zal kunnen aannemen. In zulke gevallen zal krachtens de formules (1) $\sigma_k > \sigma_g$ worden.

Zouden wij tweephasigen grond hebben, uitsluitend bestaande uit korrels en lucht, dus zonder water, dan zou voor de luchtspanning iets dergelijks kunnen gelden als hierboven voor de waterspanning besproken en zou dus de betrekking gelden $\sigma_g = \sigma_k + \sigma_l$.

Echter geven wij de luchtspanningen in de grondmechanica aan ten opzichte van den atmosferischen druk. Staat de lucht in vrije verbinding met de atmosfeer, is zij in rust en verwaarloozen wij de drukvariatie in stilstaande lucht in verticale richting op grond van het geringe volume-gewicht, dan wordt $\sigma_g = \sigma_k$, daar dan $\sigma_l = 0$ kan worden gesteld.

Het geval, dat zooeven werd behandeld, zal zich echter slechts bij hooge uitzondering en dan nog slechts bij benadering voordoen. Wel zal grond voorkomen overal door luchtkanaaltjes met vrijwel stilstaande lucht doorsneden, doch algeheele afwezigheid van water is nagenoeg uitgesloten. Rondom de aanrakingspunten der vaste deeltjes zijn meestal kleine hoeveelheden water aanwezig.

Stel deze beslaan in dezen driephasigen grond een breukdeel a_w van het totale volume, dat echter niet zoo groot mag zijn, dat de korrels niet ten deele door lucht en ten deele door water (z.g. pendulair water) zijn omgeven. De waterspanning, die naar later zal blijken, dan steeds kleiner zal zijn dan die in de luchtkanaaltjes, zij σ_w.

Daar wij de waterspanning steeds vergelijken met de atmosferische druk, zal σ_w in deze gevallen dus negatief blijken te zijn. Van een alzijdigen waterdruk is dus nu geen sprake, terwijl σ_l bij vrije verbinding met de buitenlucht o zal zijn.

Van een oppervlakje df zal $a_w . df$ uit water bestaan. De in een snijvlakje df heerschende drukkracht $\sigma_g . df$ zal gelijk zijn aan

$$\sigma_k . df + \sigma_w . a_w . df,$$

zoodat

$$\sigma_g = \sigma_k + a_w . \sigma_w.$$

Bij negatieve σ_w wordt $\sigma_k > \sigma_g$.

Zou de omgevende lucht ter plaatse — dank zij eene afsluiting van de vrije atmosfeer — eene spanning σ_l bezitten, dan ware

$$\sigma_g = \sigma_k + a_w . \sigma_w + \sigma_l.$$

Daar ook dit laatste geval zich slechts bij uitzondering zal voordoen, daar meestal $\sigma_l = 0$, zullen wij bij driephasigen grond meestal te maken hebben met de betrekking:

$$\sigma_g = \sigma_k + a_w . \sigma_w.$$

Bij de bespreking der capillaire verschijnselen wordt later hierop uitvoeriger teruggekomen.

Het is steeds van groot belang, de spanningen σ_k te kennen, omdat daarvan zoowel de vervorming der korrelmassa alsook de inwendige wrijving en dus ook het evenwicht eener beschouwde grondmassa afhankelijk zullen zijn. Dit verklaart ten volle onze belangstelling voor de splitsing van de grondspanningen in korrel- en waterspanningen. Zonder deze splitsing kan geen doeltreffend onderzoek naar de vervorming of naar het evenwicht eener grondmassa worden ingesteld.

§ 4. *Bepaling van korrel- en waterspanningen.*

In de practische gevallen is σ_w dikwijls gemakkelijk af te leiden uit den stand van een waterspiegel in de nabijheid, of uit dien van het phreatische vlak in het terrein; namelijk als het water in rust verkeert en dus de hydrostatische wet volgt.

Als σ_g bekend is, is (met behulp van formule 1b) dan ook σ_k gemakkelijk te bepalen.

Vooral bij een zeer uitgestrekt horizontaal terrein en een eveneens horizontaal phreatisch vlak schijnt dit ten aanzien van de spanning in horizontale vlakjes een eenvoudige zaak. Voor vlakjes met andere richting valt de bepaling van σ_g reeds moeilijker en vormt een vraagstuk op zichzelf, terwijl bij ongelijkmatig verdeelde bovenbelasting en in beweging verkeerend poriënwater de moeilijkheden nog toenemen.

Wij zullen, ten einde de beschouwingen niet onmiddellijk te compliceeren, ons voorloopig tot eenvoudige omstandigheden blijven beperken. Slechts moge worden opgemerkt, dat, indien het water in beweging is, de optredende σ_w waarden in het algemeen in de meer ingewikkelde gevallen kunnen worden bepaald aan de hand van stroomingsberekeningen, van onderzoek aan modellen op kleine schaal en in practische gevallen bij reeds aanwezige grondmassa's, uit waterstandswaarnemingen in peilbuizen of hetgeen beter is, uit spanningsmetingen kunnen worden afgeleid.

§ 5. *Stroomingsdruk en doorstroomende waterhoeveelheid.*

Blijkens fig. 2 en de daarin opgenomen berekening oefent stroomend water op de doorstroomde korrelmassa een krachtswerking uit — de stroomingsdruk —, die per eenheid van volume der massa gelijk is aan het verhang en b.v. in g/cm³ kan worden uitgedrukt. Uit dien hoofde zullen de korrelspanningen in de stroomrichting moeten toenemen.

Men kan daarmede soms gemakkelijk rekening houden, door een afwij-

6

king aan te nemen van het zwaartekrachtsveld naar intensiteit en richting (§ 125).

Dit is intusschen slechts doelmatig indien i in het beschouwde gebied een constante waarde en richting bezit.

De hoeveelheid water, die bij aanwezigheid van een verhang i, per seconde en per cm² een vlakje loodrecht op de stroomrichting passeert, bedraagt $k i$; k wordt de doorlatendheids-coëfficiënt van de korrelmassa genoemd.

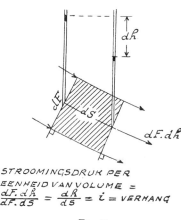

STROOMINGSDRUK PER
EENHEID VAN VOLUME =
$\frac{dF.\,dh}{dF.\,ds} = \frac{dh}{ds} = i = VERHANG$

Fig. 2.

Het verhang kan in bepaalde gevallen verticaal gericht en bovendien constant zijn; in dat geval zijn in een horizontaal terrein de spanningen σ_g, σ_k (op horizontale vlakjes) en σ_w — zooals later uit eenige voorbeelden moge blijken — gemakkelijk te bepalen. Bij de in de te geven voorbeelden optredende opwaartsche of neerwaartsche waterstrooming volgen de waterspanningen uit den aard der zaak niet meer de hydrostatische wet. Men zou geneigd zijn dan van hydrodynamische waterspanningen te spreken, doch wij zullen dit niet doen, aangezien deze benaming meer in het bijzonder gebezigd wordt voor afwijkingen in de waterspanningen van voorbijgaanden aard, welke optreden bij wijziging van de belasting eener grondmassa, vooral als de korrelmassa gemakkelijk vervormbaar en slecht doorlatend is. Het navolgende moge dit begrip verduidelijken.

§ 6. *Hydrodynamische water- en korrelspanningen.*

In haar eindrapport van 1922 vestigde de Zweedsche commissie, die een onderzoek had in te stellen naar de veiligheid der taluds der spoorwegen, *) de aandacht op de omstandigheid, dat, indien een kleimassa, bestaande uit vaste deeltjes en water, een grootere belasting te dragen krijgt dan tevoren, daaruit water moet worden weggeperst. De betreffende afbeelding uit het bewuste rapport wordt hierbij afgedrukt (fig. 3 beneden). Prof. K. von TERZAGHI nu bouwde op deze grondgedachte — onafhankelijk van de Zweden — en in aansluiting aan zijn samendrukkingsonderzoekingen, zijn mathematische verdichtingstheorie van kleilagen, of meer algemeen gezegd van samendrukbare, slecht doorlatende korrelmassa's. Hetgeen zich daarin af-

*) Statens Järnvägers geotekniska commission. Slutbetänkande.

speelt is namelijk vrij ingewikkeld, zelfs indien men zich hierbij voor oogen stelt het eenvoudige geval van fig. 3, waarbij de wegstrooming van het water in alle punten der massa gemiddeld eenzelfde richting zal hebben, de verticale, en men dus met een lineair probleem te maken heeft.

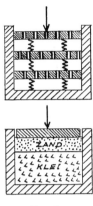

Zou een kleimassa worden ontlast en daarbij eenige elastische uitzetting willen vertoonen, dan zou omgekeerd poriënwater moeten worden toegevoerd.

Onmiddellijk nadat een toename van de verticale belasting wordt aangebracht, zal — wij nemen even aan, dat voordien het water juist in rust verkeert en de spanning overal overeenkomt met die van een waterspiegel gelijk met het bovenvlakje van den grond, dat er in het geheel geen gasbelletjes in het water aanwezig zijn, bovendien water volkomen onsamendrukbaar ware en de korrelmassa ook aan de geringste σ_k-toename op horizontale vlakjes slechts onder gelijktijdige verdichting zou kunnen weerstand bieden — deze belastingtoename uitsluitend door het poriënwater moeten worden gedragen. Natuurlijk zou, ingevolge de afstrooming van het water de waterspanning onmiddellijk daarna beginnen te dalen en de korrelspanning σ_k overeenkomstig toenemen.

Fig. 3.

Dat in de werkelijkheid zulke druktoenamen in het poriënwater inderdaad werden waargenomen, blijkt uit fig. 4, waarin zijn ingeteekend zoowel de

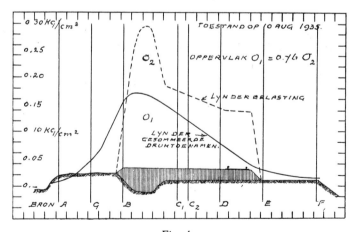

Fig. 4.

laagsgewijs op een veenlaag opgebrachte zandbelasting, als de gesommeerde maximale verhoogingen der waterspanningen, welke met behulp van waterspanningsmeters werden waargenomen in de in het veen geplaatste bronnen.*) De belastingen werden uit den aard der zaak steeds geleidelijk opgebracht, zoodat de waterspanningen telkens reeds tijdens het opbrengen eener belastingsverhooging zullen zijn begonnen te dalen. Niettemin bleek, dat 76 % der belastingen als tijdelijk verhoogde waterspanningen konden worden geregistreerd, hetgeen dus nog beneden de werkelijkheid moet zijn gebleven.

Hierbij dient opgemerkt, dat ook de stijging der waterspanningen in de grondlagen naast de ophooging tot dit cijfer heeft bijgedragen. De korrelspanningen kunnen naast de ophooging zijn gedaald, ingevolge horizontale voortplanting der hydrodynamische spanningen. Aldus zouden de hydrodynamische spanningen zelfs méér dan 100 % eener opgebrachte belasting kunnen uitmaken.

Ook uit tal van laboratoriumproeven op klei en veenmassa's blijkt, dat plotselinge belastingsverhoogingen grootendeels door het poriënwater worden opgenomen en dat dus eerst geleidelijk, onder afstrooming van poriënwater uit de samendrukbare massa, een overdracht van de belasting op de tegelijkertijd samengedrukt wordende korrelmassa plaats vindt.

Hierop wordt later uitvoerig teruggekomen.

VON TERZAGHI noemde de aldus tijdelijk optredende en zich onder invloed van de optredende waterstrooming wijzigende extra waterspanningen, hydrodynamische waterspanningen. Doch niet omdat deze met de dynamica zouden uitstaande hebben! Immers de versnellingen van het water zijn in den regel veel te klein, dan dat de krachten, vereischt om de massa van snelheid te doen veranderen, van noemenswaardigen invloed zouden kunnen zijn op het verloop van het proces als functie van den tijd. Toch is deze benaming wel aanvaardbaar, omdat deze spanningen zich slechts kunnen handhaven zoolang het water (ingevolge wegpersing bij belasting of omgekeerd bij aanzuiging van poriënwater bij ontlasting) nog in beweging verkeert. Indien de hydrodynamische spanningen tot wegpersing van poriënwater leiden, kan men spreken van overspannen water; in het tegenovergestelde geval van onderspannen water. Daar de korrelspanningen den weerslag ondervinden van de wijziging der waterspanningen, aangezien meestal de grootte van $\sigma_g = \sigma_k + \sigma_w$, vaststaat, kan ook van hydrodynamische korrelspanningen worden gesproken.

Zouden de korrelspanningen uiteindelijk een eindwaarde hebben bereikt, waarbij zij zich aan de belastingswijziging geheel hebben aangepast, dan zouden de hydrodynamische waterspanningen nul zijn geworden. Slechts hydrostatische waterspanningen, of waterspanningen, samenhangende met

---

*) Ir. J. C. N. RINGELING. Proceedings Int. Conference on soil mechanics. 1936. Cambridge. Vol. I.

de stationnaire doorstrooming onder den invloed van uitwendige oorzaken, zouden dan overblijven, doch de van de volume-verandering der korrelmassa afhankelijk hydrodynamische korrel- en waterspanningen zouden dan verdwenen zijn.

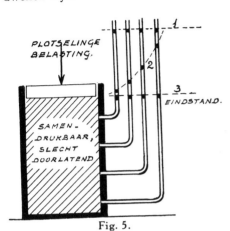

Fig. 5.

Voor wat de vereffening op den duur der hydrodynamische spanningen betreft, is het duidelijk, dat de gedeelten der grondmassa in de nabijheid van het buitenoppervlak het gemakkelijkst het weg te persen water zullen kunnen afvoeren; in de buitenlaag zelve zullen de korrels, indien de belasting volkomen poreus en doorlatend is, reeds onmiddellijk de met de belastingsverhooging overeenkomende korrelspanningsverhooging ondergaan; in het inwendige der massa zullen de hydrodynamische spanningen het moeilijkst worden vereffend. In fig. 5 is een schematische voorstelling gegeven van het te verwachten verloop der verschijnselen. Bij plotselinge belasting zou het water (indien alle wandwrijving werd geëlimineerd en de waterberging der stijgpijpjes te verwaarloozen zou zijn) b.v. stijgen tot de lijn 1; de hydrodynamische waterspanning zou dan (indien voorts ter hoogte van den onderkant van de belastingsplaat een overloop aanwezig is), voor alle punten der massa onmiddellijk na de belasting overeenkomen met de hoogte van de verticale waterkolom tusschen de lijnen 1 en 3. Eenigen tijd daarna zou het water in het standpijpje, behoorende bij het bovenste deel der massa, het sterkst gedaald zijn en dat in het meest rechtsche standpijpje het allerminst. Als eindstand zou voor alle pijpjes het niveau 3 gelden. Ook door bestudeering van de bovenhelft van fig. 3 valt een en ander in te zien. Dit door von Terzaghi ter veraanschouwelijking van het gebeuren ontworpen schema vervangt de grondmassa door een aantal door tusschenkomst van spiraalveeren tegen elkaar steunende zuigers, waartusschen water aanwezig is. De zuigers zijn alle in gelijke mate geperforeerd. De spiraalveeren schematiseeren de samendrukbaarheid der korrelmassa; de nauwe openingen de slechte doorlatendheid daarvan. Het is duidelijk dat, aangezien bij belasting op de bovenste zuiger, water door de nauwe openingen der zuigers moet worden geperst, de waterspanning naar beneden moet toenemen, zij het in afnemende mate, aangezien de door te persen hoeveelheid water naar beneden toe steeds kleiner wordt en dus een naar beneden toe steeds kleiner drukverschil tusschen opeenvolgende compartimenten wordt vereischt. De bovenste veeren worden dus het allereerst ingedrukt; de onderste volgen later.

Het scheen gewenscht om, alvorens later de mathematische behandeling van dit vraagstuk ter hand te nemen, de hier gegeven opmerkingen van meer oriënteerend karakter te doen voorafgaan; zij zullen de latere behandeling gemakkelijker begrijpelijk doen zijn.

Ook zij nog onderstreept, waarom de kennis der waterspanningen — waartoe ook de hydrodynamische behooren, welke bovendien, zooals wij hebben gezien, tijdelijk verrassend groote waarden kunnen aannemen — van zoo groot belang is. Zij zijn realiteiten, die in het geval van overspannen water de kansen op het in evenwicht blijven van belaste grondmassa's verslechteren, daar zij tot groote zijdelingsche krachtswerkingen leiden (ophooging van terreinen, welke door keermuren, damwanden of bestaande dijkslichamen zijdelings worden opgesloten) en bovendien de korrelspanningen kleiner doen blijven, hetgeen den inwendigen wrijvingsweerstand van de massa ongunstig beïnvloedt.

Bij onderspannen water (kort na de vorming van taluds in ingraving b.v.) zijn daarentegen in het begin de waterspanningen te laag en dus de korrelspanningen te hoog; hier zullen de evenwichtskansen dan ook in verloop van tijd minder gunstig worden, daar de krachten, die het evenwicht willen verstoren dan veelal toenemen (met name de stroomingsdruk) en anderzijds de korreldrukken en de wrijving in de massa zullen gaan afnemen.

Terecht wordt dan ook bij de uitvoering van verschillende werken aan de meting der waterspanningen in het terrein aandacht besteed. Ir. C. BIEMOND bemerkte tijdens de uitvoering der ophoogingswerken *) in de Dijksgracht te Amsterdam, dat bronbuizen, geplaatst in de, ingevolge de zandophooging belaste kleilagen boven terreinhoogte als artesische wellen overvloeiden; hij zag in meting der waterspanningen een bruikbaar hulpmiddel om de evenwichtskansen van het in uitvoering zijnde grondwerk bij het verdere verloop daarvan te kunnen beoordeelen en maakte van deze omstandigheid een nuttig gebruik. Sindsdien werden ook bij de uitvoering van andere werken waterspanningswaarnemingen gedaan in zwaar belaste, slecht doorlatende, samendrukbare grondlagen.

Ook bij de behandeling van het later aan de orde te stellen zettingsvraagstuk spelen uiteraard de hydrodynamische waterspanningen, die immers de stijging der korrelspanningen en daarmede dus ook de vervorming belemmeren, gedurende korteren of langeren tijd een belangrijke rol.

---

*) De Ingenieur, 1935, No. 18.

§ 7. *Vergelijking van de grondmechanica met de mechanica der uit vaste materialen samengestelde bouwconstructies.*

Uit de hiervóór gegeven inleidende beschouwingen, waarbij op eenige bijzonderheden, die zich bij de toepassing van mechanica-beschouwingen op grondmassa's voordoen, de aandacht werd gevestigd, vallen reeds belangrijke verschilpunten tusschen de grondmechanica en de mechanica der vaste bouwstoffen af te leiden.

Met dit doel voor oogen werden zij dan ook vooropgesteld.

Het is van nut om, ten einde het overzicht over de verdere behandeling te vergemakkelijken, in deze paragraaf nog kort ook op andere verschilpunten de aandacht te vestigen.

De vaste bouwstoffen danken hun vastheid in hoofdzaak aan hun moleculairen samenhang.

De gebruikelijke sterkte-berekeningen richten zich daarbij meestal op de lijnspanningstoestanden, heerschende in vakwerkstaven en in de uiterste vezels van gebogen balken, dan wel op de vlakspanningstoestanden met in absolute waarde gelijke hoofdspanningen van tegengesteld teeken, (geval van zuivere afschuiving) zooals deze optreden in de punten van de neutrale laag van aan dwarskrachten onderworpen balkdoorsneden.

Voorts behoeft bij de meest gebruikelijke constructies slechts het krachtenspel volgens een plat vlak in beschouwing te worden genomen, hoewel de toepassing van ruimte-constructies, of juister gezegd, de theoretische behandeling daarvan als zoodanig, begint veld te winnen.

De gebruikelijke vaste bouwmaterialen laten toe, dank zij hun in den regel groote homogeniteit, dat men hunne eigenschappen aan vroeger ermede opgedane ervaringen kan ontleenen en men deze dus tot op zekere hoogte kan generaliseeren en tenslotte zelfs aan de hand van keuringsvoorschriften kan toetsen.

Met tijdseffecten behoeft daarbij ternauwernood rekening te worden gehouden, al zal hieraan eerlang wellicht in toenemende mate aandacht worden besteed.

Alle voor vaste bouwconstructies te bezigen materialen kunnen vooraf in oogenschouw worden genomen: ook de belastingen zijn zichtbaar of tastbaar en slechts met de spanningen in één enkele phase — de vaste — behoeft rekening te worden gehouden; het gedrag der constructie wordt door deze vaste phase alleen, volkomen bepaald.

Met voldoende nauwkeurigheid kunnen bij de vaste materialen eenvoudige vormveranderingswetten worden toegepast. De vastheidseigenschappen veranderen niet met de grootte der optredende spanningen, daar zij niet in hoofdzaak op door de spanningen opgewekte wrijvingsweerstanden berusten; bij beton, waarvoor dit ten deele wel het geval is, wordt daarmede nog zelden rekening gehouden.

De sterkte-eischen bepalen meestal de afmetingen der constructies, al zijn in sommige gevallen ook stijfheidsoverwegingen daarop van invloed (beperking der toegelaten doorbuiging; berekening op knikgevaar).

Ten aanzien der vervormingen worden de elastische vervormingen geacht hoofdzaak te zijn; de blijvende vervormingen kunnen meestal als onbeteekenend worden beschouwd.

De krachts- en spanningsverdeeling kan veelal door eenvoudige berekeningen met voldoende nauwkeurigheid worden benaderd, ook bij de statisch onbepaalde constructies.

Richten wij thans hiertegenover onze aandacht op de voor grondmassa's geldende omstandigheden, dan zien wij dat deze bij gebrek aan noemenswaardigen moleculairen samenhang hun vastheid zullen moeten ontleenen hoofdzakelijk aan de daarin optredende wrijvingsweerstanden, die op hun beurt weer van de korrelspanningen afhangen. Een gedeelte der korrelspanningen heeft voor het oog niet waarneembare oorzaken en kan slechts dank zij bepaalde waarnemingen of overwegingen uit de grondspanningen worden afgeleid; de stroomingsdruk, de hydrodynamische en de later te bespreken capillaire spanningen vormen zulke onzichtbare oorzaken.

Voorts heeft men steeds met ruimtespanningstoestanden te maken, daar lijn- en vlakspanningstoestanden nauwelijks bestaanbaar zijn, zoodat steeds dient te worden vastgesteld welke hoofdspanningscombinaties nog tot evenwicht leiden en welke niet.

De korrelsamenstellingen kunnen in allerlei opzicht schier eindeloos varieeren en daarmede de ook op zichzelf reeds ingewikkelde vastheids- en vormveranderingseigenschappen.

De voorgeschiedenis heeft grooten invloed op het gedrag van grond, evenals de minerale samenstelling der korrels, hun vorm en oppervlak en de in het water opgeloste zouten.

Slechts zelden is de massa homogeen; meestal veranderen de eigenschappen in belangrijke mate op korte onderlinge afstanden, terwijl slechts enkele deelen der massa aan een onderzoek kunnen worden onderworpen. Vele deelen der massa zijn en blijven steeds aan het oog onttrokken, hetgeen het verkrijgen van een volledig overzicht bemoeilijkt.

De na belasting of ontlasting verloopen tijd heeft soms grooten invloed op de optredende spanningen, evenals de meerdere of mindere uitgebreidheid der in beschouwing te nemen massa.

Met de spanningen in twee phasen (tweephasensysteem), soms in drie phasen (driephasensysteem) dient afzonderlijk te worden rekening gehouden.

De vormveranderingseigenschappen zijn ingewikkeld en de wet van Hooke wordt in den regel niet gevolgd.

Ook al is het evenwicht daarvan verzekerd, dan zullen toch de afmetingen van fundamenten of van grondwerken dikwijls door de grootte der nog toe te laten vervorming (zettingen) worden bepaald.

De elastische vervormingen treden veelal op den achtergrond in vergelijking tot de blijvende vervormingen die dan ook in de allereerste plaats aandacht zullen vragen.

De optredende spanningsverdeeling is meestal slechts te bepalen door met de vervormingseigenschappen rekening te houden, daar grondconstructies in den regel in hooge mate statisch onbepaald zijn, terwijl het vormveranderingsonderzoek steeds lichamen en nooit staven betreft. Slechts bij het onderzoek der zoogenaamde grenstoestanden van het evenwicht treedt de statische onbepaaldheid der spanningsverdeeling naar den achtergrond.

§ 8. *Aanleiding tot de jongste ontwikkeling der grondmechanica.*

De zoojuist gegeven nog onvolledige opsomming van verschilpunten maakt het gemakkelijk te begrijpen, waarom ook aan diegenen, die zich in de ontwikkelingsperiode der toegepaste mechanica met de berekeningen der vaste bouwconstructies hadden vertrouwd gemaakt of daarbij leiding hadden gegeven, het gedrag van grond ten aanzien van evenwicht en vormverandering dikwijls onberekenbaar is voorgekomen.

Hun voor de hand liggend pogen om bij het theoretisch onderzoek van grondmassa's denkwijzen te volgen, overeenkomstig met die, welke bij de vaste bouwmaterialen tot bevredigende uitkomsten voerden, heeft dan ook begrijpelijkerwijze dikwijls tot teleurstellingen en misvattingen geleid en den vooruitgang op dit gebied van ingenieurswetenschap belemmerd.

Slechts de grondgedachte van COULOMB (KLOPPER I blz. 465 e.v.) en de grensvoorwaarden voor het inwendig evenwicht van RANKINE (KLOPPER II, blz. 201 e.v.) vonden, beide voor grofkorrelige massa's als zand, met bevredigende uitkomst toepassing bij de statische berekeningen betreffende grondkeerende wanden en muren.

Het werk van BOUSSINESQ *) omtrent de spanningsverdeeling in den ondergrond bij plaatselijke belasting werd eerst door FÖPPL (Deel V, 1907) onder de aandacht van de technische wereld gebracht, doch ook hij ging uit van veronderstelde eigenschappen van den grond, welke bij proefnemingen op belaste grondmassa's in het terrein niet steeds werden bevestigd. Desondanks

---

*) M. J. BOUSSINESQ. Application des Potentiels.

blijkt het werk van Boussinesq tot op zekere hoogte uitstekende diensten te kunnen bewijzen.

Vele problemen, b.v. die betreffende het draagvermogen en de zetting van den ondergrond onder den invloed van daarop aangebrachte ophoogingen en fundamenten, de behandeling van de vraagstukken sterk samendrukbare en slecht doorlatende grondsoorten als klei, leem en veen e.d. betreffende, het probleem van de stabiliteit van dijken, dammen en taluds, het draagvermogen van palen en paalgroepen e.d.m. bleven langen tijd rusten.

Ook werd het dienstbaar maken van de in bepaalde gevallen opgedane ervaringen ten behoeve van toepassingen elders, in ernstige mate bemoeilijkt doordat de eigenschappen der betrokken grondsoorten niet op objectieve wijze in cijfers konden worden vastgelegd, waarbij de omstandigheid, dat dikwijls door „onzichtbare" belastingen een belangrijke rol werd gespeeld, niet duidelijk werd ingezien.

De als gevolg van rampen en economische tegenslagen in verschillende landen ingestelde „bouwgrondcommissies" gaven ten slotte den stoot tot het instellen van onderzoekingen naar de physische en mechanische eigenschappen van grondmassa's. Vooral sedert het verschijnen in 1925 van het boek van v. Terzaghi: „Erdbaumechanik auf Bodenphysikalischer Grundlage", werd dit onderzoek in verschillende landen ter hand genomen, dan wel bevorderd en werden ook ten aanzien van de technische toepassing der uitkomsten belangrijke resultaten verkregen.

De ingewikkeldheid van vele der zich voordoende vraagstukken, gevoegd bij de groote verscheidenheid en de wisselende gesteldheid der grondmassa's maakt intusschen een graad van nauwkeurigheid, zooals deze bij de andere bouwconstructies kan worden bereikt, veelal uitgesloten. Hoewel het bezigen van mathematische en grafische hulpmiddelen bij de behandeling der verschillende zich voordoende vraagstukken van quantitatieven aard voor de hand ligt, dient men er steeds van doordrongen te zijn, dat aan de uitkomsten geen hoogere graad van nauwkeurigheid kan worden toegekend dan voortvloeit uit de mate waarin de eigenschappen der betrokken grondsoorten noodgedwongen moesten worden geschematiseerd, dan wel dit het geval is met den samenhang der verschijnselen, die men in getallen wil tot uitdrukking brengen. Voortdurende vergelijking van berekende en waargenomen resultaten is dan ook geboden. Ook dient men er zich steeds toe bereid te houden de gevolgde methoden te verbeteren, indien waargenomen feiten daartoe aanleiding geven.

Opmerkelijke resultaten zijn intusschen bereikt, al wachten nog verschillende vraagstukken op hunne oplossing. In verschillende gevallen zal men zich dan ook nog tevreden moeten stellen met het verbeterde inzicht, dat de toepassing der denkwijzen en der methoden der grondmechanica brengt.

Na dit inleidende hoofdstuk zullen wij onze aandacht thans allereerst bepalen bij de natuurkundige eigenschappen van grond, voor zooverre die voor ons van belang zijn, om daarna meer in het bijzonder bij de mechanische eigenschappen stil te staan. Op de inrichting van proefnemingen en apparaten wordt daarbij in meerdere mate ingegaan dan dit bij de vaste bouwmaterialen noodzakelijk bleek, zonder dat echter verder in details wordt afgedaald dan voor een goed begrip onvermijdelijk is.

Een gereede aanleiding tot deze meer uitvoerige behandeling van proefnemingen vormt de omstandigheid, dat vele gedragingen van grondmassa's in de praktijk gemakkelijker kunnen worden begrepen, indien men zich de methoden en de uitkomsten der proefnemingen duidelijker kan voor oogen stellen.

HOOFDSTUK II.

DE NATUURKUNDIGE EIGENSCHAPPEN VAN GROND.

§ 9. *De korrelmassa of vaste phase.*

De korrelmassa's, waarmede wij ons hier bezig houden, zijn ontstaan door splijting, verweering, verbrijzeling en afslijting van verschillende gesteenten. Zij zijn dikwijls eerst na verplaatsing door water, wind of ijs over groote afstanden op hun vindplaatsen afgezet. Ook het in oplossing gaan van bepaalde stoffen en de afzetting daarvan elders, alsook chemische omzettingen spelen bij dit alles een rol. Niet alleen minerale producten, ook resten van dierlijken oorsprong als organische kalk en overblijfselen van plantaardigen oorsprong als humus en veen, kunnen lagen vormen van groote dikte en uitgebreidheid, die dikwijls met minerale deeltjes zijn vermengd. Hoewel voor deze resten van dierlijken en plantaardigen oorsprong de benaming korrels eigenlijk niet als taalkundig juist kan worden beschouwd, zullen wij die gemakshalve toch ook voor deze deeltjes blijven bezigen, evenals wij ook de stengelvormige en schub- of schilfervormige deeltjes, waarin sommige minerale gesteenten bij fijne verdeeling blijken uiteen te vallen, zoomede de grovere micaschilfers onder den verzamelnaam korrels zullen blijven begrijpen.

Soms zijn de korrelmassa's door verweering en ontleding ter plaatse ontstaan en achtergebleven, in welk geval de samenstelling uiteraard in minder sterke mate wisselend zal zijn en ook de laagdikte der verweerde massa meer beperkt is, daar dan door verschillende invloeden als regen, smeltwater, wind, afschuivingen en temperatuurswisselingen voortdurend materiaalafvoer plaats vond, terwijl ook overigens de verweering slechts tot een beperkte diepte vermag door te dringen.

Daar de korrelmassa's, zooals die worden aangetroffen in de uitgestrekte afzettingen waarop, waarin of waarmede grondconstructies moeten worden uitgevoerd, aldus van zeer verschillende plaatsen en voorts van in hoedanigheid sterk uiteenloopende gesteenten en organismen afkomstig zijn, is de schier oneindige verscheidenheid die deze korrelmassa's vertoonen alleszins verklaarbaar. Daar het eindproduct eener verweering van temperatuur, vochtigheid en tal van andere omstandigheden afhankelijk is, ijn ook de klimatologische omstandigheden waaronder bepaalde massa's erden gevormd, daarop van invloed. Zoo zullen uiteenloopende korrelnassa's worden aangetroffen, naar gelang deze zijn ontstaan onder invloed an aride of humide klimaten, van verweering aan de polen of van die in e tropen.

Ook maakt het verschil of korrelmassa's zijn afgezet in stroomend of tilstaand, in zout of zoet water, dan wel of het transport door den wind f door ijs werd bewerkstelligd.

De chemische samenstelling der deeltjes beinvloedt in zooverre de nechanische eigenschappen, dat bepaalde mineralen bij verweering en verrijzeling tot bepaalde daarvoor typische korrelvormen leiden en bovendien loordat water en de ionen van opgeloste stoffen daardoor in verschillende nate adsorptief op hunne oppervlakken worden gebonden. Er moet op deze laats mede worden volstaan deze verschijnselen, die in de chemie der colloidale stoffen nader worden bestudeerd slechts aan te stippen; wij zullen ons er voorloopig mede tevreden moeten stellen, den invloed daarvan op het gedrag van onder belasting gebrachte grondmassa's tegelijk met die der vele andere eigenschappen dezer massa's in de uitkomsten onzer onderzoekingen weerspiegeld te vinden. Intusschen is het allerminst uitgesloten, dat, naarmate meer feitenmateriaal ter beschikking komt, een meer volledig inzicht in het verband tusschen adsorptieve en mechanische eigenschappen zal kunnen worden verkregen, dan wij thans bezitten.

Teneinde de met ons onderwerp zijdelings verband houdende omstandigheid te kunnen beoordeelen, in hoeverre in een gegeven geval met eene verdere verweering der korrelmassa tijdens den gebruiksduur eener beoogde constructie dient te worden rekening gehouden, dient waar noodig een geologisch advies te worden ingewonnen, evenals dit geboden is, indien andere vraagstukken van geologischen aard zich opdringen.

§ 10. *Onderkenning van grondsoorten.*

Ingevolge de besproken groote verscheidenheid der massa's die wij met de algemeene benaming grond aanduiden, is het niet mogelijk deze onder gebruikmaking van een of enkele woorden zóó volledig te kenschetsen, dat daardoor verdere gegevens zouden kunnen worden gemist. Meer dan eene globale beteekenis zal men, behoudens in uitzonderingsgevallen, dan ook niet kunnen hechten aan de in mondelinge en schriftelijke uiteenzettingen onmisbare aanduiding met enkele woorden van den aard van de in een bepaald geval bedoelde grondmassa.

Ten behoeve van de zoo nauwkeurig mogelijke aanduiding eener grondsoort, waarmede men bepaalde ervaringen heeft opgedaan of waarvan men het mechanisch gedrag door proefnemingen heeft vastgesteld, zullen dan ook de noodige gegevens steeds op objectieve wijze dienen te worden verzameld en vastgelegd.

Onderzoekingen, die voornamelijk met dit doel voor oogen worden ingesteld en die het dan tevens mogelijk zullen maken om later vast te stellen of elders aangetroffen massa's als gelijksoortig dienen te worden beschouwd, kunnen als onderkenningsproeven worden aangeduid.

Indien de vele in verloop van tijden met verschillende grondmassa's opgedane ervaringen onder meer door het uitvoeren van onderkenningsproeven hadden kunnen worden vastgelegd, zou men daaruit voor de techniek meer nut hebben kunnen trekken dan dit thans, bij het ontbreken van zulke gegevens, mogelijk is.

§ 11. *Korreloppervlak, korrelvorm, mineralogische samenstelling.*

Naar de geaardheid van het korreloppervlak voorzoover dat met het gewapende oog kan worden waargenomen, kan men onderscheid maken tusschen scherpkantige, hoekige en afgeronde korrels, aanduidingen die intusschen slechts een subjectief karakter bezitten.

Naar den vorm kan men onderscheid maken tusschen korrels in engeren zin, d.w.z. minerale deeltjes waarvan de drie hoofdafmetingen van dezelfde orde van grootte zijn, schubben of schilfers waarvan èèn, en staafjes of stengels waarvan twéé hoofdafmetingen klein zijn in vergelijking tot de overige. Voor de ultra-microscopische deeltjes moet men langs indirecten weg tot de waarschijnlijke korrelgedaante besluiten. Volledigheidshalve zij toegevoegd, dat voor wat betreft den aard en de hoeveelheden der opgeloste zouten en der geadsorbeerde ionen, chemische methoden zouden moeten worden toegepast, indien de omstandigheden dit wettigen.

Voor wat betreft de mineralogische samenstelling kunnen petrografisch-mineralogische hulpmiddelen en indien het zeer kleine deeltjes betreft, de methoden van het Röntgen-onderzoek uitkomst brengen. Dergelijke onderzoekingen zullen intusschen wel tot de uitzonderingen blijven behooren en meestal zal de onderkenning zich tot eenvoudiger onderzoekingen moeten beperken.

Korrels, waarvan de hoofdafmetingen van gelijke orde van grootte zijn, zou men zich kunnen denken te zijn ontstaan uit gesteenten, die in verband met hun structuur geen bevoorrechte splijtvlakken bezitten, bijv. kwarts, veldspaat, kalk e.a.; tot op het oogenblik hunner afzetting hebben deze deeltjes grooter afmetingen weten te behouden dan de deeltjes van gemakkelijk in schubben of schilfers van zeer geringe dikte splijtende gesteenten,

lie in verband met hunne breekbaarheid uiteindelijk in zeer kleine platte
leeltjes moeten uiteenvallen.

Volgens dezen gedachtengang zouden de grovere deeltjes, die bij het
»pmaken eener korrelverdeeling worden gevonden, in hoofdzaak korrels
moeten zijn in den letterlijken zin en zouden mineralen als kwarts e.d. daarin
moeten overheerschen, terwijl, naarmate de deeltjes fijner zijn, de schilfers
en schilferleverende mineralen (de zoogenaamde kleivormende mineralen
als kaolien, muscoviet, biotiet, montmorrilloniet, haloysiet) meer op den
voorgrond zullen treden en tot in ultramicroscopische afmetingen zullen
worden aangetroffen.

Bij nauwkeurig onderzoek wordt deze gedachtengang, in groote trekken
genomen, bevestigd, zooals o.a. uit de onderzoekingen van V. M. GOLD-
SCHMIDT blijkt *). Niet alleen de afmetingen, doch ook de mineralogische
samenstelling der deeltjes en de daarmee weer samenhangende adsorptieve
eigenschappen zullen zich geleidelijk aan wijzigen bij den overgang van de
grovere naar de fijnere fracties.

§ 12. *Korrelverdeeling; Zeefkromme.*

Een meer objectief gegeven dan dat van de aanduiding van de geaardheid
van het korreloppervlak en van den korrelvorm, verschaft het korrelverdeelingsdiagram, kortheidshalve ook wel de zeefkromme genoemd (fig. 6
en 7). Intusschen kan alleen voor korrelmassa's, die uitsluitend bestaan uit
zoo groote korrels, dat zij nog met behulp van zeven behoorlijk kunnen
worden gescheiden in groepen, zoogenaamde fracties, welke tusschen bepaalde zeefdiameters in zijn gelegen, in de letterlijke beteekenis van een
zeefkromme worden gesproken. De punten der zeefkromme worden dan
bepaald door met behulp van een aantal zeven na te gaan welke gewichts-
percentages der korrelmassa op zeven van toenemende fijnheid blijven
liggen en welke percentages er doorheenvallen. In het korrelverdeelingsdiagram worden dan op de horizontale as en teneinde daarop zoowel de afmetingen van de grootere als die van de zeer kleine korrels duidelijk te
kunnen aangeven liefst op logarithmische schaal de verschillende diameters
der gebruikte zeefopeningen afgezet en daarbij als ordinaten, op lineaire
schaal, de percentages van de door de onderscheidene zeefopeningen wèl,
resp. niet doorvallende gedeelten der massa.

Indien de korrelmassa in een uitzonderlijk geval eens geheel zou bestaan
uit korrels van gelijke afmetingen, zou het diagram ontaarden in een enkele
verticale lijn. Uit de in fig. 6 en 7 **) afgebeelde diagrammen blijkt, dat
dit geval bij de daartoe gediend hebbende korrelmassa's zich niet voordoet,

---

*) Undersökelse over Iersedimenter.
**) Ten deele aan „Erdbaumechanik" ontleend.

doch wèl dat de verschillende diagrammen in eerste benadering rechtlijnige beloopen nastreven met uiteenloopende hellingen. Hoe steiler een diagram verloopt, des te gelijkmatiger zijn de korrels en omgekeerd. Als globale

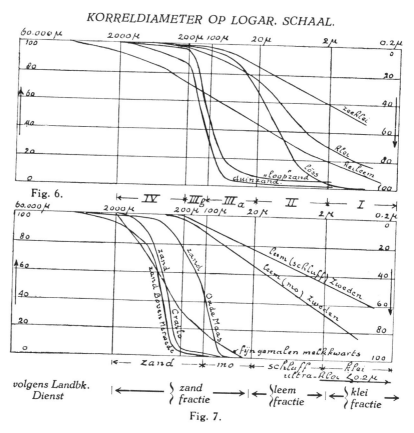

Fig. 6.

volgens Landbk.
Dienst

Fig. 7.

maatstaf voor de gelijkmatigheid der massa wordt wel gebezigd het quotient tusschen de diameter van de zeefopening waar nog juist 10 gewichts % der korrelmassa in diameter blijkt beneden te liggen en de grootere diameter der zeefopening, waar 60 % der massa in diameter beneden blijft; men noemt dit quotient, dat tevens een globale maat is voor de helling van de zeefkromme, den gelijkvormigheidsgraad; deze kan hoogstens gelijk zijn aan de eenheid, namelijk in het hierboven bedoelde uitzonderlijke geval, waarbij alle korrels gelijken diameter zouden bezitten. Blijkens de diagrammen vertoonen over het algemeen genomen de uit grovere korrels opgebouwde massa's een grooteren gelijkvormigheidsgraad, dan die waarin fijne korrels in belangrijke mate voorkomen.

Voor grondmassa's waarin ook zeer fijne deeltjes zijn vertegenwoordigd kunnen de diameters waartusschen de verschillende korrelgroepen of fracties zijn begrensd (b.v. de fractie kleiner dan 2 μ, de fractie van 2 tot 20 μ, de fractie van 20 tot 200 μ en desnoods de fractie van 200 tot 2000 μ die meestal door uitzeving zal worden afgezonderd en voorts tusschengelegen fracties naar behoefte), worden bepaald op grond van de bezinkingssnelheden daarvan in water, die volgens de wet van STOKES *) evenredig zijn met de quadraten van de korreldiameters en voor korrels met een s.g. van 2,65 resp. 2,85 bij de voor een watertemperatuur van 15 graden Celsius aanwezige viscositeit uitgedrukt in cm/sec. bedragen 7800 d^2 resp. 8730 d^2, indien een zuivere bolvorm der korrels wordt vooropgesteld. Voor korrels grooter dan een bepaalde maat welke bij ongeveer 400 micra is gelegen, wordt de afleiding van STOKES, in verband met de dan bij de groote valsnelheid optredende turbulentie van haar geldigheid beroofd; zóó grove korrels zijn echter gemakkelijk vooraf door zeving te verwijderen. Voor de zeer kleine korrels begint anderzijds het geadsorbeerde water, dat daarmede a.h.w. één geheel vormt, van invloed te worden. Voor de deeltjes van 2 μ, welke men nog juist tot bezinking doet komen, is de invloed daarvan op de zinksnelheid intusschen nog gering. Daar de grondmassa zoowel bij zeven als bij bezinkingsproeven vooraf in de, deze samenstellende korrels dient te worden gesplitst en de deeltjes dikwijls door verschillende stoffen (o.a. humus en kalk) en ook door water zijn gekit, is een natte vóórbehandeling onmisbaar. Deze moet zoowel tot eene scheiding der fijne deeltjes in de vloeistof (dispersie) leiden, alsook het zich tijdens de bezinking vereenigen van deeltjes tot grootere vlokken (uitvlokking) beletten. Hiertoe worden chemicaliën toegevoegd van bepaalden aard en concentratie.

De hinderlijke humus-bestanddeelen, die bovendien een weinig van dat van water verschillend soortelijk gewicht en dus geringe bezinksnelheid hebben, kunnen tevoren door oxydatie (koken met waterstofperoxyde) worden geëlimineerd, terwijl kalk door behandeling met zoutzuur kan worden verwijderd. De gebezigde wijze van voorbehandeling heeft intusschen grooten invloed op de uitkomsten, zoodat hierbij niet willekeurig kan worden te werk gegaan en behandelingswijze en daarbij verkregen uitkomsten als onafscheidelijk van elkaar dienen te worden beschouwd. Daar de korrels, vooral voor de fijnere deeltjes, van den bolvorm afwijken, dient ten opzichte van de uit de waargenomen bezinkingssnelheden met behulp van de Wet van STOKES afgeleide schijnbare korreldiameters nog langs empirischen weg

---

*) De wet van STOKES, geldende voor bolvormige korrels, luidt:

$v = \dfrac{2}{9} \cdot \dfrac{s-\delta}{\eta} \cdot \left(\dfrac{d}{2}\right)^2$. Hierin is v = bezinkingssnelheid in cm/sce., s = S.G. der korrels.

δ = S.G. der vloeistof, η = viscositeit en d = de korreldiameter in cm.

3

eene correctie te worden toegepast. Aldus ontstond de in de tabel van fig 8 opgenomen opstelling. De fracties I, II, III worden in dezelfde volgord«

Fractie	Aantal c.m.	Bezink-tijd in sec.	Diameter in micron		Benaming.
			Berekend volg. Stokes.	volg. opgave van Atterberg.	
I	10	6×3600	R.P. dan 2	R.P. dan 2	Klei (clay, Ton, argile)
II	20	15×60	2 - 16	2 - 20	Leem (schluff, silt, limon)
III_α	30	60	16 - 76	20 - 100	fijnzand (Mahlsand, mo)
III_β	30	15	76 - 152	100 - 200	} zand.
IV	- - - -		152 - 2000	200 - 2000	

Fig. 8.

uit de suspensie der korrelmassa in water door bezinking afgezonderd. Dit geschiedt voor fractie I als volgt: Indien uit de suspensie der deeltjes in een waterkolom van bekende hoogte, nà den aangegeven tijd de korrels van de bij den bezinktijd behoorende diameter benevens alle deeltjes die grooter zijn, den bodem van de zoogenaamde slibcilinder (fig. 9) hebben bereikt, wordt de vloeistof met de daarin dan nog aanwezige fijnere deeltjes voorzichtig afgetapt. Teneinde uit het in den cilinder achterblijvende bezinksel de daarin nog aanwezige fijne deeltjes te verwijderen, die doordat zij zich bij het begin van den bezinktijd dichter bij den bodem bevonden, tòch den tijd gevonden hebben, dezen te bereiken, wordt het bezinksel op-nieuw in nieuwe vloeistof in suspensie gebracht; na weder den bezinkingstijd te hebben afgewacht, moet de vloeistof weder worden afgeheveld, weder nieuwe vloeistof worden

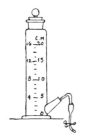
Fig. 9.

toegevoerd, enz. totdat tenslotte na verloop van den bezinktijd de boven-staande vloeistof geen vaste deeltjes van beteekenis meer bevat. Alsdan kan het totale gewicht der achtereenvolgens afgeslibde deeltjes worden bepaald. Voor de afscheiding der grovere fracties wordt daarna op gelijke wijze gehandeld. De afgetapte hoeveelheden suspensie worden tot bezinking gebracht, bij fractie I, zoonoodig met behulp van een electroliet en het verzamelde bezinksel tenslotte ingedampt. Deze laatste opmerking leidt er als vanzelf toe, er de aandacht op te vestigen, dat de zeer fijne deeltjes van een in een vloeistof gesuspendeerde vaste stof bij electrische ladingen van gelijk teeken eene afstootende werking op elkaar uitoefenen, waardoor de bezinking althans van de uiterst fijne deeltjes wordt belet, tenzij door toevoeging in de suspensie vloeistof van een z.g. electroliet de lading der deeltjes wordt opgeheven. Deeltjes van zóó kleine afmeting, dat zij onder invloed hunner ladingen in suspensie en dus schijnbaar in oplossing blijven verkeeren, noemt men colloidale deeltjes, terwijl men wel zegt dat zij in colloidale oplossing aanwezig zijn; zulke deeltjes hebben indien het eene suspensie van grond in water betreft afmetingen beneden 0,2 μ.

Opgemerkt moge worden, dat aangezien in rivieren deeltjes kleiner dan 0,2 μ in suspensie verkeeren zullen, deze bij de uitstrooming in zee op voldoend stille punten worden neergeslagen, daar ook zeewater als een electroliet werkt.

Voor het goede begrip zij er de aandacht op gevestigd, dat indien dus over colloidale deeltjes wordt gesproken, daarbij slechts aan deeltjes van bijzonder kleine afmetingen, doch niet aan deeltjes van in ander opzicht bijzonderen aard behoeft te worden gedacht, zooals men aanvankelijk wel heeft gemeend dat het geval was. Deeltjes van 2 μ zijn eigenlijk reeds te groot om nog colloidaal genoemd te kunnen worden, daar zij immers blijkens onze tabel nog gemakkelijk tot bezinking komen; wel blijken zij in de suspensie reeds een merkbaren invloed te ondergaan van de stooten der watermoleculen die aan de zoogenaamde Brownsche beweging onderworpen zijn. Ook beginnen bij de afmeting 2μ der deeltjes de deze omgevende geadsorbeerde waterhuidjes in verband met het groote aantal der aanrakingspunten der deeltjes in een grondmassa van merkbaren invloed te worden. Met eenige overdrijving worden om deze redenen alle deeltjes kleiner dan 2 μ wel met de benaming colloidale klei aangeduid. Feitelijk zijn alleen deeltjes < 0,2 μ colloïdaal; men noemt deze fractie wel ultraklei.

Veen en humus nemen ingevolge hun gering soortelijk gewicht in geheel afwijkende mate aan een bezinkingsproef deel en dienen te voren met behulp van H_2O_2 verwijderd te worden, zooals reeds eerder opgemerkt.

Instede van op de wijze welke wij hierboven beschreven en die wij aan landbouwkundige onderzoekers *) danken met het eenvoudige, zij het tijdroovende middel der slibcilinders tot een splitsing der fijnere fracties te geraken, kan op veel snellere wijze eene verdeeling der korrels over de verschillende diameters worden verkregen door met behulp van een daartoe speciaal vervaardigden aerometer het verloop van het volumegewicht der suspensie als functie van den tijd waar te nemen volgens de door CASAGRANDE **) verbeterde methode van BOUYOUCOS. (Fig. 10). Immers zal afhankelijk van de grootte, dus van de bezinksnelheid der deeltjes het schijnbare soortelijke gewicht eener emulsie met den tijd veranderen, als functie

---

*) Belangrijke gegevens zijn te ontleenen aan de publicaties van het Bodemkundig Instituut te Groningen (Dr. HISSINK, Dr. HOOGHOUDT, e.a.).
**) A. CASAGRANDE. Die Aerometer Methode.

van het korrelverdeelingsdiagram. Als middel ter splitsing der samenkittende deeltjes en voorkoming van uitvlokking wordt waterglas van bepaalde hoeveelheid en concentratie aan de suspensie van eene kleine hoeveelheid deeltjes (meestal 10 gram) in water toegevoegd. Ook wordt de kalk niet verwijderd.

Voor deze en tallooze andere splitsingsmethoden moge verder naar de literatuur op dit gebied worden verwezen.

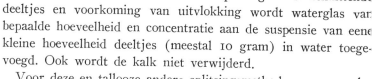

Door het hierboven opgemerkte is het wel duidelijk geworden, dat het bepalen van een korrelverdeelingsdiagram, vooral ten aanzien der fijnere deeltjes met groote zorgvuldigheid moet geschieden. Verschillende werkwijzen geven sterk verschillende uitkomsten, zoodat zeefkrommen als identificatiemiddel slechts bruikbaar zijn, indien zij steeds volgens geheel dezelfde methode zijn bepaald. Dat ook de beteekenis van de in een zeefkromme vervatte gegevens aldus slechts eene betrekkelijke kan zijn, doet niets af aan hare bruikbaarheid als middel tot onderkenning eener korrelmassa.

Fig. 10.

Bij het ontleenen van monsters aan een terrein onder gebruikmaking van een pulsboring worden opeenvolgende grondlagen dooreengemengd en zouden daaruit dus zeefkrommen worden verkregen, die voor geen enkele der doorsneden lagen karakteristiek zijn.

Reeds om deze reden zou daar, waar dit van belang is, eene zoodanige methode van monsterneming moeten worden toegepast, dat deze vermenging wordt vermeden.

Indien men op grond van later te noemen overwegingen over zoo na mogelijk ongeroerde monsters wenscht te beschikken, leveren deze tegelijkertijd een bruikbaar materiaal ter bepaling van de zeefkrommen.

§ 13. Benamingen van korrelgroepen (fracties).

Bezien wij thans nader de in fig. 6 en 7 voorgestelde zeefkrommen, dan blijkt daaruit, dat er korrelmassa's bestaan, welke in hoofdzaak zijn opgebouwd uit korrels grooter dan 100 μ en kleiner dan 2000 μ. Het spraakgebruik noemt een uit zulke korrels opgebouwde massa zand (sand, sable), doch laat ons in den steek, wanneer wij zouden willen vaststellen wanneer en bij welken kleineren diameter dan 100 μ de massa zou moeten ophouden dien naam te dragen, zoodat reeds de benedengrens van zand door een afspraak dient te worden vastgelegd. Hiervoor wordt volgens internationaal gebruik 100 μ aangehouden.

De korrels van de fractie 20—100 μ (fractie IIIa) zullen meestal gemengd met fijnere en grovere korrels voorkomen en vormen dus een kunstmatig splitsingsresultaat, dat men zou kunnen aanduiden als fijnzand (Duitsch: Feinsand of Staubsand, Engelsch: Silt, Zweedsch: Mo).

Voor de nog fijnere korrels van de fractie 2—20 μ (fractie II), welke eveneens steeds met andere gemengd voorkomen, worden gebezigd de benamingen: leem (Duitsch: Schluff, Eng.: Silt, Fransch: limon).

Terwijl ten slotte de korrels van de fractie beneden 2 μ (fractie I) de benaming klei (Duitsch: Ton, Engelsch: clay, Fransch: argile, Zweedsch: lera) draagt.

Deeltjes kleiner dan 0,2 μ zou men als ultraklei, Ultraton, ultra-clay kunnen aanduiden.

Intusschen zou, ook van internationaal standpunt bezien, de minste verwarring ontstaan, indien men de fracties slechts door de grenzen daarvan zou aanduiden òf — nog beter — het volledige korreldiagram als aanduiding der korrelsamenstelling eener grondsoort zou bezigen en eventueel het specifieke oppervlak (§ 15).

Behalve bij zand komt het, zooals reeds werd opgemerkt, zelden voor, dat een grondmassa in de natuur slechts korrels uit een enkele fractie bezit. De grondsoorten strekken zich meestal over verscheiden fracties uit.

§ 14. *Benamingen van grondsoorten.*

Het spraakgebruik kent dan ook, behalve bij zand, slechts mengsels van fracties en spreekt van kleigronden, indien de klei-eigenschappen: kneedbaarheid (plasticiteit) en samenhang in de grondsoort duidelijk aanwezig zijn en van zandgronden indien het zand met de daaraan eigen onsamenhangendheid zijn stempel op het geheel drukt.

Van mergelgronden wordt gesproken, indien in kleigronden een zeker kalkgehalte valt op te merken.

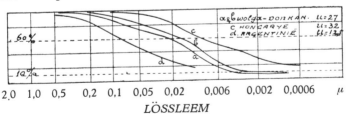

2,0   1,0   0,5   0,2   0,1   0,05   0,02   0,006   0,002   0,0006 μ

LÖSSLEEM

Fig. 11.

In de grondsoort, die het spraakgebruik als leem aanduidt, voeren ten slotte de middenfracties den boventoon; leemgrond bezit teveel samenhang om als zand en te weinig kneedbaarheid om als klei te worden gekenmerkt. Eenige typische leemgronden leverden de diagrammen van fig. 11. Hetgeen

26

als keileem (Boulderclay, Geschiebelehm) wordt aangeduid, strekt zich blijkbaar over alle fracties uit (fig. 6).

Ook lössgronden beslaan de middenfracties en meer in het bijzonder de fractie 6—100 μ (fig. 12) *); zij vormen een door den wind ter plaatse

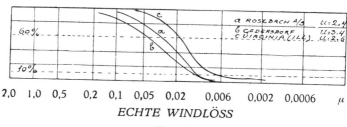

2,0 1,0 0,5   0,2 0,1 0,05 0,02   0,006   0,002 0,0006 μ

ECHTE WINDLÖSS

Fig. 12.

gekomen steppe-formatie, waarbij de plantengroei bij de aanstuiving een rol heeft gespeeld, terwijl kalk als kitmiddel optreedt. Het vergaan der planten die de voor de afzetting noodige beschutting boden, leidt tot het ontstaan van verticale kanaaltjes en tot groote doorlatendheid in verticale richting. De omstandigheid, dat door wind dan hier dan daarheen vervoerde korrels van bepaalde hardheid uiteindelijk een bepaalde minimum maat zullen benaderen, zou de betrekkelijk hooge gelijkvormigheidsgraad van lössgronden kunnen verklaren.

Op overeenkomstige wijze als wij hierboven voor löss bespraken zou de betrekkelijk groote gelijkvormigheid van duinzand moeten worden verklaard en bij door stroomend water getransporteerd rivierzand de naar de uitmonding toe toenemende rondkorreligheid en fijnheid.

Nog kan worden opgemerkt, dat veengronden meestal ter plaatse zijn ontstaan en voor een groot deel en soms vrijwel geheel uit plantenresten zijn opgebouwd.

Het geringe soortelijk gewicht der vaste deeltjes maakt, dat deze ten behoeve van het opmaken van een korrelverdeelingsdiagram niet langs den weg van bezinking in water kunnen worden afgezonderd; veen wordt daarom, indien noodig, door oxydatie uit de korrelmassa verwijderd. Indien klei zich tusschen de vergane plantenresten heeft afgezet, ontstaat de slecht befaamde spierklei of katteklei, welke groote samendrukbaarheid paart aan geringe doorlatendheid.

Wij vermeldden hierboven eenige der meest gebruikelijke benamingen voor verschillende in de natuur aangetroffen korrelmassa's doch laten op-

---

*) A. Scheidig. Der Löss und seine geotechnischen Eigenschaften.

zettelijk tal van plaatselijke gebruikelijke benamingen *) of die voor overgangsgevallen buiten beschouwing; veel verwarring ontstaat, doordat het toekennen van al zulke benamingen dikwijls slechts op oppervlakkige en subjectieve indrukken berust en bovendien het vaststellen en volgen van richtlijnen bij het geven van benamingen moeilijk is.

Men streeft dan ook naar meer eenheid bij het toekennen van benamingen **), waarbij uiteraard de bedoeling voorzit, om te pogen met deze benamingen tegelijkertijd een kenschetsing te geven van de meest op den voorgrond tredende eigenschappen der betrokken grondmassa, zij het slechts in groote trekken, hetgeen intusschen, gezien de verscheidenheid dezer eigenschappen, slechts tot op zekere hoogte zal kunnen worden bereikt.

Ten gebruike bij de grondmechanica en de toepassing daarvan bij het onderzoek van grondconstructies zal dan ook wel niet met benamingen alléén kunnen worden volstaan. Intusschen is het practisch ondoenlijk om van elk grondmonster een korreldiagram te bepalen of andere later te bespreken gegevens te verzamelen. Men zal, voordat dit is opgemaakt en ook daarna, mondeling en schriftelijk, onvermijdelijk tot het bezigen van benamingen worden gedrongen. Wij zullen dus benamingen, op meer of minder subjectieve wijze toegekend, moeten blijven bezigen en zullen deze waar mogelijk ter kenschetsing van een grondmassa door meer objectieve gegevens als korreldiagrammen en andere nog te bespreken, door getallen uitdrukbare grootheden, dienen te vervangen of althans aan te vullen.

In dit boek zullen wij onze aandacht in het bijzonder richten op twee hoofdgroepen van grondsoorten, namelijk eenerzijds de onsamenhangende, goed doorlatende en weinig samendrukbare, waarvan de grofkorrelige zanden de typische vertegenwoordigers zijn, en anderzijds de samenhangende, slecht doorlatende en sterk samendrukbare, zooals slappe klei- en veengronden.

Deze uitersten zullen wij dikwijls ook met deze bewoordingen aanduiden. Het is duidelijk, dat in de praktijk zich verschillende tusschengevallen zullen voordoen, waarvan het gedrag begrepen kan worden, indien dit ook voor de uiterste gevallen duidelijk geworden is, terwijl de eigenschappen zonder eenig bezwaar op overeenkomstige wijze onder cijfers kunnen worden gebracht.

Ten slotte dient opgemerkt, dat het gebruiken van op uniforme wijze bepaalde zeefkrommen en van andere gegevens de korrelsamenstelling betreffend, alléén, niet voldoende zal kunnen zijn voor de volledige kenschetsing van een korrelmassa. Ook de uitkomsten van andere, nader te

---

*) Een bloemlezing uit deze benamingen is te vinden in het verslag der Commissie voor Bouwgrondonderzoek (1937), bl. 112 e.v.

**) Gewezen moge worden op het streven in deze richting van de Bouwgrondcommissie van het Koninklijk Instituut van Ingenieurs en van het Centraal Bureau voor Normalisatie.

behandelen proeven zullen nog ten dienste der onderkenning dienen te worden te baat genomen.

§ 15. Het specifieke oppervlak.

Alvorens de behandeling der korrelverdeeling te besluiten, moge er nog op worden gewezen, dat het totale korreloppervlak, dat bij een gelijk gewicht aan korrels aanwezig is, grooter is, naarmate de korrels kleiner van afmeting zijn.

Voor een gewicht aan korrels gelijk aan dat van een bolvormigen korrel van hetzelfde gemiddelde soortelijk gewicht en met een diameter van 1 cm kan men aangeven het aantal malen (U), dat deze korrels gezamenlijk het oppervlak van dien bolvormigen korrel van 1 cm diameter zouden bezitten. U geeft dan aan het specifieke oppervlak.

Opgemerkt moge worden, dat voor een korrelmassa, uitsluitend bestaande uit korrels met 1 cm diameter, voor de U-waarde, dus juist 1 zou worden gevonden.

U zal dus wel steeds veel grooter zijn dan de eenheid.

Zoo zijn in de tabel van fig. 13 voor eenige grondmonsters de daarvoor berekende specifieke korreloppervlakken U vermeld.

BENAMING	U-WAARDE	S.d.(soortelijke diam) a $\frac{1}{14}$ in micr.
zeer grof zand	< 40	> 250
grof zand	40 — 67	250 — 150
matig grof zand	67 — 100	150 — 100
matig fijn zand	100 — 133	100 — 75
fijn zand	133 — 160	75 — 62.5
zeer fijn zand	160 — 200	62.5 — 50.
uiterst fijn zand	> 200	< 50

Fig. 13.

Dit specifieke oppervlak U, dat uit de zeefkromme langs den weg van berekening kan worden afgeleid, levert evenals de volledige zeefkromme een onderkenningsmiddel voor een gegeven korrelmassa.

Dat de reeds eerder aangeduide adsorptie-verschijnselen aan belangrijkheid zullen winnen, naarmate het specifieke korreloppervlak grooter is, spreekt wel vanzelf.

Intusschen moet de zeefkromme, wil de berekening uitvoerbaar zijn, ook voor de allerfijnste deeltjes bekend zijn. Bovendien zou met inwendige oppervlakken rekening gehouden moeten worden bij minerale deeltjes met zoodanige kristalroosters, dat daarbij ook inwendig stoffen kunnen worden geadsorbeerd.

Dit is niet alleen van belang uit landbouwkundig oogpunt, waarbij de grondmassa dient als voedingsbodem voor de verbouwde gewassen, doch evenzeer indien wij een grondmassa moeten beoordeelen vanaf het standpunt der grondmechanica; de rol, die de geadsorbeerde waterhuidjes zullen

ɔunnen spelen, zal belangrijker zijn, naarmate het specifieke oppervlak vair
:ien grond grooter is.

Later zal nog blijken, dat tusschen de U-waarde eener massa met korrels
> 16 à 20 μ en de doorlatendheid en de capillaire stijghoogte een eenvoudige mathematische samenhang schijnt te bestaan.

In hoeverre op den duur zal blijken, dat de zeefkromme als onderkenningsmiddel kan worden gemist en met vermelding van U als onderkennings-
cijfer kan worden volstaan zal geheel van de verdere ontwikkeling in deze
afhangen.

Ten aanzien van de specifieke oppervlakken U van eenige Nederlandsche
grondsoorten meldt Dr. HISSINK in de publicatie „Twintig jaar bodemonderzoek" (Bodemkundig Instituut Groningen) het volgende:

„Tot de grofste tot nu toe aangetroffen zandgronden behooren wel de
grove rivierzanden.

Deze bezitten U-cijfers tot 20 toe (het grofste tot nu toe onderzochte
zand had een U-cijfer van 18).

Het duinzand heeft eene zeer gelijkmatige samenstelling; de U-waarden
schommelen tusschen 50 en 70.

Heidezand uit Drenthe had — voor zoover onderzocht — een U-cijfer
van ongeveer 100.

De zandfracties van de meer dan eenige procenten klei of leem bevatten-
de zandgronden hebben vaak U-cijfers van meer dan 100 tot meer dan 200.
De leem- en kleigronden bezitten zandfracties met zeer hooge U-cijfers,
tot ongeveer 350.

Bij verdeeling van de deeltjes, kleiner dan 16 micron, in een voldoend
aantal fracties is het natuurlijk ook mogelijk het specifiek oppervlak van
de klei-leemfractie (fractie I + II) — dus met deeltjes kleiner dan 16 (20)
micron — te berekenen.

Hiermee wordt dan het specifiek oppervlak van het totale korrelcomplex
van den grond (deeltjes van 2000 micron tot gemiddeld ongeveer 0.03
micron; dat is zoo ongeveer de onderste grens van de gronddeeltjes)
bekend.

Het spreekt vanzelf, dat het U-cijfer van dit geheele korrelcomplex des
te grooter is, naarmate de grond meer klei bevat.

De maximum U-waarde van de Nederlandsche gronden zal wel tot ongeveer 90.000 loopen; van af de grofste zandgronden (zonder grind) naar
de zwaarste leem- of kleigronden loopt het specifiek oppervlak dus van
ongeveer 18 tot 90.000."

§ 16. *De consistentiegrenzen volgens Atterberg.*

De bepaling dezer consistentiegrenzen vormt een middel tot onderkenning eener korrelmassa, bij de bepaling waarvan niet slechts de korrelverdeeling, doch ook vele andere eigenschappen der vaste phase, als korrelvorm, korreloppervlak, adsorptieve eigenschappen enz. een gezamenlijken invloed uitoefenen.

Korrelmassa's, waarin de fijnere fracties van bepaalde mineralen in voldoende mate zijn vertegenwoordigd en waarvan de tusschenruimten met water zijn gevuld, kunnen al naar gelang de dichtheid wisselt — onder dichtheid is te verstaan de verhouding der in een bepaald grondvolume aanwezige hoeveelheid vaste deeltjes tot het totale volume, uitgedrukt in volumeprocenten — in verschillende agregaatstoestanden verkeeren. Zij kunnen zoolang de dichtheid niet door uitwendige invloeden wordt gewijzigd, onbeperkten tijd in vloeibaren vorm, doch ook in vasten toestand of in een daartusschen gelegen plastischen toestand blijven verkeeren.

Voor verschillende korrelmassa's zullen echter de dichtheden, waarbij een aanwezige agregaatstoestand in de naastgelegene overgaat, verschillend zijn, zoodat de zoogenaamde consistentiegrenzen, waarbij deze overgangen plaats vinden ter onderkenning eener grondmassa kunnen worden gebezigd, of juister gezegd, ter onderkenning der daarin aanwezige vaste phase.

De eenvoudige hulpmiddelen waarmede de bepaling der belangrijkste consistentiegrenzen kan worden uitgevoerd, namelijk die van de vloeigrens of bovenste plasticiteitsgrens, welke den vloeibaren toestand scheidt van den plastischen en die van de uitrolgrens of onderste plasticiteitsgrens, die den plastischen toestand scheidt van den vasten, en voorts de vèr uiteenliggende uitkomsten, die voor korrelmassa's van verschillenden aard worden verkregen, hebben aan deze grensbepalingen eene ruime toepassing verzekerd.

De verschillende grenzen worden meestal aangegeven, niet in den vorm van de daarbij aanwezige dichtheden in volume-procenten, zooals ook wel mogelijk zou zijn, doch worden uitgedrukt door de hoeveelheden water in gewichtsprocenten van de vaste phase bij die grenstoestanden.

Bedraagt het niet door vast materiaal in beslag genomen volume n % van het geheel, de dichtheid in volumeprocenten $(100 - n)$ % en het soortelijk gewicht der deeltjes der vaste phase dooreengenomen s, dan is het waterpercentage volgens de aanduidingswijze van Atterberg in een gegeven toestand en bij algeheele vulling der tusschenruimten met water bepaald door:

$$w = \frac{n}{s\,(100 - n)} \; .$$

in welke uitkomst dus ook het soortelijk gewicht der korrels een rol speelt.

In de opstelling van fig. 14 zijn voor een soortelijk gewicht s van 2,65, de verschillende bijeen behoorende waarden van w, n en γ verzameld, waarin γ het volume gewicht van den grond voorstelt. In de gegeven omstandigheden is natuurlijk $\gamma = (n + (100 - n) s) : 100$.

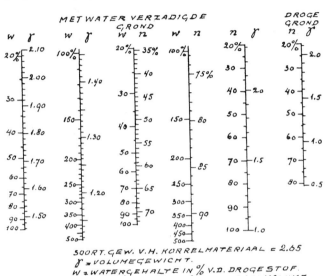

Fig. 14.

De vloeigrens of bovenste plasticiteitsgrens scheidt, als reeds opgemerkt, den vloeibaren toestand van den plastischen en wordt geacht aanwezig te zijn wanneer de zijkanten van een in een grondlaagje ter dikte van circa 10 mm gemaakte V-vormige voor, (fig. 15), na 25 maal over een hoogte van 1 cm op een vaste onderlaag vallen van het schaaltje, waarin de grond aanwezig is, juist tot samenvloeiing beginnen te komen.

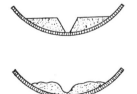

Fig. 15.

Aanvankelijk werd deze bepaling geheel uit de vrije hand uitgevoerd, hetgeen daaraan een ongewenscht subjectief karakter verleende. Thans is deze waarneming op objectieve wijze mogelijk geworden door gebruik te maken van het door CASAGRANDE geconstrueerde apparaat van genormaliseerde afmetingen. (Fig. 16).

Daar er nabij de vloeigrens een lineair verband blijkt te bestaan tusschen de aanwezige watergehalten en de logarithmen van het aantal stooten, dat daarbij telkens voor het begin van dichtvloeiing wordt vereischt, kan na het doen van eenige waarnemingen in de nabijheid van de vloeigrens met het bedoelde toestel de overigens conventioneele grenswaarde waarbij na 25 slagen het evengenoemde resultaat wordt verkregen uit een daartoe geteekend diagram worden afgelezen. (Fig. 17).

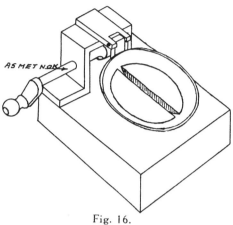

Bij minder water dan met het vochtgehalte aan de vloeigrens overeenkomt, zullen de thans aan de orde zijnde grondmassa's plastisch vervormbaar zijn, d.w.z., zonder dat de samenhang verbroken wordt in belangrijke mate kunnen worden verkneed; zoo kunnen er bijvoorbeeld draden van worden gerold. Naarmate de korrelmassa geleidelijk water verliest door verdamping of doordat het uitrollen der draden van tijd tot tijd op poreus papier geschiedt, dat een deel van het vocht opzuigt, wordt tenslotte een watergehalte der nog steeds geheel met water verzadigde massa bereikt, waarbij de deeltjes zoo dicht bij elkaar zijn gekomen, dat het rollen van draden ter dikte van circa

Fig. 16.

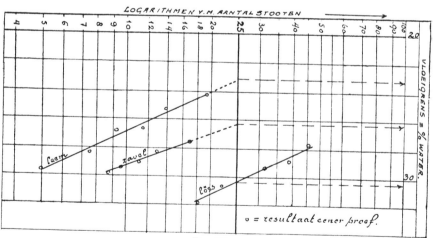

Fig. 17.

3 mm niet meer gelukt. (Fig. 18). De uitrolgrens of benedenste plasticiteitsgrens is dan bereikt. Het correspondeerende watergehalte w kan bepaald worden, evenals dit voor de vastlegging van de vloeigrens mogelijk is, door na te gaan hoeveel het gewicht van een vooraf afgewogen kleine grond-

hoeveelheid afneemt door deze in een droogstof bij circa 110° tot gelijk-blijvend gewicht in te drogen. Het aldus bepaalde watergehalte wordt dan, zooals dit bij al deze grensbepalingen gebruikelijk is en zooals reeds eerder werd opgemerkt, uitgedrukt in gewichtsprocenten van het gewicht van de

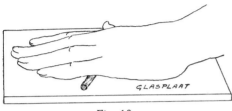

gedroogde korrelmassa. Daar niet al het water verdampt, is dit resultaat niet geheel nauwkeurig; voor het treffen van vergelijkingen met de uitkomsten van voor andere korrelmassa's op gelijke wijze ingestelde onderzoekingen is het echter bruikbaar.

Fig. 18.

Wordt aan de grondmassa welke wij ten aanzien der consistentie-grenzen wenschen te onderzoeken, door verdamping nog meer water onttrokken, dan zal de half-vast geworden massa aanvankelijk een afnemend totaal volume kunnen vertoonen, doch nog steeds met water verzadigd blijven, totdat het zoogenaamde omslagpunt wordt bereikt waarbij de kleur van den grond verandert doordat het water uit de poriën begint te verdwijnen en door lucht wordt vervangen. Spoedig is dan ook de krimpgrens bereikt, waar beneden de uitwendige afmetingen der massa bij voortgezette wateront-trekking niet meer verminderen. Bij de bespreking der capillaire verschijn-selen komen wij hierop nog even terug.

Desgewenscht kunnen ook de watergehalten bij omslagpunt en krimpgrens op de reeds aangeduide wijze worden vastgelegd en als onderkennings-grootheden dienst doen.

Naarmate de voor de vloeigrens en de uitrolgrens bepaalde waterper-centages een grooter verschil vertoonen, is het plasticiteitsgebied der korrel-massa als het ware uitgebreider. De kans, dat men dan in het terrein met de korrelmassa in plastischen toestand te doen zal krijgen en dat deze dan dien toestand niet al te gemakkelijk verlaat, stijgt daardoor uiteraard. Het verschil dezer beide waterpercentages noemt men in verband daarmede het plasticiteitsgetal.

De verschillende grondsoorten bezitten plasticiteit in zeer uiteenloopende mate. Bij zandmassa's bestaat deze in het geheel niet of is deze al uiterst gering. Bij de grondsoorten die als leem worden aangeduid is deze gering, doch bij klei, keileem en veengronden is groote plasticiteit aanwezig. ATTERBERG toonde aan de hand van proefnemingen op uit de mineralen langs kunstmatigen weg vervaardigde korrelmassa's aan, dat die mineralen die krachtens hun opbouw uiteenvallen in schub- of schilfervormige deeltjes, de plasticiteit in hooge mate gunstig beïnvloeden. Kwartsdeeltjes daarentegen, hoe fijn ook verdeeld, bereiken nauwelijks eenige plasticiteit, doch massa's, afkomstig van mineralen die gemakkelijk volgens platte vlakken in zeer dunne laagjes splijten zooals kaolien, biotiet, muscoviet e.d. vertoonden groote plasticiteit. Daar deze dunne deeltjes, zooals reeds eerder werd opgemerkt, door verweering en transport in zeer fijn verdeelden toestand kunnen geraken, is het begrijpelijk dat in het algemeen, naarmate de deeltjes in een grondmassa fijner zijn, ook de plasticiteit daarvan toeneemt. De geadsorbeerde waterhuidjes der fijne deeltjes zullen hierbij wel grooten invloed uitoefenen. In de laatste jaren wordt gepoogd om meerdere gegevens omtrent deze zoogenaamde kleivormende mineralen te verkrijgen. Als zoodanig worden reeds genoemd naast kaolien, montmorrillonite en haloysite; hun scheikundige symbolen zijn van de gedaante

$$(Al_2O_3)_x \, (SiO_2)_y \, (H_2O)_z.$$

Humus, kalk en andere stoffen, ook die in oplossing, beinvloeden de consistentie-grenzen in hooge mate; door kunstmatige toevoeging van chemicaliën kunnen zij in belangrijke mate worden gewijzigd hetgeen slechts colloid-chemisch verklaarbaar is. Ten behoeve van technische toepassingen wordt hiervan soms gebruik gemaakt.

In het staatje van fig. 19 zijn als voorbeelden voor eenige willekeurig gekozen grondmassa's de daarvoor gevonden grenspercentages verzameld.

ATTERBERG deelt de grondsoorten in verschillende plasticiteitsklassen in naar gelang het plasticiteitsgetal grooter of kleiner is (grafiek van fig. 20). Zijne indeeling is echter voor de grondmechanica van minder

GRONDSOORT	VLOEI-GRENS	UITROL-GRENS	PLASTICITEITS-INDEX
vette Klei	65.4%	27.6%	37.8%
magere Klei	51.7%	24.6%	27.1%
zavel	26.2%	19.3%	6.9%
leem	23.3%	14.1%	9.2%
löss	30.4%	24.9%	5.5%
dargveen	92.0%	72.8%	19.2%
derry	355.0%	331.3%	23.7%
darry fijn,leemR. zand	464.0%	429.1%	34.9%
fijn,leemR. zand	14.8%	—	—
	25.5%	—	—

Fig. 19.

beteekenis dan voor de bodemkunde die hij beoefende en was in de eerste plaats op landbouwkundige toepassingen gericht.

Soms wordt gepoogd een direct verband te leggen tusschen de plasticiteitsgetallen en de wrijvingseigenschappen, (Fig. 21), waardoor dus buiten het gebied der eenvoudige onderkenning wordt getreden. Misschien is in deze richting nog een verdere ontwikkeling te verwachten doch voorloopig is hier

35

voorzichtigheid geboden, daar de wrijvingseigenschappen vrij ingewikkeld zijn. (Hoofdstuk V).

Van v. TERZAGHI is ten slotte eene indeeling der grondsoorten naar de

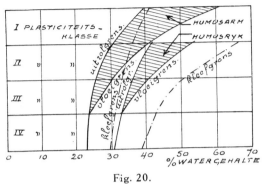

Fig. 20.

vloeigrens afkomstig en wel in zes groepen en voorts in een aantal klassen naar gelang der plasticiteitscijfers. Eene andere door hem voorgestelde indeeling berust op de elastische eigenschappen eenerzijds en de doorlatendheids-eigenschappen anderzijds; bij de behandeling der elastische eigenschappen zal deze indeeling, die dus het gebruik van benamingen overbodig maken zou, nader worden aangegeven. (fig. 55).

In sommige gevallen geeft de vaststelling der consistentiegrenzen eene aanwijzing van onmiddellijke technische beteekenis.

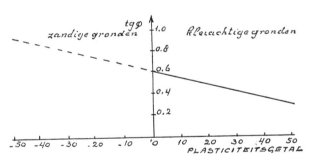

Fig. 21.

Zoo zal van een grondmassa die in de natuur in een toestand verkeert, die nabij de vloeigrens volgens de besproken wijze van bepaling gelegen is, geen dijkslichaam kunnen worden opgeworpen, zooals dit soms wordt gepoogd.

Grond met een lage krimpgrens (groote krimpmaat) zal bij wisselende uitdroging en bevochtiging aan belangrijke volumeverandering onderhevig zijn en zich dus weinig leenen tot bekleeding van dijken, die met groote tusschenpoozen hoog water hebben te keeren.

Gronden met een smal plasticiteitsgebied (laag plasticiteitsgetal) zullen bij geringen watertoevoer soms gemakkelijk van den vasten in den vloeibaren toestand kunnen overgaan.

Behalve aan de reeds genoemde grenzen wordt door sommigen nog groote waarde gehecht aan de bepaling van de kleefgrens, waaronder is te verstaan het waterpercentage waarbij de massa juist zooveel samenhang vertoont, dat een metalen spatel, die ervoor wordt getrokken, blank blijft. De beteekenis van deze proef is van landbouwtechnischen aard: de grond blijft in dien toestand niet meer aan de metalen landbouwwerktuigen kleven zoodat gemakkelijker bewerkbaarheid intreedt. In Indië meent men te hebben opgemerkt, dat gronden waarbij het watergehalte aan de kleefgrens nog boven dat bij de vloeigrens ligt en waarbij dus kleefgrens minus vloeigrens een zoogenaamd positief surplus oplevert, minder tot afschuivingen zouden neigen, dan gronden waarbij dit verschil negatief zou uitvallen. Door mechanische onderzoekingen zouden omtrent een samenhang van dezen aard nadere gegevens kunnen worden verzameld.

De consistentiegrenzen van ATTERBERG werden hier ter sprake gebracht, omdat zij bij de onderkenning eener korrelmassa van nut kunnen zijn; uit de gegeven beschouwingen is voorts de leering te trekken dat de dikwijls ter kenschetsing gebezigde uitdrukking „met water verzadigden grond" ten aanzien van de beoordeeling der dichtheid of van het te verwachten gedrag niet van doorslaggevende beteekenis is. Deze aanduiding wijst echter wel op de tweephasigheid van den bedoelden grond en is als zoodanig niet van belang ontbloot.

§ 17. *De conusproef.*

Een onderkenningsproef, waarin niet alleen de reeds besproken, de korrelmassa karakteriseerende physische eigenschappen hun invloed doen gelden, doch bovendien ook de onder bepaalde omstandigheden aangetroffen dichtheid en structuur der massa tot uitdrukking wordt gebracht, is de conusproef.

Het schijnt echter aanbevelenswaardig om de bespreking daarvan in verband te brengen met de behandeling van het vraagstuk van het draagvermogen van grond en eerst later aan de orde te stellen.

Slechts moge worden vermeld, dat een kegel, die ingevolge eene belasting met den top neerwaarts in een grondmassa indringt, tot rust komt bij een voor de grondsoort karakteristieke waarde van het quotient van de last en het oppervlak der gemaakte indrukking, welke grootheid dus de dimensie van eene spanning bezit en als de conuswaarde van de grondmassa wordt aangeduid. (fig. 23).

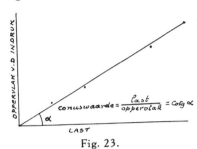

Fig. 23.

Er zijn nog verschillende andere onderkenningsmethoden ten aanzien eener korrelmassa in gebruik, doch wij meenen met de hier gegevene voorloopig te kunnen volstaan.

Ook de uitkomsten van de later te bespreken mechanische onderzoekingen zouden als onderkenningscijfers kunnen worden gebezigd.

Voor onmiddellijke practische toepassing zijn dit zeker niet de onbelangrijkste, doch hunne tenuitvoerlegging is ook veel minder eenvoudig.

§ 18. *Dichtheid van zandmassa's.*

Zou een zandmassa bestaan uit evenwijdige lagen van gelijke bollen volgens fig. 24, dan zou het poriënvolume of holtepercentage n bedragen 47,6 %; bij de opstelling volgens fig. 25 zou dit percentage echter slechts ca. 26 % bedragen.

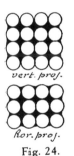

Fig. 24.

Fig. 25.

In de werkelijkheid waarin wij met onregelmatig gerangschikte, ongelijke en niet bolvormige korrels te doen hebben, blijkt het holtepercentage n zich bij zand eveneens ongeveer tusschen de grenzen van rond 25 % en 50 % te bewegen en is het poriëngetal ε_n, waaronder wordt verstaan de verhouding $\dfrac{n}{100-n}$, dus tusschen $^{1}/_{3}$ en 1 gelegen; intusschen zullen waarden van n tusschen 35 % en 45 % wel het meest voorkomen.

Bij afzetting in water van groote hoeveelheden korrels tegelijkertijd of in daartusschen verticaal opstijgend water en ook bij het aanstuiven en bij het neerstorten van vochtig zand blijken geringe dichtheden of met andere woorden losse pakkingen te ontstaan. Worden de korrels in water zeer geleidelijk afgezet, door aanstampen in elkaar gewerkt, in trilling gebracht (lang aanhoudende machinetrillingen, verkeerstrillingen of het inheien van palen) dan wel in dunne lagen aan neergaande waterstroomingen onderworpen dan kan eene verdichting der massa daarvan het gevolg zijn, welke grooter kan zijn dan die welke in natuurlijke afzettingen wordt aangetroffen. Bij deponeering onder water dient insluiting van lucht te worden vermeden. Eene rustende overbelasting heeft voorts minder uitwerking dan het in trilling brengen, vooral indien dit met een zoodanigen trillingstijd geschiedt, dat de in de grondmassa optredende resonnantie de verdichting bevordert. Het verdichten van eenmaal gedeponeerde lagen van groote dikte achteraf, is niet gemakkelijk. Laagsgewijze verdichting is gemakkelijker daar onder kleineren druk verkeerende korrels meer beweeglijk zijn.

Korrelmassa's van hoogen gelijkvormigheidsgraad blijken over het algemeen minder dicht te zijn dan massa's met een flauwer hellend korrelverdeelingsdiagram.

De bovenstaande opmerkingen verklaren waarom evengoed losgepakte natuurlijke afzettingen uit het geologische verleden worden aangetroffen als dichtgepakte kunstmatige aanvullingen en ophoogingen van recenten datum.

De veronderstelling, dat geroerde gronden steeds losgepakt en ongeroerde gronden steeds dichtgepakt zouden zijn, vindt in het terrein dan ook geen bevestiging; evenmin, dat groote ouderdom van een zanddepot steeds tot een gunstige dichtheid zou leiden. Veeleer wordt de dichtheid van zand in hoofdzaak bepaald op het tijdstip der totstandkoming der afzetting en brengen latere drukveranderingen, van hoe langdurigen aard ook, daarin slechts betrekkelijk geringe wijziging.

Het vaststellen van de dichtheid van eene bepaalde zand-afzetting is eenvoudig, mits deze in open ontgraving toegankelijk is.

Men kan dan daaruit boven den waterstand een paralellopipedum vormen van bekende afmetingen, dit voorzichtig afzonderen en daarvan vóór en na droging bij 110° het gewicht bepalen. Bij bekend soortelijk gewicht van het korrelmineraal (bij zand, dat hoofdzakelijk bestaat uit kwarts circa 2,65) is dan het korrelvolume te berekenen en aldus n of ε_n te bepalen. De vochthoeveelheid volgt uit het vochtverlies bij de droging, zoodat de volumepercentages der drie phasen dan bekend zijn geworden.

Zoo werd als gemiddelde uit een tiental waarnemingen in een diepe ontgraving in een duinterrein te IJmuiden gevonden, dat in een nauwkeurig afgezonderde dm³ zandgrond aanwezig waren 1873 gram = 650 cm³ korrels, 141 cm³ water en dus 209 cm³ vochtige lucht. Het poriënpercentage bleek dus 35 % te bedragen, terwijl voor de graad van verzadiging, waaronder te verstaan is het quotient van waterhoeveelheid en poriënvolume, 141/350 of circa 40 % wordt gevonden. De a_w (zie § 3) was 14,1 %.

In een door ophooging onder gebruikmaking van spoormaterieel tot stand gebrachten spoorwegdam werd op eenige plaatsen het gemiddelde poriënpercentage bepaald op 41 %, terwijl 9 volume procent door pendulair water werd in beslaggenomen, zoodat 32 % lucht aanwezig was.

In een door het uit kipkarren neerstorten van vochtig zand gevormd dijkslichaam werden holtepercentages van 45—50 % vastgesteld.

In een door opspuiting tot stand gebrachte ophooging daarentegen slechts holtepercentages van 32—37 %.

In een aangestoven zandmassa in de binnenduinen te 's-Gravenhage bleken poriënpercentages van 40—50 % te worden aangetroffen.

§ 19. *Relatieve dichtheid.*

Teneinde zich nu een oordeel te kunnen vormen over de vraag of een aangetroffen poriënpercentage voor een gegeven korrelmassa gunstig of ongunstig moet worden geacht, zou men kunnen nagaan welke holtepercentages of poriëngetallen ontstaan bij vochtig aanstampen der massa eenerzijds (n_{min} of ε_{min}) en bij losse storting in drogen toestand anderzijds (n_o resp. ε_o).

Men zou dan de relatieve dichtheid eener aangetroffen afzetting met het poriënpercentage n respectievelijk poriëngetal ε_n kunnen aanduiden door het quotient

$$\frac{\varepsilon_o - \varepsilon_n}{\varepsilon_o - \varepsilon_{min}} \quad \text{of} \quad \frac{(n_o - n)\,(1 - n_{min})}{(n_o - n_{min})\,(1 - n)}$$

welk quotient klaarblijkelijk tusschen de grenzen o en 1 zal zijn gelegen en dat grooter is naarmate de aanwezige dichtheid de dichtste pakking beter benadert.

Gezien de betrekkelijke willekeur bij de wijze van bepaling der aangeduide grenswaarden, kan aan de uitkomst geen beteekenis in absoluten zin worden gehecht. Toch hebben deze bepalingen het onmiskenbare nut, dat zij een zekere objectieve beoordeeling der dichtheid mogelijk maken en vooral ook dat daardoor de aandacht gevestigd wordt op de uiteenloopende dichtheden, die bij de uitvoering van grondwerken worden bereikt.

Vraagt men zich af òf en zoo ja waarom eene geringe relatieve dichtheid zou moeten worden vermeden, dan moge opgemerkt, dat de samendrukbaarheid daarbij uiteraard (zie ook § 38) grooter zal zijn en de inwendige wrijving (zie § 65) kleiner, terwijl dan door trillingen en instorting van labiele korrelgroepen of door eene inwatering achteraf bij onverwachte stijging van den grondwatertoestand een latere verdichting, dus een zetting gemakkelijker zal kunnen worden uitgelokt. Dit alles beteekent intusschen nog niet, dat een losse pakking onder alle omstandigheden verwerpelijk zou zijn.

§ 20. Kritische dichtheid.

Eene geringe relatieve dichtheid brengt soms belangrijke bezwaren met zich mede, hetgeen duidelijk wordt bij bestudeering van het diagram van

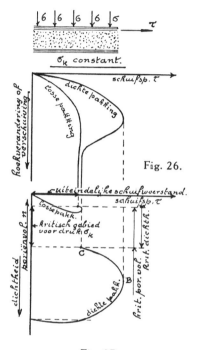

Fig. 26.

Fig. 27.

fig. 26, waarin op de horizontale as zijn afgezet de op een dunne zandlaag (welke is belast tot een constante korreldruk σ_k) uitgeoefende schuifspanningen van toenemende intensiteit en op de verticale as de daarmede samengaande verschuivingen of hoekveranderingen en dichtheidsveranderingen (fig. 27); een en ander voor eenzelfde korrelmassa zoowel in los gepakten als in dicht gepakten toestand. De diagrammen zijn slechts als schetsen bedoeld.

Het blijkt, dat het losse zand tijdens het tot ontwikkeling komen der schuifspanningen in hoofdzaak wordt verdicht, totdat bij een bepaalde waarde der schuifspanningen een bepaalde kritische dichtheid wordt bereikt, waaronder de vormverandering onbeperkt voortgang kan vinden, zonder dat daartoe verdere spanningsverhooging noodig is of verdere volumeverandering optreedt. Het is aannemelijk dat deze kritische dichtheid afhankelijk zal zijn van de op de laag aangrijpende normale spanning en bij hoogere waarde daarvan grooter zal zijn.

Het dichtgepakte zand daarentegen vertoont, behalve in het allereerste begin, geen volumevermindering bij het toenemen der schuifspanningen, doch komt na een geleidelijke volumevergrooting, waarvoor grootere schuifspanningen noodig zijn dan de in het vorige geval optredende grenswaarde, tenslotte in denzelfden bijzonderen toestand van dichtheid en verschuiving als de zooeven aangeduide, waarbij de z.g. kritische dichtheid aanwezig is.

Bij een zich in de techniek voordoend overeenkomstig belastingsgeval zal een eenmaal tot ontwikkeling gekomen schuifbelasting bij het intreden der verschuiving meestal niet meer in intensiteit dalen. In dat geval zou dus het gedeelte BC van het diagram niet meer van belang zijn; dit kan dan ook slechts worden bepaald doordat bij een proefneming op kunstmatige wijze een langzaam aangroeiende verschuiving wordt te weeg gebracht en daarbij voortdurend door meting wordt vastgesteld welke schuifspanningen daartoe noodig zijn, waarvoor een daartoe geschikt toestel wordt vereischt.

De kritische dichtheid komt overeen met een bijzondere waarde der relatieve dichtheid en zal tusschen n_o en n_{min} gelegen zijn, zoodat

$$n_{min} < n_k < n_o.$$

Natuurlijk zal het ten aanzien der kritische dichtheid eenig verschil maken, of van een losse dan wel van een dichte pakking wordt uitgegaan en zou misschien van een kritisch gebied van dichtheid gesproken moeten worden, (zie fig. 27 en 28); kortheidshalve doen wij dit niet.

Het is nu van belang na te gaan of de kritische dichtheid n_k een practische beteekenis heeft, in welk geval het van nut zou kunnen zijn in bepaalde gevallen een in het terrein aangetroffen dichtheid met de voor de toekomstige druk kritische dichtheid te vergelijken.

§ 21. *Zettingsvloeiïng in massa's met dichtheid beneden de kritische* $(n > n_k)$.

Bij los gepakt zand nu, dat met water is verzadigd en dat, zooals reeds werd opgemerkt, bij het aangroeien der schuifspanningen eene volume-vermindering der massa zou willen ondergaan, is dus een teveel aan water aanwezig, hetgeen indien dit teveel tijdens de periode van ontwikkeling der schuifspanningen niet onder een uiterst gering drukverhang kan worden afgevoerd, tot eene hydrodynamische spanningsverhooging in het water en dus tegelijkertijd tot eene overeenkomstige daling der korrelspanningen en dus ook tot verminderden wrijvingsweerstand zou leiden. Een verschuiving die in een uit zand in een dergelijke losse pakking opgebouwd terrein onder invloed van schuifspanningen eenmaal zou intreden, zou dan snel voortgang vinden, daar de aandrijvende kracht daarbij niet of nauwelijks zou verminderen, doch de weerstandbiedende korrelwrijving daartegenover wèl.

Ten einde hieromtrent nog een beter inzicht te verkrijgen, is in fig. 28 het samendrukkingsdiagram voor eene bepaalde korrelmassa met losse pakking aangegeven. (Ook geschiedde dit voor dezelfde massa met dichte pakking, waarvoor tegenovergestelde conclusies zijn te trekken).

In de figuur is bovendien ingeteekend door middel van twee puntlijnen het voor de korrelmassa karakteristieke gebied der kritische dichtheid behoorende bij verschillende waarden der korreldrukken.

Is deze nu voor een bepaald geval van rust σ_k ($= \sigma_g$, dus $\sigma_w = 0$ veronderstellend), dan geve het punt A_l de in de losgepakte massa bijbehoorende dichtheid of het poriënvolume aan.

Ontstaat nu eene belangrijke verschuiving in de massa in zóó kort tijds-verloop, dat het totale volume in het geheel niet door waterafstrooming kan verminderen, dus de dichtheid dezelfde blijft, terwijl de uiteindelijke schuif-weerstand juist wordt overschreden (zie fig. 27), dan treedt een zoodanige korrelspanning op als met B_l overeenkomt. Deze korrelspanning wordt dus σ_{kl}. Er ontstaat dus een wateroverdruk $\sigma_w = A_l B_l$.

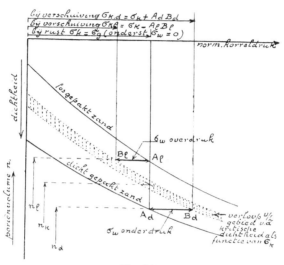

Fig. 28.

Deze wateroverdruk en de gelijke vermindering van de korreldruk van σ_k tot σ_{kl}, waardoor bij gelijkblijvende belasting de wrijvingsweerstand ongeveer in evenredigheid daalt, verklaren, dat de verschuiving catastrophaal zal zijn en men te doen krijgt met eene zettingsvloeiing.

Losgepakte zandmassa's van groote uitgebreidheid met eene dichtheid kleiner dan de kritische, en vooral indien zij geheel met water verzadigd zijn, bezitten aldus het nadeel, dat indien zij onder invloed van verschillende krachtswerkingen in beweging komen, de optredende storting een zeer grooten omvang kan verkrijgen. Tijdens het evenwicht vormden de korrels reeds — gezien de geringe dichtheid — een nog juist stabiel stelsel. Wordt nu echter ingevolge de zoojuist geschetste omstandigheid eene evenwichts-verstoring teweeg gebracht, waarbij dus een deel der massa in beweging komt, dan ligt het voor de hand, dat de korrels niet gemakkelijk een nieuwen evenwichtstand zullen hervinden. Wel zal door wateruittreding de kans daarop stijgen en zal na eene groote verplaatsing ook de afname der aan-drijvende krachten van beteekenis worden, doch veelal zal eene omvangrijke beweging onvermijdelijk zijn, waarbij de eerste storting oogenblikkelijk verscheidene andere tengevolge heeft, zoodat deze tenslotte wijd om zich heen grijpt.

In fig. 29 is tenslotte het resultaat van het onderzoek voor een bepaalde korrelmassa voorgesteld, ontleend aan een onderzoek door A. CASAGRANDE, die op het bestaan eener kritische dichtheid het eerst de aandacht vestigde.*)

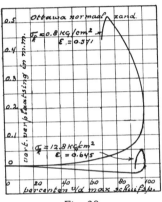

Fig. 29.

Uit de praktijk zijn tallooze gevallen bekend, waarin een zandmassa plotseling tot uitvloeiing kwam, hetgeen de benaming zettingsvloeiing wettigt. Zij betreffen zoowel op natuurlijke wijze in het geologisch verleden in groote massa's tegelijk afgezet zand zooals men meent dat dit met den tot de beruchte oevervallen aanleiding gevenden ondergrond in Zeeland het geval is, als ook kunstmatige zandmassa's met losse pakking, waarbij de losse pakking is toe te schrijven aan het zonder kunstmatige verdichting deponeeren van vochtig ophoogingszand of het met groote hoeveelheden tegelijk aanbrengen van zand onder water (zand storten uit onderlossers).

Zettingsvloeiingen hebben zich ook voorgedaan bij in toekomstige stuwmeren in den droge opgestorte massa's tijdens de vulling dezer meren, bij in den droge uit zand opgebouwde taluds in bouwputten, na waterinlating of bij opkomend hoog water, bij de op onder water gestorte zandmassa's gefundeerde kademuren, enz.

Natuurlijk moet er steeds eerst een primaire oorzaak aanwezig zijn, die dit ongewenschte, zij het secondaire, verschijnsel te voorschijn roept. Deze primaire oorzaak kan zijn een toenemend waterverhang in de richting van het begrenzende talud of een ontgronding aan den taludvoet door stroomschuring, dan wel een te groote plotselinge belasting nabij den taludrand (zandtreinen) of ook wel doordat een in den droge uit vochtig zand en dus met zeer losse pakking opgestort talud zich bij het latere opkomen van water door zoogenaamde inwatering verdicht, het bovenliggende gedeelte plotseling nazakt en daardoor hydrodynamische spanningen opwekt en aldus het geheel in beweging brengt, e.d.m.

Het is na al het voorafgaande wel duidelijk, dat het secondaire verschijnsel des te eerder optreedt en grooter van omvang is, naarmate de dichtheid in

---

*) Journal of the Boston Society of Civil Engineers. 1936.

een ongunstiger verhouding staat tot de kritische, het zand fijnkorreliger en dus minder doorlatend is en de massa's grooter uitgebreidheid bezitten. Hieruit volgt, dat de kritische dichtheid van groote practische beteekenis is. Toch behoeft onder bepaalde omstandigheden het feit, dat een massa geringere dichtheid bezit dan de kritische nog geen overwegend bezwaar te vormen. In tal van gevallen geven zandmassa's van ongunstige dichtheid toch ten aanzien van de daaraan gestelde eischen een bevredigend resultaat.

Hoewel bij zijdelings opgesloten massa's, gezien de wijze van belasting door ophoogingen of fundamenten zettingsvloeiing uitgesloten kan zijn, hebben zandmassa's met eene dichtheid beneden de kritische nog het nadeel van grooter gevoeligheid voor trillingen en voor toevallige inwatering bij onverwachte stijging van waterstand en voorts van grootere samendrukbaarheid en geringere inwendige wrijving; dit zal later ter sprake komen. Van geval tot geval zal men dan ook hebben te beoordeelen of deze omstandigheden aanleiding geven tot het nastreven van grootere dichtheid, indien dit met financiëele offers gepaard gaat.

Meer in het klein kan een zettingsvloeiing optreden in een zandmassa met ruime pakking b.v. indien de deponeering van groote hoeveelheden tegelijk in een met water gevulde put en dus de bezinking in een opwaarts gerichten waterstroom plaats vindt en deze daarna ten behoeve van de uitvoering van fundeeringswerken wordt betreden. De evenwichtsverstoringen dan uitgelokt, leiden dan tot het gevreesde drijfzand waarbij pogingen om zich te bevrijden steeds dieper wegzinken tengevolge hebben. Ook aan stranden kan mede onder invloed van een stroomingsdruk, die de korrelspanningen vermindert en tot geringer dichtheid leidt, dit verschijnsel zich voordoen.

In dit verband moge een andere evenwichtsverstoring worden genoemd die zich ongeacht de dichtheid, voordoet, indien men in een zandlaag graafwerken tracht uit te voeren beneden den waterstand; het zand loopt dan toe onder invloed der daarin uitgelokte drukverhangen. Men spreekt dan wel van loopzand.

Het is duidelijk dat drijfzand en loopzand slechts bepaalde bijzondere toestanden zijn waarin een zandmassa kan verkeeren. Het zijn geen bepaalde zandsoorten, al is het wel duidelijk, dat groot poriënpercentage in vergelijking met de kritische dichtheid, fijnkorreligheid en rondkorreligheid en wellicht een bepaald bijzonder verloop der zeefkromme en voorts de aanwezigheid van eene opwaartsche waterstrooming de verschijnselen zullen in de hand werken.

§ 22. *Massa's met dichtheid boven de kritische* $(n < n_k)$.

In dicht gepakte massa's met eene dichtheid grooter dan de kritische is, indien de aangrijpende krachten groot genoeg zijn, natuurlijk evenzeer een primaire evenwichtsverstoring mogelijk en, hoewel er ook dan een zône zal ontstaan, waarin de korrels ten opzichte van elkaar in beweging komen, en die wij kortheidshalve als een glijdzône of glijdvlak zullen aanduiden, hoewel ook vele korrels daarbij kantelende bewegingen zullen uitvoeren, zal nergens overspanning van het water optreden en veeleer in verband met de voor de beweging vereischte volumevergrooting kans bestaan op eene onderspanning daarin. De diagrammen van fig. 27 en 28 verduidelijken dit.

Voordat voor de dichte massa de door punt B van fig. 27 weergegeven toestand mogelijk is, dient eene volumevergrooting — dus eene water- aanzuiging indien de massa zich in water bevindt — plaats te vinden. Van eene daling der korrelspanningen en daarmede van den wrijvingsweerstand zal dan geen sprake zijn. Men zou zelfs aan eene toeneming van korrel- spanningen als weerslag op eene hydrodynamsiche vermindering der water- spanningen kunnen denken, ware het niet dat de volumevergrooting tijdens het langzame aangroeien der schuifkrachten eveneens slechts zeer geleidelijk haar beslag zal hebben gekregen en de onderspanning in het water dus in den regel niet van veel beteekenis kan zijn. Slechts bij in zeer kort tijds- verloop optredende schuifspanningen (aardbevingen) zou uit dezen hoofde eene belangrijke verhooging der schuifweerstanden kunnen ontstaan.

Wel is nu blijkens het diagram een ongunstige factor, dat indien de aan- drijvende schuifkrachten den grootst mogelijken weerstand eenmaal hebben overschreden, daarna eene afname van den schuifweerstand volgt, zoodat eventueel eene plotselinge instorting zal optreden, al zal deze dan niet tot eene ver om zich heen grijpende zettingsvloeiing leiden. Intusschen zal de groote, beschikbare wrijvingsweerstand eene belangrijke mate van zekerheid tegenover het optreden van zulk een instorting opleveren.

Men zal dan ook goed doen — wij zullen deze opmerking bij de bespreking der schuifweerstanden herhalen, daar zij op die plaats eigenlijk thuis hoort — te zorgen, dat ten aanzien van de handhaving van het evenwicht niet op de aanwezigheid van een grooter schuifweerstand wordt gerekend, dan waarop kan worden gerekend bij de, bij de aanwezige normale span- ningen behoorende kritische dichtheid.

Het denkbeeld der kritische dichtheid werd, zooals reeds eerder opgemerkt, het eerst door A. Casagrande geopperd.

Het onderwerp is intusschen nog weinig doorvorscht en de bestudeering daarvan nog niet afgesloten.

46

Het is waarschijnlijk dat de kritische dichtheid niet alleen van den heerschenden normalen korreldruk afhankelijk is doch ook, dat deze niet dezelfde zal zijn, naar gelang men van een dichter, dan wel van een losser gepakte korrelmassa uitgaat, zoodat er wellicht meer van een kritische dichtheidszône dan wel van een enkele kritische dichtheid sprake zal zijn.

In fig. 28 werd daarmede reeds rekening gehouden en deze zône schetsmatig aangegeven.

De hoofdzaak, waarom het gaat, is intusschen slechts of de massa bij vervorming een dichter, dan wel een losser pakking verkrijgt.

Zeker schijnt wel, dat omstreeks eene bepaalde dichtheid noch het een, noch het ander zal geschieden.

Het begrip kritische dichtheid, dat logisch en aannemelijk is, zal dan ook hoogstwaarschijnlijk in de toekomst in vele gevallen practisch bruikbaar blijken.

§ 23. Proef van Reynolds.

Niet alleen bij het tot stand brengen eener verschuiving op de zoo juist besproken wijze, doch ook in meer algemeenen zin kan worden waargenomen, dat eene zandmassa waarin de dichtheid een zekere maat overtreft, haar korrelstapelingswijze, of m.a.w. haar structuur, slechts kan wijzigen dank zij een toeneming van volume. Wij zijn met behulp van de later te bespreken celapparaten in staat om in dit opzicht tot quantitatieve uitkomsten te geraken.

Thans moge nog bij wijze van denkoefening de klassieke proef van REYNOLDS worden besproken, waarbij deze als volgt te werk ging:

Een zandmassa, waarin de poriën geheel met water zijn gevuld, wordt omsloten door een luchtdicht gummi vlies. Worden op deze massa geleidelijk aangroeiende plaatselijke drukkrachten uitgeoefend, dan blijkt deze daaraan lang weerstand te bieden. Laat men echter het water weg, dan kan de massa zelfs onbelast haar vorm niet bewaren. De verklaring berust op de omstandigheid, dat de met water gevulde massa die blijkbaar bij de proefneming eene dichtheid verkrijgt boven de kritische gelegen, zich tijdens eene vervorming zou moeten uitzetten, waartoe watertoevoer noodig is of anders binnendringing van lucht. Deze laatste wordt echter door het vlies belet, zoodat de spanning in het water begint te dalen beneden de atmosferische druk. Er ontstaat dan echter een alzijdige overdruk van de atmosfeer op het gummivlies en de korrelspanning stijgt met een daaraan gelijk bedrag. Hierdoor worden wrijvingsweerstanden in de korrelmassa opgewekt, waarvan wederom weerstand tegen vervorming der korrelmassa het gevolg is, hetgeen de vastheid der massa verklaart. Zou de vulling der poriën daarentegen uit lucht bestaan, dan zou deze de vereischte volumevergrooting zonder noemenswaardige drukverlaging toelaten en zouden de door dén dampkring uitgeoefende overdruk en daarmede de opgewekte korrelspanningen, de inwendige wrijving en dus ook de vastheid der massa slechts onbeteekenend zijn.

§ 24 *Stapelingswijze of structuur eener korrelmassa.*

Bij het overdenken van de omstandigheid, dat, al is de dichtheid van eene grondmassa bekend, daarbij nog verschillende wijzen van stapeling der deeltjes en dus uiteenloopende eigenschappen denkbaar zijn, ontstaat het inzicht, dat behalve de geaardheid der korrelmassa en de dichtheid, welke deze in een bepaald geval bezit, ook de stapelingswijze of structuur van belangrijken invloed op de eigenschappen zal kunnen zijn.

Fig. 30, ontleend aan een verhandeling van A. CASAGRANDE *) geeft een afbeelding van de structuur van zeeklei, die dat inzicht zal kunnen verhelderen.

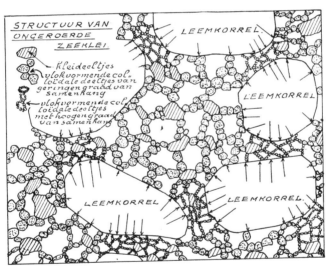

4000 X vergroot.

Fig. 30.

§ 25. *Dichtheid en korrelstapeling (structuur) van fijnkorrelige grondsoorten.*

De dichtheid eener grondmassa waarin fijne deeltjes in voldoende mate vertegenwoordigd zijn en welke zich daardoor onder normale omstandig-

---

*) The structure of clay and its importance in foundation engineering. Journ. Boston Soc. Civ. Eng. 1932.

48

heden als samenhangende grondsoorten aan ons voordoen (klei, leem, veengronden enz.) kan op de zelfde eenvoudige wijze worden bepaald als dit voor een zandmassa reeds werd aangegeven. Eigenlijk is de bepaling nog iets eenvoudiger, omdat het verkrijgen van nagenoeg ongeroerde monsters ook van grootere diepten met behulp van een daartoe geschikt steekapparaat, dat in een boorbuis op iedere gewenschte diepte kan worden neergelaten, teneinde eene blikken koker met bodemmateriaal te vullen, (fig. 31), dank zij de aanwezige samenhang minder bezwaren ontmoet.

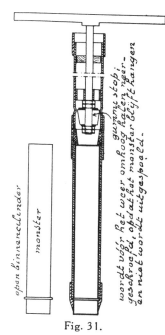

Fig. 31.

Toch kunnen in tegenstelling met klei- en leemmonsters de beter doorlatende veenmonsters tijdens de monsterneming nog wel beteekenend van volume veranderen waarmede echter rekening kan worden gehouden door ze daarna weer kunstmatig onder „terreinspanning" te brengen, waaronder dan moet worden verstaan dat men er de in het terrein, op de plaats waaraan de massa is ontleend heerschende korrelspanningen weder op doet aangrijpen, alvorens verdere proefnemingen in te stellen.

Overigens biedt ook de bepaling der dichtheid van veengronden in verband met het weinig van dat van water verschillende soortelijk gewicht der organische bestanddeelen moeilijkheden. Meestal zal men voor deze grondsoorten dan ook met eene vaststelling van het volumegewicht volstaan; ook kan men eene methode volgen, waarbij wordt rekening gehouden met de beide bestanddeelen der vaste phase van zoo uiteenloopend soortelijk gewicht; immers een splitsing in water en organische stof eenerzijds en minerale korrels anderzijds is zeer wel uitvoerbaar.

Welk volume de organische stof dan inneemt is echter moeilijk vast te stellen. De dichtheid kan onder die omstandigheden moeilijk worden bepaald, tenzij men de organische deelen tot de holle ruimte zou rekenen.

De dichtheid zal bij de samenhangende grondsoorten blijken veel kleiner te kunnen zijn en tusschen veel wijdere grenzen te kunnen uiteenloopen, dan dit bij zandgronden het geval is.

Zij hangt af, niet zooals bij zand hoofdzakelijk van de wijze van afzetting der massa, doch in veel sterker mate dan dat bij zand het geval is, van de krachten die in verloop van tijd op de vaste phase tot aangrijping zijn geomen. In dit verband moet in de eerste plaats aan den druk, uitgeoefend oor later er bovenop afgezette lagen worden gedacht, welke bij zand slechts en onbeteekenenden invloed op de dichtheid blijkt te hebben. In tegenstelling tot de samenhangende grondsoorten heeft men daarom, op grond van en en ander, zand wel conservatief genoemd.

Stellen wij ons voor, dat de massa is ontstaan door bezinking van uiterst ijne deeltjes in water, dan zullen deze bij aanraking van reeds eerder ezonken deeltjes, dank zij de in vergelijking met het geringe gewicht in verhouding tot de in de aanrakingspunten uitgeoefende moleculaire aantrekingen, in zoodanige standen tot rust kunnen komen, als waarbij een grooter leeltje zeker nog niet voldoenden steun zou hebben gevonden daar dit eerst op drie steunpunten in evenwicht zou kunnen verkeeren.

Aldus zou een „raatstructuur" met zeer luchtige stapeling het gevolg zijn lie dan later bij toenemende bovenbelasting tot instorting van labiele korrelgroepen en dus tot belangrijke verdichting zou kunnen leiden.

Door sommigen wordt voor de zeer fijne deeltjes $< 2 \mu$ als die van klei meer de aandacht gevestigd op de bij grootere specifiek oppervlak toenemende belangrijkheid der geadsorbeerde waterhuidjes, die de korrels omhullen, een onmiddellijk contact der minerale deeltjes verhinderen en aldus een luchtige pakking zouden te weeg brengen. Voor grove korrels wordt dan een zeer spoedige en voor de fijnere deeltjes naarmate de korreldruk later toeneemt, eene geleidelijke gedeeltelijke verdringing der waterhuidjes aanvaard.

Indien tijdens het bezinken der deeltjes onder invloed van een electroliet uitvlokking optreedt, zoodat het reeds samengestelde korrels, vlokken, zijn, welke neerdalen, ware een nog luchtiger korrelstapeling dan bij enkelvoudige deeltjes denkbaar.

v. TERZAGHI onderscheidt aldus naast de bij fijnkorrelige massa's mogelijke z.g. raat-structuur een uit vlokken opgebouwde raatstructuur van de tweede orde en zulks in tegenstelling tot de enkelvoudige korrelstructuur der zanden, waarbij de tusschenruimten kleiner zijn dan de korrels.

Ook indien men de gedachte van het ontstaan der raatstructuur niet aanvaardt, zal uiteraard, bij het samengaan eener vlokvorming met de uitwerking der geadsorbeerde waterhuidjes, eene losgepakte massa het gevolg zijn.

Het is begrijpelijk dat dergelijke losse stapelingen, waarbij holtepercentages van 80 % en meer (dus $\varepsilon_n = 4$ en meer) niet ongewoon zijn, aanzienlijke verdichting zullen ondergaan, naarmate er bovenop nieuwe lagen tot afzetting komen of op andere wijze daarop druk wordt uitgeoefend.

Bovendien zal indien in de massa behalve groote en kleine echte korrels

ook veel zeer dunne en dus buigzame schubben en schilfers aanwezig zij»
het buigen of breken daarvan tot groote dichtheidstoename aanleiding kunne
geven. Ook zullen de geadsorbeerde waterhuidjes nabij de aanrakingspunte
der fijne deeltjes bij toenemende druk geleidelijk worden weggeperst, he»
geen eveneens belangrijk tot verdichting kan bijdragen.

Dat bij deze verdichting tegelijkertijd het in de poriën aanwezige wate
moet wegvloeien is vanzelfsprekend. Nu is echter een fijnkorrelige massa
aangezien de porienkanalen daarin uiterst nauw zullen zijn, slecht door
latend en zullen bij eenigszins snelle belastingstoename in zulk een mass
de vroeger reeds uitvoerig besproken hydrodynamische spanningen tot ont
wikkeling komen. Eerst na verloop van tijd bereiken de waterspanninge»
dan weer de hydrostatische waarde, verdwijnt de overspanning en wordt d»
belasting door de geleidelijk gestegen korrelspanningen gedragen. Ook d»
wrijvingsweerstanden in de korrelmassa zullen dan eene overeenkomstige
geleidelijke toename hebben ondergaan.

Zelfs is het denkbaar, dat in een bepaalde afzetting, die van boven voortdurend aangroeit (deltavorming), de korrelspanningen steeds kleiner zullen
blijven dan met den last van het daarboven gelegen materiaal overeenkomt,
terwijl de waterspanningen dan steeds hooger zullen zijn dan met de
hoogteligging der massa's ten opzichte van den vrijen waterspiegel strookt.
Het poriënwater is dan steeds overspannen.

De fijnkorrellige en sterk samendrukbare grondmassa's zijn dus in tegenstelling tot het moeilijk samendrukbare en goed doorlatende zand gekenmerkt door een nauw verband tusschen de korrelspanningen en den na het
opbrengen van eene nieuwe belasting verloopen tijd. Aan de hand van het
bovenstaande kan men zich er ook gemakkelijk rekenschap van geven, hoe
de gang van zaken zal zijn na eene eventueele belastingvermindering van
zulk eene grondmassa.

Aanvankelijk heeft men wel gemeend, dat de onder bepaalde belastingen
uiteindelijk bereikte dichtheden van samenhangende grondmassa's enkel en
alleen door den aard der korrelmassa zouden worden bepaald, onafhankelijk
van de oorspronkelijke wijze van afzetting, in welk geval dan dus bij iedere
bovenbelasting, zoowel in het laboratorium als in het terrein, eene daarmede
onverbrekelijk samenhangende dichtheid zou behooren. In dat geval zouden
dan ook de dichtheden, aanwezig bij de vroeger besproken consistentie-
grenzen eveneens door vaststaande, voor de betreffende grondsoort karakteristieke drukkingen kunnen worden teweeggebracht. Men sprak in dat verband dan van de drukequivalenten der consistentiegrenzen. De grondsoorten
zouden dan afhankelijk van hunne samenstelling bij circa o tot o,5 kg/cm²
korrelspanning de vloeigrens en bij circa 3,5 tot 7 kg/cm² korrelspanning

le uitrolgrens passeeren. Ook zou men dan uit den in een terrein heerschenden korreldruk, indien althans nooit eene grootere belasting was aan-
vezig geweest, onmiddellijk de dichtheid en de consistentie kunnen afleiden.
Later bleek een en ander toch minder eenvoudig te zijn. Het is trouwens
volkomen begrijpelijk, dat de korrelstapeling, die ontstaat bij het aanmaken
ler grondsoort tot eene vloeibare massa door toevoeging van water zooals
dit bij de bepaling der consistentie-grenzen gebruikelijk is, volstrekt niet
behoeft overeen te komen met die, welke in een op natuurlijke wijze gevormd depôt bij de geleidelijke afzetting daarvan, tot stand komt.

Dus zullen de drukequivalenten der consistentiegrenzen voor vanaf den
vloeibaren toestand geleidelijk onder belasting samengedrukte korrelmassa's
zonder twijfel vaststaande waarden bezitten; de dichtheden, die bij de in
het laboratorium bepaalde consistentie-grenzen blijken te bestaan, behoeven
echter allerminst ook in het natuurlijke terrein de grenzen tusschen vloei-
baar, plastisch en vast te markeeren.

Kleimassa's, die zich in het terrein als harde en vaste grondsoorten voordoen, blijken in bepaalde gevallen eene zóó geringe dichtheid te bezitten,
dat deze zelfs nog boven de vloeigrens gelegen is, enz.

Dit bewijst, dat ook bij samenhangende grondsoorten, evenals bij zand,
bij gelijke dichtheid nog zeer verschillende stapelingswijzen denkbaar zijn,
afhankelijk van de voorgeschiedenis, die de massa op de aangetroffen dichtheid heeft gebracht. Bij gelijke dichtheid is dus groot verschil in structuur
denkbaar.

Ook voor deze grondsoorten zal bij eene bepaalde normale korrelspanning — of meer volledig: onder een bepaalde combinatie van korrelhoefd-
spanningen — een zekere kritische dichtheid behooren, waaronder vervorming der massa bij constant volume geschiedt. Of deze dichtheid eene
van het stadium van uitgang geheel onafhankelijke waarde zal blijken te
hebben, doet — evenals wij dit voor zand bespraken — weinig ter zake.
Eene in een gegeven geval onder eene bepaalde belasting verkeerende massa
kan dan weer, evenals dit bij zand mogelijk was, zoowel eene grootere als
eene kleinere dichtheid blijken te bezitten dan deze kritische, hetgeen op de
voor zand beschreven wijze bij snelle vervorming tot overspanning of onderspanning van het poriënwater leidt. Slechts schijnt, behoudens na kunstmatige voorbehandeling, de kans, dat de dichtheid reeds van nature grooter
is dan de kritische (zoogenaamde overdichte grond) voor deze grondsoorten
geringer, hetgeen blijkt uit de omstandigheid, dat opzettelijke vervorming
— kortheidshalve spreken wij van verkneding — veelal tot eene achteruitgang der wrijvingseigenschappen en dus van de vastheid, leidt; bij de ver-

vorming moeten dan de waterspanningen zijn gestegen en de korrelspan
ningen zijn gedaald.

Behalve uit proefnemingen in het laboratorium blijkt dit uit de in d
natuur waargenomen verschijnselen, waarbij eenmaal onder invloed va
krachtswerkingen in beweging gekomen massa's, uiterst bezwaarlijk hu
evenwicht hervinden en waarvan de uit gebergtekloven hun oorsprong vin
dende modderstroomen (Murgänge, Lahars), waardoor rotsblokken en zelf
bruggen kunnen worden meegevoerd een voorbeeld opleveren. Men kar
zich gemakkelijk voorstellen, dat, vóórdat deze massa's in beweging komen
zich een opeenstapeling heeft gevormd, bestaande uit een grofkorrelig
geraamte, waarin korrelspanningen heerschen en waarvan de holten met
fijnere deeltjes en water zijn gevuld, die geen ander aandeel nemen aan de
korrelspanningen, dan dat zij hun eigen gewicht en eventueel de stroomingsdrukken van doorsijpelend water naar het korrelgeraamte overbrengen. Zoodra dan door een primaire oorzaak — wellicht sterk toenemende stroomingsdruk bij zwaren regenval — de massa in beweging komt, verliest het grofkorrelige geraamte zijn structuur. De grove deeltjes komen niet tot hun
oude korrelstapeling, doch komen te rusten in de waterhoudende kleimassa,
waarin groote hydrodynamische waterspanningen zullen ontstaan, dus geringe korrelspanning en weinig wrijving optreedt. Een groot deel van het
totale gewicht der massa zal dus tijdens de beweging door de waterspanningen worden gedragen en de massa zal eerst gelegenheid hebben het overtollig geworden poriënwater uit te drijven, indien de massa ten slotte een zóó
geringe helling heeft bereikt, dat de nog beschikbare wrijvingsweerstanden
het evenwicht geleidelijk kunnen herstellen. De massa moet zijn volume
tijdens de beweging hebben verkleind en moet tevoren een kleinere dichtheid hebben gehad dan de kritische.

Volgens een voorstellingswijze van A. CASAGRANDE zou hetgeen zoo juist
werd beschreven voor een stapeling, waarin zand, grind, steenen en rotsblokken een rol spelen, zeer in het klein kunnen plaats grijpen in een tot
verkneding gebrachte kleimassa, waarin intusschen bij alle kleinheid toch ook
deeltjes van zeer uiteenloopende afmetingen aanwezig zijn.

Fig. 30 geeft van deze voorstellingswijze eene afbeelding, die voor zichzelf spreekt en dient om te verklaren, dat de week gebleven vulling van het
skelet van grovere korrels bij eene verstoring van de structuur de inwendige
wrijving der verknede massa gering en de samendrukbaarheid daarvan groot
zou kunnen doen zijn.

De massa moet daartoe wederom eene dichtheid bezitten kleiner dan de
kritische, daar anders de waterspanningen bij verkneding niet zouden stijgen,
doch dalen, in welk laatste geval de korrelspanningen en daarmede de
wrijvingen inplaats van kleiner, grooter zouden worden.

Bovendien zal de achteruitgang in hoedanigheid eener verknede kleimassa nog geheel of ten deele berusten op de verbreking van den samenhang der geadsorbeerde waterhuidjes, die zich echter na eene rustpauze weer herstelt (thixotropie van klei). Ook in de gevallen waarin structuur-wijziging der korrelmassa op zichzelf geen invloed zou hebben, zouden deze thixotropische eigenschappen tot een achteruitgang der massa ten aanzien van den weerstand tegen verdichting en evenwichtsverstoring kunnen leiden.

Ook de door de Zweden ter beoordeeling der gevaarlijkheid van taluds ten aanzien van afschuivingen voor het eerst toegepaste werkmethode, waarbij met behulp van door hen uitgedachte conus-apparaten nagegaan wordt in hoeverre de aanwezige kleimassa's ingevolge kunstmatige verkneding in vastheid en meer in het bijzonder in conusweerstand afnemen, berust in feite op een onderzoek naar de dan optredende mate van achteruitgang.

Bekend is verder, dat bepaalde kleilagen bij het indrijven van palen van vasten in plastischen toestand kunnen overgaan en daarna groote zettingen kunnen gaan vertoonen, zoodat de op de palen geplaatste gebouwen soms meer zakking vertoonen dan zonder de paalfundeering het geval zou zijn geweest. *)

De vroeger besproken consistentiegrensbepalingen zijn ook uit dien hoofde slechts te beschouwen als onderkenningsproeven, welke zich richten op den aard der een grondmassa vormende korrels, waarbij de gevonden uitkomsten echter in het algemeen nog geen algemeene beoordeeling toelaten ten aanzien van de werkelijke consistentie eener in het terrein aangetroffen massa, waarvan, teneinde vergelijkingen te kunnen treffen, de dichtheid werd bepaald.

Uit de gegeven voorbeelden moge duidelijk zijn geworden, dat in het algemeen naast de dichtheid ook aan de structuur eener korrelmassa groote beteekenis moet worden toegekend: bij gelijkblijvende dichtheid kan afhankelijk van de meer of minder gunstige stapelingswijze het gedrag der massa (samendrukbaarheid, vervormbaarheid, inwendige wrijving) zeer uiteenloopen. Denkende aan de consistentiegrensbepaling waarbij de massa steeds intensief wordt gekneed, wordt het begrijpelijk dat de grenzen tusschen vloeibaren, plastischen en vasten toestand voor een natuurlijk en voor zulk een verkneed monster dan ook bij geheel verschillende dichtheden kunnen gelegen zijn.

§ 26. *Verkrijging eener groote dichtheid.*

Bij den aanleg van belangrijke dijken of dammen wordt dikwijls het bereiken van een groote dichtheid van het daarvoor gebezigde ophoogings-

---

*) A. Casagrande. The structure of clay in foundation engineering.

materiaal nagestreefd. Trillen of inwateren komt voor fijnkorrelige grond soorten niet in aanmerking. De vraag dringt zich dan op, op welke wijz daarvoor bij een bepaalde methode van verdichting en bij een beoogd aanta overgangen der te gebruiken verdichtingsmachine, waarvoor in Amerika we walsen met schaapvoetachtige uitsteeksels worden gebezigd, (sheepfoot roller = schaapvoetwals), de beste resultaten kunnen worden bereikt. He blijkt, dat er voor iedere korrelmassa bij een gekozen verdichtingsprocedure een gunstigst waterpercentage t.o.v. het gewicht der droge stof valt aan te wijzen, waarbij de grootst mogelijke dichtheid en dus ook het grootste volumegewicht wordt verkregen *). Fig. 32 geeft daarvan een voorbeeld.

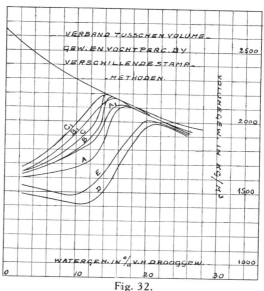

Fig. 32.

ontleend aan een rapport van het Laboratorium voor Grondmechanica over het onderzoek van een keileem, bestemd voor afdekking van kanaalbeloopen. Afhankelijk van de gevolgde verdichtingsmethode lagen de gunstigste water-percentages hier blijkbaar tusschen 14 en 21 %. Hoewel dit van geval tot geval dient te worden nagegaan schijnt dit gunstigste waterpercentage nabij de uitrolgrens te liggen. In het werk worden dan bij de uitvoering de met de verdichtingsmiddelen verkregen resultaten voortdurend gecontroleerd, door de weerstanden te bepalen, die een staaf met gegeven puntdoorsnede in de verdichte massa ondervindt en welke methode van onderzoek in beginsel met de in par. 17 aangeduide conusproef overeenkomt. Opmerkelijk hooge conusweerstanden blijken daarbij te kunnen worden verkregen.

---

*) R. R. PROCTOR. Eng. News. Record. 1933.

Intusschen dient men te onderzoeken of de groote, aldus bereikte dichtheid ook op den duur gehandhaafd zal kunnen blijven. Zoo niet, dan zou de
massa later een dichtheidsvermindering, dus een zwelling kunnen vertoonen,
die in een bepaald geval tot gevolg heeft gehad, dat breuken ontstonden.
Men heeft als reactie daarop er zich dan ook wel toe beperkt geen grootere
dichtheid na te streven dan die, welke de massa op den duur onder den
invloed van de op verschillende punten in den dam aanwezige korrelspanningen zonder zwelling zou kunnen handhaven. Dit kan in het laboratorium
nagegaan worden.

§ 27. *Andere proefnemingen, welke ter onderkenning kunnen dienen.*

Uit het in dit hoofdstuk tot nu toe behandelde, waarbij de onderkenning
van grondsoorten de hoofdzaak vormde, doch ook andere daarmee samenhangende onderwerpen in het belang van een gemakkelijker overzicht op de
daarvoor het meest aangewezen plaatsen werden ter sprake gebracht, volgt
reeds, dat het trekken van een grenslijn tusschen de onderzoekingen, die
zuiver met het oog op de onderkenning worden ingesteld en die, welke bovendien van onmiddellijke practische beteekenis zijn, niet steeds scherp is aan
te geven.

Men zou zelfs zoover kunnen gaan, dat men ook de later te bespreken
mechanische onderzoekingen als onderkenningsproeven zou kunnen gaan
beschouwen, doch willen de grens trekken, daar, waar de proeven meer ingewikkelde apparatuur gaan vereischen en daaruit van mechanica-standpunt
gezien onmiddellijk bruikbare resultaten worden afgeleid.

De plaats van deze grenslijn is betrekkelijk willekeurig.

Op welke wijze tenslotte het gedeeltelijk resultaat van een onderkennings-
onderzoek zich voordoet moge
blijken uit fig. 33, waarbij de
uitkomsten van een aantal
onderzoekingen aan monsters
van zekere diepten uit een
reeks boringen, waarvan vermoed werd, dat zij uit eenzelfde laag afkomstig waren,
zijn voorgesteld. De uitkom-

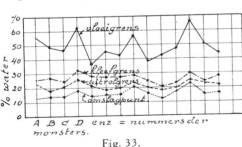

Fig. 33.

sten bevestigen dit vermoeden.

§ 28. *Doorlatendheid van grond.*

Door een grondmassa waarin het water, dat de poriën vult, onder den
invloed van een drukverhang in beweging is, zal volgens de Wet van DARCY

per eenheid van tijd door een doorsnede element dF, gemeten loodrecht op de stroomingsrichting, eene hoeveelheid water stroomen (zie fig. 2) $k.i.dF$ Hierin is i het verhang en k de doorlatendheidscoëfficiënt. Daar $v = k.i$

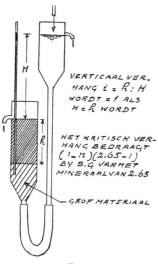

de werkelijke stroomsnelheid voorstelt, indien deze gelijkelijk over dF zou zijn verdeeld, het geen natuurlijk in werkelijkheid niet het geval kan zijn, daar dF ten deele door korrels word in beslag genomen, zijn de werkelijke snelheden grooter dan v en heeft $v = ki$ dus slechts be- teekenis als rekengrootheid, op overeenkomstige wijze als waarop zulk een grootheid vroeger voor de korrelspanning werd ingevoerd.

Indien men bij het inrichten van een proef- neming zou zorgen, dat het drukhoogteverlies tusschen twee punten van een stroomdraad juist gelijk zou worden aan de afstand dier punten, langs dien stroomdraad gemeten, dan zou i juist gelijk zijn aan 1. Bij een proef als in

Fig. 34.

fig. 34 ware dit b.v. het geval als in $i = \dfrac{H}{h}$, $H = h$ wordt.

Door een eenheid van doorsnede zouden dan per eenheid van tijd k volume eenheden water stroomen. Uit de vergelijking blijkt verder, dat k de dimensie van een snelheid bezit; k wordt veelal uitgedrukt in cm/sec. en ook wel in cm/min. of in cm/jaar. In practische gevallen daalt i dikwijls ver beneden de eenheid; ook k kan zeer klein zijn: ter bepaling der gedachten b.v. bij duinzand van de orde van grootte 10^{-2} cm/sec., voor veengronden van de orde 10^{-6} cm/sec., terwijl voor kleigronden waarden van de orde van 10^{-8} cm/sec. en kleiner worden gevonden. Uiteraard zullen deze waarden afhangen van den korrelvorm — het maakt verschil of korrels dan wel schubvormige gronddeeltjes aanwezig zijn — van de korrelgrootte en de korrelverdeeling en voorts van de dichtheid en de structuur. Voor zandsoorten met gelijk specifiek oppervlak (§ 13) en gelijke dichtheid zou de doorlatendheid dezelfde zijn. k als functie van de viscositeit van water (η), het poriënpercentage (n) en het specifiek oppervlak (aangeduid door U) wordt voor korrelmassa's boven $16(20)$ μ wel uitgedrukt door:

$$k \text{ in cm/sec.} = \frac{3,713}{\eta} \cdot \frac{n^3}{(1-n)^2} \cdot \frac{1}{U^2}$$

(Zie: Bijdrage tot de kennis van eenige natuurkundige grootheden van den grond door Dr. S. B. Hooghoudt (Bodemkundig Instituut Groningen)).

Daar de viscositeit van het water bij een en ander een rol speelt en deze bij hoogere temperatuur daalt, is de k-waarde ook sterk van de temperatuur afhankelijk. Dit blijkt niet alleen ten duidelijkst bij proefondervindelijke k-bepalingen, doch ook bij andere proefnemingen op grondmassa's waarbij de doorlatendheid in het geding komt. Tenslotte hebben ook geadsorbeerde stoffen nog een belangrijken invloed.

Bij langdurige doorstroomingsproeven blijkt de doorlatendheid zich tijdens den duur der proefnemingen belangrijk te wijzigen (fig. 35 en 36); door

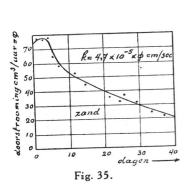

Fig. 35.

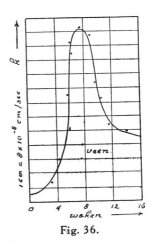

Fig. 36.

verplaatsing van fijne deeltjes aan te nemen, die zich elders weer afzetten, is dit verschijnsel verklaarbaar. Ook beïnvloedt de stroomingsdruk vooral in het begin het volume der korrelmassa en aldus de uittredende water-hoeveelheid. Eene bepaling van slechts korten duur kan dan ook zeer wel een verkeerd beeld van de mate van doorlatendheid geven.

Wat de invloed der korrelspanning op de doorlatendheid betreft, moge opgemerkt, dat deze bij zand uiteraard gering is, doch bij meer samendruk-bare grondsoorten in aanmerking dient te worden genomen, daar de druk daarbij de dichtheid belangrijk beïnvloedt.

Na een en ander is het wel duidelijk, dat indien van de k-waarde gebruik zou moeten worden gemaakt ter karakteriseering van een bepaalde korrel-massa en ter onderlinge vergelijking, gelijke voorgeschiedenis, gelijke be-lasting en gelijke temperatuur aanwezig moeten zijn. Zoo wordt ten dienste der klassificatie in dit opzicht wel als norm aangenomen de vanaf de vloei-grens onder 1,5 kg/cm² verdichte massa bij een temperatuur van 10° C (Zie fig. 55).

58

§ 29. *Aanduiding van de wijze van bepaling der waterspanningen bij al dan niet doorstroomde grondmassa's.*

Hoewel verschillende gedeelten dezer paragraaf buiten het gebied der physische eigenschappen voeren en op technisch terrein liggen, moge deze paragraaf in aansluiting aan de voorafgaande, welke de doorlatendheid behandelt, hier een plaats vinden.

Bij eene grondmassa zullen in het algemeen bij het optreden van drukverhangen in de vloeibare phase de k-waarden der verschillende grondlagen het verloop der waterspanningen beheerschen; in eenvoudige gevallen is dit verloop bij bekende k-waarden door berekening te vinden.

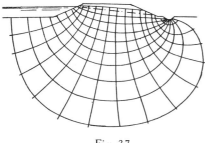

Fig. 37.

Slechts indien de doorlatendheid overal gelijk zou zijn, zou k uit de berekeningen wegvallen en zouden de op de korrelmassa aangrijpende stroomingsdrukken dus kunnen worden bepaald zonder dat eene k-bepaling noodig is. Vooral in dit laatste geval zou eene bepaling van het verloop der waterspanningen met behulp van een model op kleine schaal en eenvoudigheidshalve vervaardigd uit zand, inzichtgevend en ook kwantitatief bruikbaar kunnen zijn. Soms zal men de methode der „vierkanten" kunnen toepassen, op de theorie waarvan hier niet wordt ingegaan (fig. 37). Ook meting der electrische stroomverhangen *) van geleiders in den vorm der doorstroomde constructie kan toepassing vinden, zelfs indien lagen van uiteenloopende doorlatendheid voorkomen. Voor ons doel is de hoeveelheid doorstroomend water meestal bijkomstig en zijn slechts de optredende spanningen van belang, daar immers deze bij een evenwichtsonderzoek in rekening moeten worden gebracht. Voor bepaling der doorstroomende hoeveelheid zelve zou k natuurlijk bekend moeten zijn.

Bij alle proeven op kleine schaal bestaat intusschen een bijzondere moeilijkheid daarin, dat ook het gedeelte der grondconstructie, dat tot het capillaire gebied behoort en waarin het water ook aan de strooming deelneemt, op schaal moeten worden gebracht (zie o.a. het artikel over Waterspanningen, in Dijken en Dammen door Prof. ir. G. H. VAN MOURIK BROEKMAN en den schrijver in het Weekblad „De Ingenieur" 1934, No. 32).

Slechts de gevallen van de stationnaire doorstrooming zijn nog voor theoretische behandeling toegankelijk gebleken; voor de niet stationnaire

---

*) Publicaties van prof. ir. C. G. J. VREEDENBURGH en ir. O. STEVENS.

stroomingstoestand staat voorloopig slechts het experiment ter beschikking.
Immers de doorlatendheid van een grondmassa is, zooals reeds werd opgemerkt, dikwijls zeer van de dichtheid afhankelijk en deze is bij samendrukbare korrelmassa's weer afhankelijk van de korreldruk, die op zijn beurt
weer door de wisselingen der waterspanningen wordt beinvloed.

Het theoretisch onderzoek der niet-stationnaire toestanden biedt dan ook
vele moeilijkheden en staat nog aan het begin van zijn ontwikkeling.

De spanningen der vloeibare phase zijn niet alleen van belang bij het
onderzoek van het evenwicht van groote met verschuiving bedreigde grond-
schollen, waarbij het verhang in nagenoeg horizontalen zin optreedt. Ook
indien men de evenwichtsverhoudingen van een grondlichaam beschouwt,
dat onderworpen is aan een verticaal gericht verhang, kan men met de op de
korrelmassa ingevolge dat verhang uitgeoefende krachten hebben rekening
te houden.

Een zeer eenvoudig geval van dezen aard doet zich voor (fig. 34), indien
een relatief weinig doorlatende grondlaag rust op een zeer doorlatenden
ondergrond, en bovendien de vrije wateroppervlakte in de bovenlaag op nagenoeg constant peil wordt onderhouden. Is dit peil lager dan overeenkomt
met de stijghoogte van het water in de onderlaag, dan vindt wateropstijging
plaats met eene snelheid $v = ki$, terwijl de waterspanningen, volgens de
verticaal omhooggaande, lineair afnemen. Indien de grondmassa geen trekvastheid bezit zal evenwichtsverstoring plaats vinden,, zoodra

$$i = (1 - n) (s - 1)$$

wordt gemaakt ($s =$ soort. gew. der korrels). Dan is immers de korrelspanning juist o en zal de korrelmassa dus overal op het punt zijn opgelicht
te worden. Beschouwen wij namelijk een horizontaal vlakje in de met water
verzadigde massa ter diepte h onder het oppervlak, dan is, als γ het gewicht
eener volume-eenheid voorstelt

$$\sigma_k = h \cdot \gamma - hi - h$$

en dus

$$\sigma_k = h (\gamma - 1) - h i.$$

Nu wordt $\sigma_k = 0$ voor $\gamma - 1 - i = 0$ of

$$i = \gamma - 1 = \{(1 - n) s + n \cdot 1\} - 1 = (1 - n) (s - 1)$$

Indien de massa eenigen samenhang bezit zal deze, indien zij op zand
rust, bij groote waterspanning en groote gelijkmatigheid, in zijn geheel
van het zand worden afgedrukt. De benedendoorsnede is dan gevaarlijker
dan tusschengelegene.

Indien men met geheel onsamenhangende grond als b.v. zeer fijn zand
te doen heeft en rekening houdt met de onvermijdelijke ongelijkmatigheid

van elk grondpakket, zal meestal op een of enkele punten in de grond-massa het allereerst beweging ontstaan; aldaar vormt zich dan een z.g. wel. De doorlatendheid stijgt ter plaatse dan ten opzichte van die elders.

Uit doorlatendheidsproeven blijkt namelijk, dat zoodra de labiele toestand als gevolg van een bepaald „kritisch" verhang intreedt, en de korrelspan-ning dus tot nul daalt, de k-waarde toeneemt, blijkbaar als gevolg van de omstandigheid, dat de korrels zich nu zoodanig kunnen richten, dat zij een minimum weerstand aan de doorstrooming bieden.

Aldus zal het optreden van een wel, de kansen op het in beweging komen van het zand in de omgeving verminderen en zal deze als een veiligheids-ventiel werken door verlaging van de waterspanningen op grootere diepte. Is echter de opwaartsche stroomsnelheid in de wel grooter dan de bezin-kingssnelheid der fijnste korrels, dan worden deze meegevoerd en wordt de stapeling in de omgeving der wel nog losser. Indien wellen door groote gelijkmatigheid van den grond over groote oppervlakten, uitblijven, ontstaat drijfzand en de grondslag zal daardoor voor fundeering dikwijls onbruik-baar worden (§ 21).

Eene neerwaartsche strooming kan ontstaan, indien aan een doorlatenden ondergrond water kunstmatig wordt onttrokken ten behoeve van de uit-voering van eenig werk in den droge.

Rust op dezen doorlatenden ondergrond een slecht doorlatende laag, die steeds met een laag water van constante hoogte bedekt blijft — we onder-stellen dit laatste om een stationnairen toestand voor oogen te hebben — dan zal in deze laag eene verhooging der korrelspanningen optreden.

Bij sterk samendrukbare grondmassa's (o.a. veen) zal dit tot aanzien-lijke inklinking aanleiding geven, zooals bij bronnenbemaling herhaaldelijk is ondervonden. Op de berekening hiervan wordt later teruggekomen.

Een ander eenvoudig geval, dat onze aandacht verdient, is het volgende (fig. 38):

Wordt op een met water verzadigde fijnere laag, welke rust op een grovere laag met zeer gemakkelijken waterafvoer, water toegevoerd, bijvoor-beeld door regen, dan zal, indien het water van de grovere laag eene een-voudigheidshalve constant aangenomen stijghoogte h bezit, beneden de ter-reinhoogte gelegen, een neerwaartsche strooming intreden. Denken wij ons de regenval continu en te bedragen r cm/sec., dan zijn bij verschillende waar-den van r verschillende gevallen mogelijk, die in de figuur zijn voorgesteld.

Geval a) onderstelt regenval, noch verdamping; in geval b) blijft het terrein watervrij en wordt al het toegevoerde water direct opgenomen en de

waterspanning aan het oppervlak blijft capillair *); in geval c) worden
plassen gevormd.

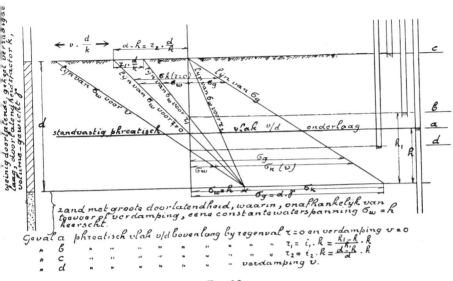

Fig. 38.

Verdampt er per seconde per eenheid van terrein-oppervlak eene hoeveelheid water van v cm³/sec, zoodat eene verticale stroomsnelheid v wordt vereischt, dan ontstaat de eveneens in de figuur aangegeven toestand (geval d).

De in de verschillende gevallen in de korrelspanningen intredende wijzigingen volgen uit de bijbehoorende diagrammen.

Later zullen wij zien, dat het in deze beschouwing aangevoerde van groot
belang is ten aanzien van het draagvermogen van oppervlakkige lasten
(vliegvelden!). Op meer ingewikkelde gevallen, waarin men ook met opgesloten lucht te maken heeft, wordt hier niet ingegaan.

Het is verrassend op te merken hoe soms bij lage k-waarde een geringe
wateraanvoer door neerslag voldoende is om eene aanzienlijke stijging in de
waarnemingsbronnen te veroorzaken en de gevallen b) en c) te doen
ontstaan.

Ook moge worden opgemerkt, dat hoewel in geval c) het terrein door
water wordt overdekt, de waterspanningen in zulke gevallen van doorstroomend water met toenemende diepte niet volgens de hydrostatische wet
toenemen. Dikwijls zal zelfs tot op zekere diepte beneden een door plassen

---

*) Zie Hoofdstuk III.

overdekt homogeen terrein de waterspanning practisch nul blijven tot aan het phreatische vlak, waar beneden de waterspanningen dan toenemen.

Bij het „opspuiten" van terreinen doet dit geval zich voor, indien $h = o$. Zelfs zal ingevolge oppervlakkige dichtslibbing van het terrein (plaatselijk kleine k-waarde), de waterspanning onmiddellijk onder het terreinoppervlak beneden o gelegen kunnen zijn, waartegenover staat, dat dergelijke laagjes dieper in de massa evenzeer plaatselijk tot grootere waterspanningen kunnen leiden.

Met het oog op het instellen van een stabiliteitsonderzoek van door opspuiting tot stand te brengen grondlichamen zijn deze omstandigheden van beteekenis.

In het voorbeeld van fig. 38, waarin van een met water verzadigde massa sprake was, was voordat de watertoevoer een aanvang nam, het water in het terrein tendeele op hoogere punten aanwezig, dan met de hoogteligging van den vrijen waterspiegel overeenkwam. De spanning was daar dus kleiner dan de atmosferische druk: het water werd capillair vastgehouden. Afhankelijk van den aard van de grondlaag is zulk een capillaire werking in meerdere of mindere mate mogelijk.

Het is gewenscht deze capillaire verschijnselen in grondmassa's nader in beschouwing te nemen. Hoewel deze eigenlijk ook tot het gebied der physische eigenschappen behooren, wijden wij daaraan een afzonderlijk hoofdstuk.

HOOFDSTUK III.

CAPILLAIRE WERKINGEN.

§ 30. *Inleiding.*

De natuurkunde leert (fig. 39), dat in een nauwe glazen buis die aan beide einden open is en met het ondereinde in water wordt geplaatst, het water opstijgt tot op zekere hoogte boven den vrijen water-spiegel. Deze hoogte — de z.g. capillaire stijghoogte — is grooter naarmate de buis nauwer is en wel in omgekeerde even-redigheid aan den inwendigen diameter en verder ook grooter indien de buiswand van te voren bevochtigd is, waardoor de hoek dien de waterspiegel met den buiswand maakt een kleinere waarde aanneemt.

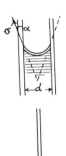

Het verschijnsel vindt zijn verklaring in de ongelijke mole-culaire aantrekkingskrachten tusschen de waterdeeltjes onderling eenerzijds en de water- en de wanddeeltjes anderzijds.

Bij kwikzilver en glas blijkt zich het omgekeerde verschijnsel voor te doen en ligt de stand in het buisje beneden het vrije oppervlak.

Voor een bestudeering der verschillende verschijnselen moet naar de physica worden verwezen; hier volgen slechts enkele hoofdzaken.

Fig. 39.

Bij een vlakken spiegel oefent de grenslaag van de vloeistof ingevolge eenzijdige moleculaire aantrekking een druk uit op het inwendige, den z.g. cohaesie-druk, die zeer groote waarden bereikt. Is de spiegel niet vlak, dan ondergaat deze druk eenige wijziging; deze wijziging is de z.g. capillariteits-druk die, indien deze negatief is, tot de stijging van den hol gekromden spiegel (meniscus) aanleiding geeft, waarvan het bolcentrum dan buiten de vloeistof ligt, zooals dit bij water in een glazen capillair het geval is.. Tracht men dezen capillariteitsdruk theoretisch te verklaren, dan blijkt de vloeistof-laag zeer nabij den vloeistofspiegel (de grenslaag) bij hollen meniscus buiten-waarts gerichte krachten te ondervinden, waarvan de grootte omgekeerd evenredig is aan de kromtestraal van den meniscus. De uitwerking van de spiegelkromming kan bij een hollen meniscus gelijkgesteld worden aan die van een denkbeeldig bolvormig gespannen vlies dat in alle richtingen eene zekere trekkracht per eenheid van lengte kan verdragen en die hoewel de dimensie is $\dfrac{[K]}{[L]}$ de oppervlaktespanning of capillariteitsconstante wordt genoemd en met σ wordt aangeduid. Immers ook zulk een vlies zou per eenheid van oppervlak eene drukverschil D tusschen vloeistof en atmosfeer kunnen handhaven. Het verticale evenwicht van dit denkbeeldige vlies eischt, dat $\pi . d . \sigma . \cos \alpha = \frac{1}{4} \pi . d^2 . D$, zoodat indien $\alpha = 0°$, en $r = \frac{1}{2} d$ stellende $r = \dfrac{2 \sigma}{D}$ of $D = \dfrac{2 \sigma}{r}$.(zie fig. 39). D blijkt dus evenredig te zijn aan σ en omgekeerd evenredig aan r.

Indien boven de vloeistofoppervlakte de atmosferische druk heerscht, zal, dank zij de trekkracht σ per cm', die de vloeistofoppervlakte kan uitoefenen, in het onmiddellijk daaronder gelegen water een spanning kunnen heerschen, die D kleiner is dan de atmosferische. Hieruit volgt, dat de hol gekromde vloeistofspiegel zich over eene hoogte D boven een vlakken spiegel zal kunnen verheffen. D is dus de capillaire stijghoogte. De oppervlakte-spanning σ, die feitelijk uit moleculaire aantrekkingskrachtjes is opgebouwd, is dientengevolge zeer afhankelijk van de temperatuur en bedraagt voor zuiver water van $17°$ C. 7,434 gram/m'; in het water opgeloste stoffen kunnen deze waarde in hooge mate beïnvloeden.

Passen wij de gevonden uitkomst toe op een ronde capillair met een middellijn van 1 mm dan wordt de capillaire stijghoogte 3 cm; bij een middellijn van $1 \mu = 0,001$ mm zelfs 3000 cm. of 30 meter! Dit komt dan neer op een trekspanning in het water onder het vlak van den meniscus, overeenkomende met ca. 20 m waterkolom of 2 kg/cm².

Nu kan men zich de lagere waterdrukken nog gemakkelijk voorstellen zoolang de waterspanning weliswaar beneden de atmosferische druk daalt, doch daarbij nog steeds een drukspanning blijft. Moeilijker is het, om zich — zooals voor de veronderstelde capillair met 1μ diameter — te gewennen aan het denkbeeld, dat in de vloeistof echte trekspanningen kunnen optreden.

Wij moeten daartoe allereerst bedenken, dat, wanneer in de mechanica over spanningen wordt gesproken, meestal uitsluitend gedacht wordt aan de spanningen die door de belastingen worden te voorschijn geroepen, doch dat daarbij buiten beschouwing blijven de spanningen, die wij hierboven reeds met cohaesiedruk hebben aangeduid en die men zich kan denken te ontstaan doordat weliswaar de deeltjes in het inwendige eener massa onder invloed van de aantrekkingskrachten der aan alle zijden aanwezige moleculen geen kracht in een bepaalde richting zouden ondervinden, doch de deeltjes der grenslagen zich door de daarop uitgeoefende eenzijdige aantrekking naar binnen zouden bewegen, indien niet deze massa zich daartegen verzette.

Aldus ontstaat eene groote, alzijdige belasting, de cohaesie-druk, welke in vele duizenden kg/cm² wordt gemeten.

Zoowel bij het aangeven der spanningen in vaste bouwmaterialen als bij die in water wordt deze cohaesiedruk niet meegeteld: indien wij daar spreken van de „spanningen" dan zijn deze dus feitelijk slechts de spanningsveranderingen als gevolg van belasting of eigengewicht.

Van dit gezichtspunt beschouwd zijn ook de in het water opgewekte zoogenaamde trekspanningen eigenlijk niets anders dan verminderingen van een bestaanden, grooten alzijdigen cohaesie-druk, die dus nog zeer aanzienlijk kan blijven.

Dat water intusschen in lijnspanningstoestand geen trekspanningen kan weerstaan, vindt zijn oorzaak in het ontbreken van schuifvastheid; de groote „trekvastheid" kan slechts tot haar recht komen, indien de „trek" alzijdig is en dus schuifspanningen niet behoeven te worden weerstaan.

Proefondervindelijk kan deze trekvastheid van water worden aangetoond door te trachten een zeer zuiver afgewerkte metalen bol te trekken uit een zeer nauwkeurig daaromheen sluitende holte. Indien een vloeistoflaagje tusschen beide aanwezig is, blijkt daartoe een zeer groote kracht vereischt.

De waterdeeltjes vormen daarbij als het ware een moleculaire verbinding tusschen het vaste materiaal ter weerszijden.

Ook door te trachten vlakke platen, waartusschen zich een uiterst dun waterhuidje bevindt, van elkaar te trekken, terwijl verschuiving wordt belet, kunnen in het water groote „trekspanningen" worden opgewekt.

Ten slotte bewijst ook de vele kg/cm² bedragende buigtrekvastheid van gedroogde kleibalkjes proefondervindelijk, dat ook daarbij door het water in de zeer dunne scheidingsslaagjes belangrijke trekspanningen kunnen worden opgenomen.

De hoofdzaak bij dit alles is, dat hierdoor de uitkomsten van de reeds besproken formule aanvaardbaar schijnen, welke leert, zooals reeds werd opgemerkt, dat een gekromde vloeistofspiegel (meniscus) een drukverschil ter weerszijden handhaaft, dat grooter is naarmate de kromtestraal kleiner en dus de kromming sterker is; sterke krommingen zijn natuurlijk slechts in nauwe openingen mogelijk.

§ 31. *Phreatisch, capillair, funiculair, sejuncticwater en pendulair water in grond.*

Ook in de poriënkanalen van eene korrelmassa zal water capillair kunnen opstijgen en wel hooger naarmate de tusschenruimten kleiner zijn.

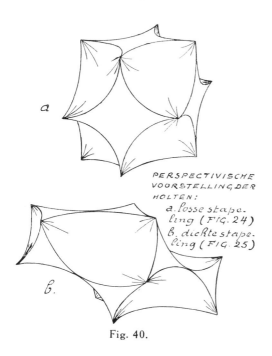

PERSPECTIVISCHE
VOORSTELLING DER
HOLTEN:
a. *losse stape-*
ling (FIG. 24)
B. dichte stape-
ling (FIG. 25)

Fig. 40.

Het is van belang op te merken, dat hierbij wel gemakshalve van poriënkanalen wordt gesproken, doch dat feitelijk een aantal holten tusschen de korrels aanwezig zijn, waartusschen de verbinding door veel nauwere halzen wordt gevormd.

Stellen wij ons voor, ter bepaling der gedachten, de regelmatige kogelstapeling van korrels (47,6 % resp. 26 % holte, zie fig. 24 en 25), dan zullen holten voorkomen van tweeërlei vorm, welke in fig. 40 onder *a*) en *b*) in perspectief zijn afgebeeld *), waarbij de nauwere halzen de verbinding geven met de aangrenzende ruimten.

Dat de omstandigheden minder eenvoudig zijn dan bij een capillaire buis van constante doorsnede, leidt tot een aantal bijzonderheden, waarvan wij de voornaamste zullen bespreken.

Verheft eene zandmassa met vrijwel constante korrelsamenstelling, dichtheid en structuur zich boven een daarmee in verbinding staanden watermassa, dan zal dit zand tot op zeker hoogtepeil boven den waterspiegel geheel met water verzadigd zijn; de waterspanning in een punt op hoogte z boven den waterspiegel zal in den toestand van rust met een bedrag $z \cdot 1$ blijven beneden den dampkringsdruk, terwijl de kromtestralen der menisci ter plaatse waar de massa aan de buitenlucht grenst kleiner zijn, naarmate z grooter is.

Het vlak binnen de massa, waarin de waterspanningen gelijk zijn aan den atmosferischen druk, noemt men het phreatisch vlak. In dit geval, waarbij

---

*) KEEN, Physical properties of soil.

rust in het water wordt verondersteld, is dit horizontaal en als eene voortzetting van den vrijen vloeistofspiegel te beschouwen; bij waterbeweging is dit anders.

Denkt men zich een dijkslichaam van zand, dat in het water staat, dan zal bij afwezigheid van verdamping en neerslag in punten van het talud, dicht boven den vloeistofspiegel of het phreatische vlak, de meniscus flauw gekromd zijn; op grooter hoogte wordt de kromming sterker en wordt het deze steeds moeilijker zich te handhaven tusschen de, onregelmatige begrenzingen van de grillig gevormde holten tusschen de zandkorrels.

Op eene bepaalde hoogte boven het phreatische vlak zullen de poriën dan ook niet meer alle met water gevuld kunnen zijn.

Op die hoogte ligt dan de meestal zeer grillige bovenbegrenzing van het gebied van het gesloten capillaire water, dat ook wel als het capillairzone-water wordt aangeduid.

Op daarboven gelegen plaatsen zullen steeds meer met lucht gevulde kanaaltjes de massa doorsnijden; de watermassa's zullen ten deele nog met elkaar en aldus met het capillairzone-water in verbinding kunnen staan, in welk geval hunne spanningen nog de hydrostatische wet volgen (funiculair water). Volgens verschillende schrijvers zijn de bestaanskansen van dit „draadvormige" water niet zeer gunstig. Naarmate men andere en ook nog hooger gelegen punten beschouwt, zullen de kromtestralen der menisci steeds kleiner worden en zal de samenhang in het eventueel aanwezige draadvormige water spoedig teniet loopen, waarbij het luchtgehalte van den grond steeds grooter wordt. Het water zal dan nog slechts in op zichzelf staande uiterst kleine hoeveelheden aanwezig zijn ter plaatse van de aanrakingspunten der korrels en volgt niet langer de hydrostatische wet (pendulair water).

Dit pendulaire water kan de aanrakingspunten der korrels alleen hebben bereikt door regenval of condensatie of tijdens voorafgaande hoogere standen van den vloeistofspiegel.

In fig. 41 is getracht om eene voorstelling te geven van de verdeeling van het water in de hierboven genoemde zônes.

Voor bepaalde geïdealiseerde gevallen kunnen de waterspanningen worden berekend, welke in eene grondmassa bestaande uit gelijke bollen in gelijkmatige stapeling zullen aanwezig zijn op de hoogte van den overgang tusschen de gesloten capillaire en de funiculaire zône en op die van den overgang tusschen deze en de pendulaire zône, welke laatste zich dan verder onbeperkt hoog kan voortzetten. Voor de ruimste en de nauwste regelmatige stapeling van gelijke bollen zijn de uitkomsten in fig. 42 opgenomen *), voor

---

*) Prof. dr. ir. J. A. Versluys. Capillaire werkingen in den bodem. 1916.

68

korrels van 1 mm diameter. Voor kleinere korrels zijn de uitkomsten in omgekeerde evenredigheid hooger.

Opgemerkt dient, dat het water gemakkelijker op groote hoogte wordt vastgehouden dan dat het daartoe capillair zou kunnen opstijgen.

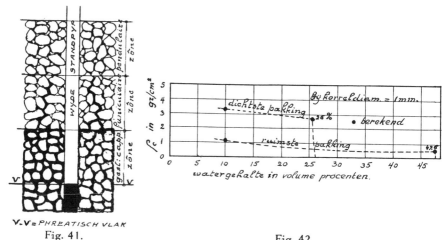

V-V = PHREATISCH VLAK

Fig. 41.   Fig. 42.

Immers de hoogte, waartoe water in een grillig gevormd poriënkanaal op-stijgt zal worden beheerscht door de plaats zijner grootste wijdte, terwijl de hoogte, waarop neerdalend water na algeheele vulling der massa nog kan worden vastgehouden, afhangt van de nauwste gedeelten waardoor de menis-cus zou moeten worden omlaag getrokken. Om die reden is het duidelijk, dat het funiculaire gebied rijker aan water zal zijn en de gesloten capillaire zône hooger zal liggen, indien het water niet uitsluitend door capillaire opstijging behoeft te worden toegevoerd.

Ook kunnen alzijdig door menisci begrensde hoeveelheden porien water voorkomen (sejunctie water), b.v. in tusschen grovere deeltjes besloten fijnere gedeelten der grondmassa.

Hierin en in de pendulaire en funiculaire zônes spelen verdamping, neer-slag en condensatie een belangrijke rol.

§ 32. *Invloed van den korreldiameter. Capillaire korrel(hoofd)spanningen.*

Vergelijken wij twee in horizontalen zin begrensde zandmassa's in de pendulaire zône, waarvan de fijnheid verschillend is, en met, in volume-procenten uitgedrukt, gelijke hoeveelheden pendulair water. Verder onder-stellen wij, dat de korrels, twee aan twee gelijkvormig zijn en dat zij op

69

gelijke wijze zijn gestapeld, terwijl de diameters van gelijkstandige korrels zich verhouden als $1 : n$. De eene massa is als het ware het verkleinde beeld van de andere. Nu zullen de kromtestralen der vloeistofspiegels zich ook verhouden als $1 : n$ en zullen dus de onderdrukken in het water zich verhouden als $n : 1$, immers omgekeerd evenredig met de korreldiameters.

Daar de hoeveelheden pendulair water gelijk zijn verondersteld, zullen ook de korrelspanningen, voorzoover deze uit de aanwezigheid van pendulair water voortvloeien, zich eveneens verhouden als $n : 1$.

Indien de hoeveelheid water $a\%$ van het totale volume bedraagt en de druk daarin wordt aangegeven door σ_w, dan zal de korreldruk — voor zoover alléén daardoor te voorschijn geroepen — bedragen $- a . \sigma_w$, hetgeen positief en bij eene afgezonderde massa geheel onafhankelijk zal zijn van de richting van het vlakje, waarvoor wij deze bepalen en bovendien steeds normaal daarop zal zijn gericht. Wij zullen deze korrelspanning eene capillaire korrelspanning noemen en, daar het tegelijkertijd een hoofdspanning betreft, de capillaire korrelhoofdspanning, waarvoor wij bezigen de notatie ϱ_c.

Blijkbaar zal voor een begrensd grondlichaam, dat homogeen wordt verondersteld en waarin op alle punten eenzelfde hoeveelheid pendulair water met gelijken onderdruk aanwezig is, ϱ_c in elk punt der massa dezelfde waarde hebben en bovendien voor elke richting van het snijvlakje door zulk een punt.

We hebben dan dus te maken met eene capillaire ruimte-korrelspanningstoestand met te dien opzichte gelijke hoofdspanningen.

Uiteraard zullen daarnaast ook het gewicht der grondmassa of andere oorzaken nog tot korrelspanningen aanleiding geven.

Passen wij nu dezen gedachtegang toe op de zooeven besproken onderling gelijkvormige korrelmassa's, dan zouden daarvoor de wateronderdrukken en dus de capillaire korrelhoofdspanningen ϱ_c zich verhouden als $n : 1$.

Hoe fijnkorreliger dus eene massa is, des te belangrijker kunnen de capillaire korrelhoofdspanningen daarin zijn.

Ook in de gesloten capillaire zône van fig. 41 zullen op overeenkomstige wijze, en weder afgezien van de uit het grondgewicht zelve voortvloeiende spanningen, voor een punt, gelegen op z boven het phreatisch vlak, gelijke capillaire hoofdspanningen aanwezig zijn. Daar de onderdruk geacht kan worden over de volle doorsnede aanwezig te zijn, ook indien kleine afzonderlijke luchthoeveelheden mochten voorkomen, zullen zij gelijk zijn aan z.

De korrelgrootte heeft dus voor deze zône slechts invloed op de grootte der capillaire spanningen in verband met de hoogte waartoe het gesloten capillaire gebied reikt.

Ook in de funiculaire zône treden capillaire hoofdspanningen op. Indien het waterpercentage a aldaar bekend is, zouden de korrelhoofdspanningen op hoogte z_1 de waarde $a \cdot z_1$ bereiken.

Waren de massa's in horizontalen zin onbegrensd, dan zou steeds alleen een verticaal gerichte capillaire korrelhoofdspanning bestaan. Men zou dan in de korrelmassa met een capillairen lijnspanningstoestand te maken krijgen. Verticale vlakjes zouden dan geen ϱ_c bezitten aangezien de onderspanningen in het water de korrels niet tegen elkaar doen drukken.

De verticale hoofdspanning ϱ_c zou ook dan toenemen in de verhouding $n : 1$, dus in omgekeerde verhouding der korreldiameters, in het pendulaire gebied; in het gesloten capillaire gebied heeft de korrelgrootte weer geen invloed op de waarde van ϱ_c in een punt op bepaalde hoogte; wèl zouden de capillaire en funiculaire gebieden bij fijnere korrels hooger reiken.

De werkelijke omstandigheden zullen in verband met de aanwezigheid van lagen van afwisselende fijnheid veel ingewikkelder zijn dan bovengeschetst.

In fijne lagen kunnen gesloten capillaire gebieden aanwezig zijn boven pendulaire gebieden van daaronder gelegen grovere lagen.

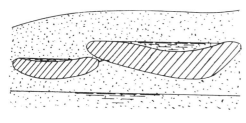

Fig. 43.

Tijdelijk kunnen meerdere phreatische vlakken aanwezig zijn; figuur 43 geeft daarvan eenige voorbeelden, die voor zichzelf spreken en nog met vele andere zouden zijn aan te vullen.

§ 33. *Bepaling der capillaire korrelhoofdspanningen. Capillarimeters.*

Zooals wij in § 68 nader zullen aangeven, kunnen de in een bepaalde grondmassa aanwezige ϱ_c-waarden langs experimenteelen weg worden bepaald. Slechts in het gesloten capillaire gebied kunnen zij worden berekend, indien althans de bovengrens van dit gebied en de ligging van het phreatische vlak kan worden bepaald en het water in rust verkeert. Daar op andere plaatsen $\varrho_c = - a\,\sigma_w$ en deze grootheden moeilijk apart te meten zijn, is daar de experimenteele weg meer aangewezen. In grofkorrelig rivierzand blijken deze waarden in verband met de geringe capillaire werkingen, waartoe de groote korreldiameters aanleiding geven, onbelangrijk, daar zij beperkt blijven tot weinige gram/cm², dus tot weinige tientallen kg/m². De maximale capillaire stijghoogte als functie van n en U wordt voor korrels $> 20\,\mu$ wel uitgedrukt door de formule $H = 0.482 \cdot \dfrac{100-n}{n} \cdot U$ (zie de vroeger genoemde verhandeling van Dr. S. B. Hooghoudt). U is het specifieke oppervlak.

In duinzand verheft zich het gesloten capillaire water tot circa 30 cm boven het phreatisch vlak, zoodat ϱ_c evenredig met de hoogte boven dit vlak stijgt van 0 tot 30 gram/cm^2; in het pendulaire duinzand zijn $\varrho_c = -a \cdot \sigma_w$ waarden gevonden van 27 gram/cm^2. In zeer fijne zanden zijn gesloten capillaire zônes van 1 tot 2 m hoogte waargenomen en zou dus ϱ_c reeds belangrijker waarden kunnen bereiken.

Zou het water in een terrein met capillair water in verticale stationnaire beweging verkeeren, dan zou men geheel analoog met de wijze, waarop dit in § 29 reeds geschiedde, een verloop der waterspanningen vinden als in fig. 38 als voorbeeld aangegeven. Afhankelijk van de verhouding tusschen regenval r in cm/sec en de doorlatendheid k in cm/sec kan het phreatisch vlak soms zelfs naar het terrein-oppervlak worden verplaatst of wel een anderen stand innemen (bij geringen regenval vertoonen in den grond geplaatste peilbuizen vaak een groote stijging); de wateronderdrukken verdwijnen in het eerste geval geheel of worden minder belangrijk zooals in het tweede geval. De korrelspanningen wijzigen zich dienovereenkomstig.

Op de korrelspanningen door het gewicht van den grond of door de daarop aangrijpende belastingen wordt ook hier niet ingegaan; wij zullen deze, waar noodig, afzonderlijk bepalen.

Thans moge worden volstaan met de opmerking, dat het in het algemeen aanbeveling verdient om de korrelspanningen in bepaalde vlakjes aanvankelijk te berekenen, alsof de waterspanningen nul zouden zijn om daarna de wijziging te bepalen, die de korreldruk door de waterspanning zal ondergaan.

In § 3 volgden wij reeds deze methode; wij noemden de volgens de eerste onderstelling berekende spanningen toen reeds de grondspanningen σ_g. Ook voor de in fig. 38 voorgestelde gevallen zijn de korrelspanningen σ_k aldus bepaald.

Het is na het bovenstaande duidelijk, dat in fijnkorrelige grondsoorten als klei-, leem-, mergel- en veengronden, in verband met de daarin aanwezige nauwe poriënkanalen, veel belangrijker wateronderdrukken en dus grootere capillaire korrelhoofdspanningen mogelijk zijn dan in zandmassa's.

Voor eene gegeven korrelmassa met bepaalde dichtheid en structuur kan op vrij eenvoudige wijze met behulp van een z.g. capillariteitsmeter worden vastgesteld bij welken onderdruk, dus op welke hoogte boven het phreatisch vlak daarbij de bovengrens der gesloten capillaire zône kan zijn gelegen. De massa wordt daartoe in met water verzadigden toestand gebracht in een cilindrisch vat (fig. 44) waarvan de bodem bestaat uit een poreuze laag met kleiner capillaire stijghoogte dan die van den te onder-

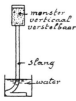

Fig. 44.
(schematische voorstelling).

zoeken grond. In het daaronder aanwezige water wordt nu de spanning zoover verlaagd, totdat lucht door de massa wordt gezogen. Het eerste funiculaire luchtkanaaltje heeft zich dan gevormd of m.a.w. de oppervlaktespanning van het water is niet meer toereikend gebleken om bij de aanwezige korreltusschenruimte bij het opgewekte drukverschil tusschen atmosfeer en water het evenwicht in stand te houden.

Ten einde te voorkomen, dat de aansluiting aan den glaswand het resultaat ongunstig beïnvloedt, kan de ruimte tusschen monster en glas met een veel fijner materiaal worden opgevuld. Ook moet de monsterhoogte niet te klein zijn *).

De aldus bepaalde waarde der capillaire stijghoogte (voor dalenden waterstand dus) zou in daartoe aangewezen gevallen ook als onderkenningsgrootheid kunnen worden gebezigd.

Voor eene geroerde en zorgvuldig gemengde korrelmassa zal deze echter eene scherpere karakteristiek zijn dan voor een ongeroerd grondmonster, daar bij dit laatste een enkel ruimer kanaaltje het resultaat beheerscht en aldus een van zulke toevalligheden al te zeer afhankelijken indruk van de capillaire eigenschappen zou kunnen worden verkregen.

De met behulp van het zooeven aangeduide toestel bepaalde capillaire stijghoogte geeft de grootste onderdruk, welke zich over de volle doorsnede zonder luchtindringing kan handhaven.

Ook kan daartoe de luchtdruk boven het monster worden verhoogd.

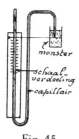

Fig. 45.
(schema)

Op een geheel ander beginsel berust het toestel van fig. 45. Hier wordt het einde van een met water gevulde capillair met fijne punt in de grondmassa gestoken.

Betreft het een droog zandmonster, dan zal zich rondom de uitmonding een bolvormige zandmassa vormen verzadigd met water.

De waterstand in het vrije einde van de capillair daalt, totdat op zeker oogenblik lucht door de buitenbegrenzing van de zandbol heendringt; de vloeistof in de capillair, die vóórdien geleidelijk gedaald was, stijgt dan snel.

---

*) Dr. J. H. Engelhardt. Proefschrift Wageningen. 1928.

Het hoogteverschil tusschen het laagst bereikte punt en bovenkant zandbol geeft dan de capillaire stijghoogte aan, doch ditmaal bij opstijging van vocht. Aldus kan een capillarimeter een indruk geven van de hoogte waartoe het gesloten capillaire gebied kan reiken en dus ook van de waarde der capillaire korrelspanningen daarbinnen.

§ 34. *Krimp en zwelling.*

Verschillende, vroeger bij de behandeling der consistentie-grenzen ter sprake gekomen punten kunnen thans, dank het inzake de capillaire verschijnselen verkregen inzicht, beter worden begrepen.

Wordt een met water verzadigde kleimassa aan verdamping van het poriënwater blootgesteld, dan begint het water aan de buitenzijde gekromde menisci te vertoonen, het krijgt een spanning kleiner dan de atmosfeer of wel — indien reeds te voren aanwezig — deze wordt verder verlaagd. Dit beteekent weer eene verhoogde korrelspanning, als werd een alzijdige druk op de korrelmassa uitgeoefend en dit leidt tot het naar buiten stroomen van poriënwater.

Aan de einden der poriënkanalen gekomen, verdampt het water voortdurend, de capillaire korreldruk stijgt, de samendrukking neemt toe en de kromming der menisci wordt steeds sterker.

Daar deze kromming in verband met de wijdte der kanaaltjes aan zekere uiterste maat gebonden is, zal tenslotte de kromming niet verder kunnen toenemen en zal bij voortgezette verdamping de lucht in het inwendige van het lichaam doordringen.

De kleur der massa verandert dan (omslagpunt).

Daar hierna de korreldruk weinig meer stijgt, is dan bij verdere verdamping ook spoedig de onder den invloed van capillair vocht grootst mogelijke samendrukking (de krimpgrens) bereikt.

De hier optredende zeer groote capillaire korrelspanningen verleenen aan fijnkorrelige massa's grooten inwendigen wrijvingsweerstand en dus groote vastheid.

Van een dergelijke massa kunnen buigvaste balkjes worden vervaardigd, waarbij de buigtrekspanning de orde van grootte van de capillaire korreldrukspanning bereikt.

Ook op deze wijze kan men zich dus een indruk vormen van de hooge waarden der in zulke gronden mogelijke capillaire drukspanningen. Eveneens blijkt proefondervindelijk, dat zeer groote uitwendige drukkingen noodig zijn om eenzelfde samendrukking van dezelfde massa — indien met niet-gespannen water verzadigd — tot stand te brengen als eene verdamping tot aan de krimpgrens teweegbrengt.

Dat het hoofdzakelijk de capillaire invloeden zijn, die hier een rol spelen, blijkt wel daaruit, dat bij het bezigen van alcohol van 90 % als aanmaakmiddel, waarvoor de capillariteitsconstante 23 dyne/cm bedraagt (tegenover die van water van 75 dyne/cm) bij uitdroging een poriëngetal ε_n bereikt wordt dat b.v. 0,8 bedraagt, als dit bij 't gebruik van water 0,5 is. Bij de quantitatieve beoordeeling dezer cijfers spelen natuurlijk ook de samendrukbaarheidseigenschappen een rol.

In een terrein kan, ook wanneer zich dit weinig boven het phreatische vlak verheft, toch in slecht doorlatende gronden door oppervlakkige uitdroging groote onderdruk ontstaan, waarvan de diepe krimpscheuren en de verkleuring, die wijst op het passeeren van het omslagpunt, dan getuigenis afleggen (fig. 46).

Fig. 46.

De wateraanvoer van benedenaf kan dan in verband met den grooten stroomingsweerstand het waterverlies door uitdroging niet snel genoeg compenseeren.

Wordt aan eene fijnkorrelige massa met capillair water, in plaats van deze aan uitdroging bloot te stellen, water toegevoerd hetzij door neerslag dan wel van uit eene ermede in aanraking gebrachte watermassa door wateraanzuiging als gevolg der neiging tot elastische uitzetting der massa, dan zal een zwellingsproces plaats vinden. Dit proces berust op de elasticiteit der korrels met de zich daarom heen bevindende geadsorbeerde waterhuidjes onder invloed der afnemende korrelspanningen, die op hun beurt weer uit de kleinere onderdrukken der vlakker wordende menisci voortvloeien.

Dat daarmede ook de wrijvingsweerstand en dus ook de vastheid afneemt, spreekt vanzelf.

Daar bij de groote voorafgegane drukkingen de oorspronkelijke korrelstapeling blijvend zal zijn gewijzigd, zal de zwelling slechts een gedeelte der ontstane verdichting van de massa kunnen teniet doen; de massa is dan blijvend dichter geworden als resultaat van krimp en zwelling.

De dikwijls grootere dichtheid der boven den waterstand gelegen bovenlagen van een grondpakket vindt hierin eene gereede verklaring.

Er moge op worden gewezen, dat zoowel bij de droging als bij de bevochtiging ingevolge de geringe doorlatendheid en de daaruit voortvloeiende drukverhangen in het water gelijkmatige korrelspanningen eerst na verloop van tijd zullen intreden; bij massa's met geringe plasticiteit, als leem, is bij snelle veranderingen dan ook verbreking van het korrelverband een bekend verschijnsel.

Het spontaan uitéénvallen van eene gedroogde leemmassa, die in water wordt geplaatst, — in tegenstelling tot het gedrag van meer plastisch materiaal, dat zijn samenhang bewaart — wordt dan ook wel eens als een onderkenningsmiddel van leemgrond aanbevolen.

§ 35. *Voorbeelden van gevallen, waarin capillaire invloeden een rol spelen.*

Alvorens van het onderwerp der capillaire werkingen in grond af te stappen, wordt in overweging gegeven om zich ter oefening rekenschap te geven van de volgende verschijnselen, die ermee samenhangen, doch die na het besprokene wel geene nadere verklaring behoeven.

Met eene opsomming zonder meer wordt daarom volstaan:

Het door besproeiing tegengaan van het stuiven van wegen en vloeren.
Het losweeken van kleine deeltjes door een overvloed van water.
De losse stapeling van vochtig — doch niet nat — gedeponeerd zand.
De verdichting die daarin bij onder water zetten optreedt.
Het onmiddellijk vervloeien van ballen vochtig zand en het geleidelijk vervloeien van kleiballen bij plaatsing in water.
De omstandigheid, dat in twee met elkaar in verbinding staande verzadigde korrelmassa's bij afwezigheid van verdamping de waterspanning en daarmede ook de capillaire korrelspanning op gelijke hoogte gelijk wordt.
Het niet-uitvloeien van water in holten, gemaakt in grond met capillair water.
De verdichting en versteviging, welke ontstaat indien door holten in kleimassa's voortdurend droge lucht circuleert.
Het niet-wegzakken van water uit fijne lagen, die op grovere lagen rusten, welke boven den grondwaterspiegel liggen. Het verhinderen van capillaire opzuiging in fijne lagen door deze aan te brengen op tot boven het phreatische vlak reikende grove lagen.
De omstandigheid dat een grondmassa kan werken als hevel tusschen twee waterspiegels, hoewel eene waterdichte afsluiting reikende tot boven den hoogsten spiegel is aangebracht; het water moet daartoe echter vanaf den hoogsten der spiegels door capillaire opzuiging tot boven de afsluiting kunnen opstijgen.
Geringe, doch zich snel voltrekkende, capillaire opstijging in grove, tegenover grootere, zich langzaam voltrekkende opstijging in fijne massa's.
De omstandigheid, dat in uit kleikluitjes, waartusschen luchtkanaaltjes overblijven, opgebouwde dijken, in de kluitjes een capillaire korrelspanning

heerscht, welke grooter is dan met de hoogte boven het phreatische vlak overeenkomt.

De uiteenloopende weerstand tegen indringing in een bakje met, met water verzadigd zand van een verticaal ingedrukt staafje, al naar gelang het zand al dan niet door een waterlaagje wordt overdekt *).

De drukvastheid van een uit vochtig zand vervaardigd, niet te hoog, prisma.

De omstandigheid, dat zulk een prisma een beperkten watertoevoer op het bovenvlak kan verdragen, indien de voet van het prisma op een zandlaag staat, waarin het phreastische vlak beneden de oppervlakte wordt gehouden.

De mulheid van zandpaden in een droge en de vastheid daarvan in een vochtige periode. De onbruikbaarheid van kleiwegen in een natten winter en de vastheid daarvan in een drogen zomer.

Het hard en vast worden van een monster slappe klei in een verwarmde kamer; de noodzakelijkheid grondmonsters tegen uitdroging en bevochtiging te beschermen.

De diepe grondscheuren in het droge seizoen vooral in tropisch klimaat. Het verzakken, vooral van de hoeken van in de tropen op krimpende grondlagen op staal gefundeerde gebouwen.

Het soms bezwijken van de taluds van ontgravingen eenigen tijd na de voltooiing.

Het soms bezwijken van stuwdammen, hoewel aanvankelijk de betrokken terreinlagen onder een aride klimaat groote vastheid vertoonden.

Deze reeks kan nog worden uitgebreid; aanbevolen wordt om zich bij zich daartoe leenende gevallen van de omstandigheden in capillair opzicht zoo goed mogelijk rekenschap te geven.

§ 36. *Eenige voorbeelden van berekening van waterspanningen en korrelspanningen bij aanwezigheid van capillair water.*

De gebruikte notaties en de beginselen der berekening werden reeds in § 3 besproken en door een voorbeeld toegelicht; in § 29 werd een voorbeeld gegeven waarbij het water in verticale strooming verkeerde. Daar betroffen de voorbeelden horizontale, zeer uitgebreide lagen. Thans volgen nog enkele voorbeelden voor zijdelings begrensde massa's.

De capillaire waterspanningen in het gesloten capillaire gebied zullen hierbij uit de gegevens der vraagstukken worden berekend; in de andere capillaire gebieden wordt $\varrho_c = -a \cdot \sigma_w$ verondersteld op de later (§ 68) te bespreken proefondervindelijke wijze te zijn gevonden.

---

*) Discussie over de taludafschuiving van den spoordijk te Weesp in „De Ingenieur" 1919, no. 30.

a. (fig. 47). Van een zandmassa met 60 % dichtheid en 40 % met water gevulde holte en een soortelijk gewicht der korrels van 2,65 is een prisma, hoog 30 cm gevormd, waarvan de voet 20 cm boven het phreatische vlak ligt; het gesloten capillaire water wordt verondersteld in deze massa een hoogte van 100 cm boven het phreatische vlak te kunnen bereiken.

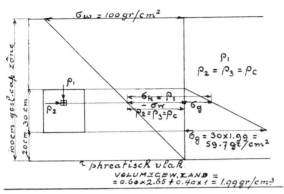

Fig. 47.

Zoowel op horizontale als op verticale vlakjes moeten nu de korrelspanningen worden bepaald.

De uitkomsten zijn in de figuur grafisch voorgesteld; opgemerkt wordt, dat de spanningen in dit geval statisch bepaald zijn.

Uit de gevonden korrel-hoofdspanningen zijn de spanningen op vlakjes van willekeurige richting op de gebruikelijke wijze af te leiden. Hoewel ten overvloede, wordt voorts opgemerkt, dat, indien men de bovenste 20 cm

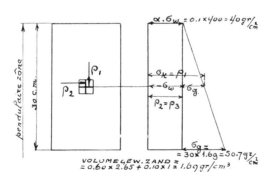

Fig. 48.

van dit prisma zou willen aflichten door daarop een uitwendige omhoog gerichte trekkracht uit te oefenen, daarvoor 69,8 gr/cm² noodig zou zijn, hoewel het gewicht der 20 cm hooge met water verzadigde grondkolom slechts $20 . 1,99 = 39,8$ gram/cm² bedraagt. Immers, ter plaatse is

$$\varrho_k = 20 . 1,99 - (- 30) \text{ gram/cm}^2.$$

b. Indien een prisma van ditzelfde zand en met gelijke dichtheid overal 10 volume % pendulair water bevat met een onderspanning van 400 gram/cm², dan kunnen de diagrammen der horizontale en verticale korrelhoofdspanningen bepaald worden als in fig. 48 aangegeven.

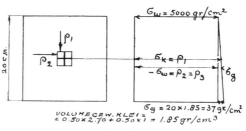

Fig. 49.

c. Is in een blok met water verzadigde plastische klei van 20 cm hoog 50 % holte aanwezig, het gemiddeld soortelijk gewicht der korrels 2.70 en de onderspanning 5 kg/cm², dan verloopen de diagrammen als in fig. 49 aangegeven. De hoofdspanningen ϱ_2 en ϱ_3 zijn dan 5 kg/cm², terwijl ϱ_1 van boven naar beneden van 5 kg/cm² tot 5,037 kg/cm² toeneemt.

HOOFDSTUK IV.

SAMENDRUKBAARHEID EN VERVORMING.
ZETTINGSPROBLEMEN.

§ 37. *Verband tusschen spanning en vervorming in algemeenen zin.*

Indien wijziging ontstaat in de spanningen, welke aangrijpen op een klein grondlichaam, dat wij ons uit een grooter geheel kunnen afgezonderd denken, dan zal van zulk een wijziging eene vervorming het gevolg zijn, gedeeltelijk van elastischen en gedeeltelijk van blijvenden aard.

Bereiken de spanningen ten slotte zoodanige grenswaarden in absoluten zin of in verhouding tot elkaar, dat de vervorming niet langer eindig is, doch bij gelijkblijvende spanningen onbeperkte waarden zou aannemen, dan vertoont de grond met den breuk of de vloeiing van vaste bouwmaterialen vergelijkbare verschijnselen. Echter verdwijnt het vermogen om aan spanningen weerstand te bieden ook na overschrijding dezer grenswaarden niet geheel; hoewel meestal een achteruitgang intreedt, kan dit zelfs onveranderd blijven.

De vervormingen worden betrokken op de korrelmassa, daar het deze is waarom het in technische gevallen gaat en het zijn uiteraard ook de korrelspanningen die de vervorming der korrelmassa beheerschen.

Bij de uit meer phasen (o.a. korrels en water) opgebouwde grondmassa's, waarmede wij meestal te doen hebben, kunnen, nadat de spanningen in het vrije water (en ev. in de lucht) bepaald zijn, bij bekende grondspanningen ook de korrelspanningen worden gevonden. Het vaststellen van het verband tusschen korrelspanningen en vervormingen ondervindt dan in beginsel geen moeilijkheden. Wel zullen dan tot de korrelspanningen — althans bij de fijnkorrelige grondsoorten — tevens gerekend moeten worden de spanningen in het geadsorbeerde water, die dan tot langdurige vervormingen aanleiding kunnen geven.

Deze laatste doen in bepaalde gevallen de vraag rijzen of eene waargenomen langzaam voortschrijdende vervorming naar een eindige eindwaarde streeft, dan wel of deze onbeperkt lang zal blijven voortduren. Het spreekt vanzelf, dat, van technisch standpunt beschouwd, dit punt van het allergrootste belang is.

De fijnkorrelige grondsoorten bieden dus meer moeilijkheden dan de grof-korrelige: zoowel de bepaling der korrelspanningen zelve als de vaststelling van de grootte der bijbehoorende vervormingen is daarbij minder een-voudig.

De vervormingen, behoorende bij bepaalde veranderingen in den korrel-hoofdspanningstoestand, door een eenvoudige algemeene vervormingswet weer te geven is thans nog niet mogelijk; er zijn al te veel factoren, die daarop van invloed zouden zijn.

Gelukkig kunnen de technische vraagstukken welke om oplossing vragen, al zij het dan met eenige benadering, desondanks in behandeling worden ge-nomen; meestal wordt daarbij eene grondmassa van uit den bestaanden spanningstoestand in een anderen overgebracht, waarin de massa dan voortaan blijft verkeeren.

Bij een aan de eischen van zulk een vraagstuk aangepast onderzoek van ongeroerde monsters kunnen deze eveneens zoo na mogelijk van den aanvankelijken in den uiteindelijken spanningstoestand worden gebracht en het gedrag der massa daarbij worden waargenomen. Is deze nabootsing der werkelijkheid experimenteel niet wel uitvoerbaar, dan dient zoo goed moge-lijk van superposities te worden gebruik gemaakt, welke dan het onderzoek een meer benaderend karakter verleenen.

Enkele gevallen zullen thans nader worden behandeld.

§ 38. *Vormverandering bij samendrukking onder zijdelingsche opsluiting.*

Wordt een uitgebreid vlak terrein door ophooging belast met een gelijk-matig verdeelde bovenbelasting, dan zal een verticaal grondprisma dat wij ons in den ondergrond afgezonderd denken, slechts in verticalen zin worden samengedrukt, daar eene horizontale lengteverandering uitgesloten is. Men kan zich ook voorstellen, dat tijdens de wordingsgeschiedenis der grond-lagen van een terrein bij afzetting daarop van nieuwe massa's, door stroomend water (deltavorming), door windtransport (steppen en duinvorming) of door geleidelijken groei en het vergaan van planten (veenvormig) gelijk-soortige omstandigheden zich hebben voorgedaan.

Het belastingsgeval der samendrukking onder gelijktijdige zijdelingsche opsluiting is dus van groot practisch belang.

Ook, indien de bovenbelasting slechts eene eindige uitgebreidheid bezit, kan — doch dan alleen indien men ervan uitgaat, dat de verticale normale spanning wel niet de eenige, maar toch wel de belangrijkste oorzaak der verticale samendrukking vormt — de kennis der verticale samendrukbaar-heid onder zijdelingsche opsluiting eene belangrijke aanwijziging geven.

Slaagt men erin om uit den ondergrond een aantal kleine grondprisma's f te zonderen en omhoog te brengen, zonder dat noemenswaardige wijziging van dichtheid en structuur en zonder dat verticale of horizontale ontpanning plaats vindt, dan zou men hetgeen bij vergrooting der verticale korrelspanningen in den diepen ondergrond plaats grijpt, in het laboratorium kunnen nabootsen, waarbij dan tegelijkertijd de voor verschillende verhoogingen der korrelspanningen intredende verkorting zou kunnen worden waargenomen. Daarbij zou dan nog de apparatuur zoodanig moeten zijn ingericht, dat wel zijdelingsche steun zou worden geboden, doch de verkorting niet door wrijving langs de steunende wanden zou worden beemmerd.

Het volledig voldoen aan deze eischen schijnt onmogelijk; men kan slechts door steeds betere methoden van monsterneming en monsteronderzoek ernaar streven de fouten tot het minimum te beperken.

Bij het door indrukking in den ondergrond vullen van monsterbussen (fig. 31) met scherpe snijranden — hetzij in open ontgraving dan wel onderin boorbuizen — zal eenige verkneding onvermijdelijk zijn. Hoewel bij fijnkorrelige grondmonsters capillaire spanningen de uitzetting daarvan zullen tegengaan, zoodra de monsters uit de bussen waarin deze zijn vervoerd in de apparaten worden overgebracht, zullen deze spanningen toch den spanningstoestand van het terrein niet kunnen doen voortduren. De capillaire spanningstoestand heeft namelijk onderling vrijwel gelijke korrelhoofdspanningen, terwijl dat in het terrein (zie § 89) wel niet het geval zal zijn.

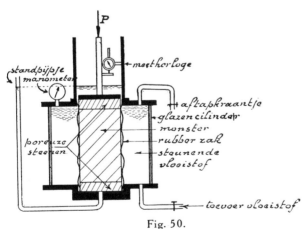

Fig. 50.

Bij zandlagen is voorts eene ontlasting in verband met de geringe capillaire werkingen en de goede doorlatendheid onvermijdelijk; het bewaren der structuur vooral ook tijdens het transport bovendien uiterst moeilijk; tijde-

lijke kunstmatige toevoegingen zijn aangewezen (asfaltemulsie, welke late
zonder structuurwijziging dient verwijderd te worden) of anders monster
name in open ontgraving met onderzoek ter plaatse. Gelukkig zijn voor d
zeer samendrukbare klei- en veenlagen en voor leemlagen de omstandig
heden veelal gunstiger.

Wat de apparatuur betreft, wordt de wrijvinglooze zijdelingsche steu
der onderzochte monsters het best benaderd in zoogenaamde celapparate
(fig. 50), waarin het monster wordt gesteund door een dun rubber vlies

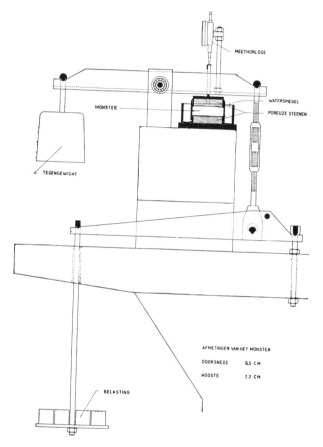

Fig. 51.

dat op zijn beurt gesteund wordt door het omgevende in een gesloten vat
aanwezige water (of vloeibare paraffine). Aan dit omgevende water zou vóór
het begin van de proefneming eene spanning moeten worden gegeven die
met de horizontale korreldruk in het terrein overeenkomt.

Ook kan men een schijfje van het grondmonster in een bronzen ring van gelijken diameter opsluiten, waarbij de betrekkelijk geringe hoogte de bij de samendrukking optredende wrijving van geringen invloed doet zijn fig. 51), dit schijfje belasten en de vervormingen meten.

Bij verschillende ongeroerde grondmonsters van uiteenloopende geaardheid blijkt het spannings-samendrukkingsdiagram een verloop te hebben, dat gekarakteriseerd wordt door eene bij toenemende spanningen steeds geringere mate van samendrukbaarheid. De onvermijdelijk optredende verdichting geeft een steeds groeiend aantal der korrelaanrakingspunten. Bij zand zullen de scherpe korrels nabij de aanrakingspunten afbrokkelen. Bij klei en veen zullen de geadsorbeerde waterhuidjes een steeds toenemenden weerstand tegen nadering der korrels bieden, daar steeds dichter bij het vaste oppervlak der korrels gelegen water en dus taaier of vaster water moet worden verdrongen, terwijl de aanrakingsoppervlakte der waterhuidjes hierbij sneller aangroeit dan de nadering der korrels. Ook zal in beide gevallen het aantal der korrelgroepen, die nog door locale stapelingsveranderingen kunnen bijdragen tot grootere dichtheid, bij toenemenden druk steeds afnemen.

Onder belastingen kleiner dan de vroegere terreinbelasting zou men slechts de geringe zettingen ingevolge de elasticiteit der korrelmassa — indien deze althans na de monsterneming niet onder capillaire korrelspanning is blijven verkeeren — mogen verwachten, terwijl eerst onder belastingen grooter dan de terreinlast (dat is die waarmede de korrelspanning op de oorspronkelijke plaats in het terrein overeenkomt), grootere zettingen mogen worden verwacht. Dit wordt in hoofdzaak door waarnemingen bevestigd.

Zet men op een horizontale as af de logarithmen der eventueel met een constante p_c verhoogde korrelspanningen en op de verticale as de bijbehoorende specifieke samendrukkingen dan blijkt voor de toenemende belastingen het semi-logarithmische diagram vrijwel rechtlijnig te verloopen (fig. 52 tak BC). Indien men daarna tot geleidelijke belastingverlaging overgaat, blijkt ingevolge de elasticiteit der korrelmassa, waarbij voor de fijnkorrelige grondsoorten ook het geadsorbeerde water een rol zal spelen, ook de teruggang der samendrukking lineair te verloopen.

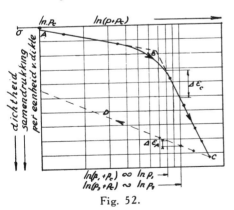

Fig. 52.

Aangezien bij belastingstoename het verband bestaat:

$$\varepsilon = \frac{1}{C} lg^e (p + p_c) + \text{constante},$$ zal voor eene drukstijging van p_1 tot p eene specifieke samendrukking ontstaan groot:

$$\Delta \varepsilon = \frac{1}{C} lg^e \frac{p_2 + p_c}{p_1 + p_c}.$$ Voor een oneindig kleine drukstijging van p t $p + dp$ zal de specifieke samendrukking zijn:

$$d\varepsilon = \frac{1}{C} \cdot \frac{dp}{p + p_c},$$ zoodat de samendrukkingsmodulus $\frac{dp}{d\varepsilon} = C (p + p_c$

Indien bij grootere p-waarden p_c te verwaarloozen is wordt deze modulu gelijk $C . p$ waarin C een materiaal-constante is.

Bij verwaarloozing van p_c wordt $\Delta \varepsilon = \frac{1}{C} lg^e \frac{p_2}{p_1}$.

Stijgt een aanwezige druk p tot $n p$ dan wordt in dat geval:

$$\Delta \varepsilon = \frac{1}{C} lg^e \frac{p n}{p} = \frac{1}{C} lg^e n.$$

Op te merken valt dat de grootten der drukkingen zelve daarbij geen rol spelen, doch slechts de verhouding waarin zij toenemen.

C blijkt bij eenzelfde korrelmassa grooter bij grootere dichtheid of gunstiger structuur. Een voorbeeld voor duinzand geeft fig. 53. Verkneding van klei doet C dalen zooals uit fig. 54 blijkt.

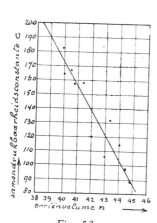

Fig. 53.

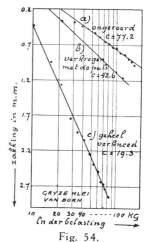

Fig. 54.

Voor Nederlandsche veenmonsters worden C waarden gevonden van 3—10; voor kleimonsters van 10—20; voor leemmonsters van 20—50; voor zandmonsters van 50—400. Deze uitkomsten dienen slechts ter bepaling der gedachten.

Bij dit alles is $\Delta \varepsilon$ op te vatten als eene specifieke lengteverandering; dus per cm oorspronkelijke lengte der grondmassa. Zou men de constanten willen bepalen per cm der vaste stof, dus per lengte van $(1 + \varepsilon_n)$ cm, waarin ε_n het poriëngetal volgens de opvatting van v. Terzaghi voorstelt, dan worden de constanten naar rato kleiner; voor practische doeleinden is de eerste opvatting eenvoudiger, daar ε_n daarvoor niet bekend behoeft te zijn. Echter komen beide opvattingen voor.

Bij eene belastingsvermindering en zwelling der massa wordt het verloop van het semi-logarithmisch diagram gekenmerkt door een modulus $A (p + p_i)$ — zie de stippellijn $C—D$ in fig. 52 — waarin A evenals C een onbenoemd getal is; p_i is weer klein en heeft de beteekenis van een blijvende onbeduidende belasting, na algeheele ontlasting. A is eenige malen grooter dan C. De bijschriften blijven geldig voor het ontlastings(zwellings)-proces indien voor p_c wordt gelezen p_i. De zwelling $\Delta \varepsilon_A$ bedraagt, indien de druk afneemt van p_2 tot p_1

$$\frac{1}{A} \, lg^e \, \frac{p_2 + p_i}{p_1 + p_i} \quad \text{en voor } p_i = 0, \quad \frac{1}{A} \, lg^e \, \frac{p_2}{p_1} \, .$$

De A waarde schijnt het minst afhankelijk van toevallige verstoringen, reden waarom aan de A-waarde eenerzijds en de doorlatendheid anderzijds

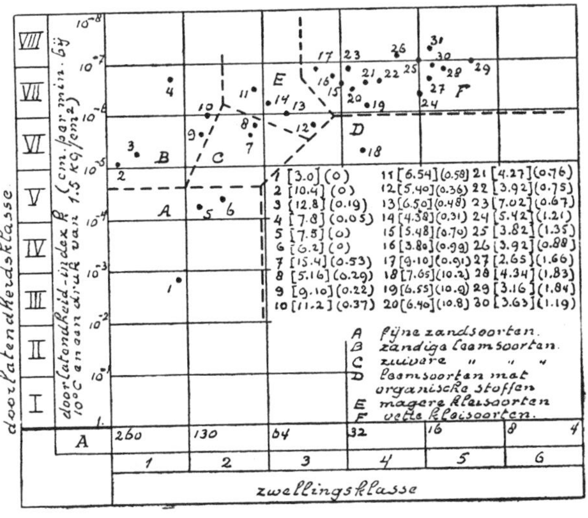

Fig. 55.

Systeem van Grondclassificeering gebaseerd op de Constanten A en k.

De samendrukkingsconstante voor de verschillende in de figuur opgenomen grondmonsters is de bijbehoorende A-waarde gedeeld door het getal tusschen rechte haken; het plasticiteitsgetal, aangegeven als het verschil tusschen de poriëngetallen bij de plasticiteitsgrenzen, wordt voorgesteld door het getal tusschen ronde haakjes. De materiaalconstanten zijn hier betrokken op $(1 + \varepsilon_n)$ cm als lengte-eenheid.

door VON TERZAGHI een belangrijke rol wordt toegedacht bij eene door hen voorgestelde classificatie van grondsoorten, zooals in het schema van fig. 5! is aangegeven.

Het is verder opmerkelijk dat het mogelijk blijkt het gedrag van klei bij be- en ontlasting na te bootsen met mengsels van zand en glimmerschilfers van bepaalde korrelgrootten in verschillende verhoudingen, met dit onderscheid dat de vervormingen zeer snel tot stand komen. Voor iedere kleisoort kan men dan opgeven hoeveel procent glimmer aan zand dient toegevoegd om gelijke uitkomsten te krijgen. Voor sommige onderzoekingen is dit van nut.

Wanneer bij het waarnemen van een last-samendrukkingsdiagram een gedeelte, dat kleinere zettingen vertoont, gevolgd wordt door een sterker hellende, wat men noemt, hoofdtak B—C (fig. 52) met samendrukbaarheidsmodulus $C \cdot p$ dan zou men daaruit kunnen afleiden de grootste belasting, waaronder het bewuste grondmonster in zijne geologische voorgeschiedenis of tijdens de uitvoering van vroegere werken heeft verkeerd en waarvan de waarde uit de plaats van de knik volgt.

Dit behoeft dus niet steeds te zijn de terreinbelasting op het tijdstip der monstername.

Fig. 56 geeft een voorbeeld van zulk een bij het monsteronderzoek aan den dag getreden vroegere voorbelasting, waardoor de kennis van de geologische geschiedenis van een landstreek zou kunnen worden aangevuld.

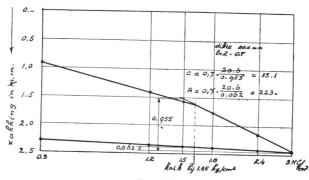

Fig. 56.

Bij het verzamelen der gegevens voor het spanningssamendrukkingsdiagram blijkt, zooals te verwachten was, dat goed doorlatende zandmonsters zeer spoedig na het opbrengen van elke nieuwe belasting hunne nieuwe dichtheid bereiken; zulk eene proefnemingsreeks verloopt dus vrij snel. Dat de zetting toch nog eenigen tijd vereischt, is toe te schrijven aan de omstandigheid, dat de instortingen op kleine schaal binnen de massa telkens door andere worden gevolgd, waarbij de snelheid der bewegingen door inwendige wrijvingen wordt getemperd.

Bij sterker samendrukbare, doch slecht doorlatende massa's, als klei-, veen- en leemgronden zullen de uiteindelijke zettingen veel grooter zijn dan bij zand, doch ook aanzienlijk meer tijd vereischen, daar hierbij zooals vroeger werd uiteengezet, het overtollige water tot afstrooming moet komen.

Het grondmonster is weliswaar aan boven- en onderzijden opgesloten tusschen poreuze steenen, waardoor het poriënwater vrij kan afvloeien, doch dit neemt niet weg, dat toch voor een monster van enkele cm dikte nog enkele dagen noodig kunnen zijn alvorens de eindstand is of schijnt te zijn bereikt.

Voorloopig nemen wij eenvoudigheidshalve aan, zooals dit ook in de internationale literatuur wordt gedaan, dat ook bij deze grondsoorten een eindtoestand wordt bereikt, die door een grootheid C wordt bepaald *).

Bij de bespreking van het vraagstuk van het verloop van de samendrukking van een terrein met den tijd, komen wij hierop nog terug.

§ 39. *Beïnvloeding der samendrukking door gering volumegewicht.*

Op gelijke diepte in een veen-, een klei- of een zandterrein zal de in de samendrukkingsberekening voorkomende begindruk p_1 in een veenterrein het laagst en in een zandterrein het hoogst zijn. Veen weegt namelijk slechts weinig meer dan water en zal soms zelfs, indien de belasting boven den waterstand wordt weggenomen, in water opdrijven. Kleigrond bezit onder water een overwicht van b.v. 0,33—1 t/m³; het eerste cijfer treedt op bij het poriënvolume van 80 %, het tweede bij 40 % holte. Zandgrond bezit een overwicht van ca. 0,825 t/m³ tot 1 t/m³; bij 50 % holte geldt het eerste en bij 40 % holte het tweede cijfer.

Ook wanneer de C-waarde zelve van deze grondsoorten niet reeds belangrijk uiteen liep, zou dus reeds wegens de ongelijkheid der begindrukkingen een zelfde nieuw opgebrachte belasting p een veenterrein het allermeest, een kleiterrein minder en een zandterrein het allerminst doen samendrukken,

daar de logarithmen der quotienten $\dfrac{p_1 + p}{p_1}$ (zie formule (I) der vorige paragraaf) daarvoor in dezelfde volgorde lagere waarden zouden vertoonen.

§ 40. *Berekening der onder gegeven spanningswijzigingen te verwachten zettingen.*

In fig 57 zijn eenige mogelijke oorzaken van wijziging van de korrelspanningen in een terrein afgebeeld; zoowel het verloop van de grondspanning σ_g als van σ_w en σ_k is in de verschillende figuren voorgesteld. Steeds

*) Daarbij wordt steeds aan een éénmalige belasting gedacht. Herhaalde spanningswisseling geeft meestal grootere vervorming en kan met daartoe ingerichte apparaten gemakkelijk worden onderzocht.

dient eerst het verloop van σ_g te worden vastgesteld als gevolg van het gewicht der aanwezige grondmassa eventueel met bovenbelasting en daarna het verloop van de waterspanningen σ_w, die dan op σ_g in mindering worden gebracht, zoodat de σ_k-grafiek op eenvoudige wijze voor den dag komt Hydrodynamische spanningen worden daarbij voorloopig eenvoudigheidshalve geacht niet op te treden of reeds te zijn verdwenen. Duidelijkshalve zijn steeds de op de verschillende diepten aanwezige verticale spanningen in horizontale richting afgezet. Zoowel de aanvankelijke korrelspanningen als de toenamen daarvan zijn voor de zettingsberekening vereischt.

Fig. 57a stelt nu voor het geval van een door water bedekt terrein. In fig. 57b is de waterspiegel van het vorige geval tot aan bovenkant terrein verlaagd; de korrelspanningen veranderen daardoor niet.

In fig. 57c is bovendien een bovenbelasting p aanwezig gedacht; hierdoor stijgen, vergeleken bij het vorige geval, de korrelspanningen — bij oneindige uitbreiding der bovenbelasting — eveneens met p.

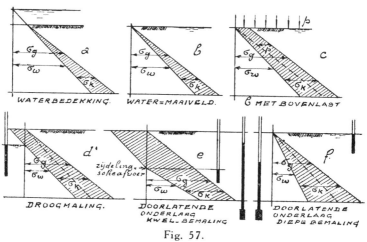

Fig. 57.

In fig. 57d is verondersteld, dat het phreatische vlak door bovenbemaling tot beneden het terreinoppervlak daalt. De nieuwe hoogteligging van het phreatische vlak is in de figuur aangegeven. (Hoewel dit bij bemalen polders dikwijls anders zal zijn, is hier verondersteld, dat niet onder invloed van grooter stijghoogte van het water in diepere doorlatende lagen opwaarts gericht verticaal verhang in het samendrukbare pakket zou optreden. Mocht dit toch het geval zijn, dan is dit op eenvoudige wijze in rekening te brengen, waarover straks meer). De korrelspanningen worden in ons geval ingevolge de oppervlaktebemaling grooter, hetgeen tot samendrukking van de korrelmassa leidt. Dit geval doet zich in de bovenlagen voor bij nieuwe npolderingen en ook bij het tot een lager peil afmalen van bestaande polders. Dit brengt hernieuwde zetting teweeg en vereischt, daar men het maaiveld meestal op zekere hoogte boven den polder-waterstand wenscht te handhaven, later weer een verdere verlaging van den polderwaterstand. Aldus zijn in ons land sedert de instelling van kunstmatige bemalingen tal van polders met samendrukbaren ondergrond „omlaaggemalen", zoodat, ter keering van de boezemkanalen, welke bleven op een peil, verband houdend met de laagwaterstanden in zee, de boezemkaden steeds hooger boven het omlaag gemalen polderland moesten worden opgetrokken.

Zoo ontstond de eigenaardige waterstaatkundige toestand, dien wij dikwijls in ons polderland aantreffen en die gekenmerkt is door de hoog boven het land liggende boezemkanalen.

In fig. 57e is het geval aangegeven, dat in zooverre van geval $a—d$ afwijkt, dat de stijghoogte van het water op grootere diepte die van het bovenwater overtreft. Er is dan eene voortdurende verticale kwel. De korrelspanningen nemen in de hoogere lagen toe doch kunnen in de diepere lagen afnemen.

In de laatst besproken gevallen ontstond de vergrooting der korrelspanningen als gevolg van het pogen om een grooter deel der grondmassa dan tevoren boven het phreatische vlak te doen uitsteken.

Doch ook indien het phreatische vlak niet wordt verlaagd, kan een verhooging der korrelspanningen plaats vinden zonder dat eenige bovenbelasting wordt opgebracht.

Dit geval wordt in beeld gebracht door fig. 57f, waarbij het phreatische vlak onveranderlijk met het bovenvlak van het terrein is gelijk gehouden, doch in den doorlatenden ondergrond van het op zichzelf slecht doorlatende pakket van bovenlagen, met een of ander doel (waterwinning of tijdelijk ten dienste van de uitvoering van een bouwwerk) een verlaging der water-spanningen wordt teweeggebracht. Er ontstaat dan een neerwaarts gericht verhang en een neerwaarts gerichte stroomingsdruk op de korrelmassa, hetgeen verklaart waarom de korrelspanningen zullen toenemen. Overigens komt deze toeneming vanzelf voor den dag, indien het nieuwe verloop der waterspanningen in de figuur wordt ingeteekend.

Eenvoudigheidshalve is in deze voorbeelden verondersteld, dat de doorlatendheid der slecht doorlatende lagen op alle hoogten gelijk is; ware dit anders, dan dient het verloop der waterspanningen dienovereenkomstig te worden gewijzigd. In ieder geval is wel duidelijk — en in verschillende gevallen heeft men daarmede reeds ondervinding opgedaan — dat de bemaling van diepere lagen tot een aanzienlijke zetting van een daarboven gelegen samendrukbaar grondpakket kan leiden.

Als gezegd zijn de verschillende diagrammen van fig. 57 opgesteld als ware bij een en ander van hydrodynamische spanningen geen sprake meer. In werkelijkheid zal vóórdat de in fig. 57c, d, e, f aangegeven vergrooting der korrelspanningen haar beslag krijgt, dikwijls geruimen tijd moeten verloopen en eveneens zal dan ook de zetting, waarvan deze vergezeld gaat, slechts geleidelijk tot stand komen.

Zou men, eenmaal de beschikking hebbende over de spanningsgegevens in den ondergrond vóór en na een spanningswijziging en ook over de C-waarden der verschillende lagen, daarop eene schatting voor de uiteindelijke zetting willen baseeren, dan zou deze op grond van de formule van § 38 bedragen:

$$z = \overset{\text{alle lagen}}{\Sigma} \frac{1}{C} \text{ . laagdikte . } lg^e \left\{ \frac{\text{aanvankelijke korreldruk + toename korreldruk}}{\text{aanvankelijke korreldruk}} \right\}$$

Dit zou dan de zetting in eene bepaalde verticaal zijn.

De formule is uit den aard der zaak benaderend, ook al omdat de spanningen in andere richting dan de verticale in het terrein niet steeds met die der proefneming in het apparaat zullen overeenkomen.

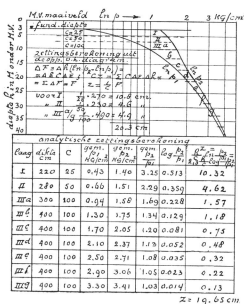

Fig. 58.

Voor op zandigen ondergrond gefundeerde gebouwen werd deze rekenwijze intusschen vele malen toegepast; de hydrodynamische effecten kunnen daarbij in verband met de geringe samendrukbaarheid (hooge C-waarden) en de meestal goede doorlatendheid veelal geheel buiten beschouwing blijven; de zettingen krijgen snel haar beslag en volgen de bij den bouw opgebrachte belastingen vrijwel op den voet. De nawerkingen zijn onbeteekenend.

Daar ook bij het monsteronderzoek de zettingen snel haar beslag krijgen, en weinig nawerking optreedt, zijn de noodige C-waarden eenvoudig te bepalen en beschrijven deze het gebeuren met voldoende nauwkeurigheid.

Op het vraagstuk van de voor het uitvoeren der berekening vereischte spanningsberekening in den ondergrond onder den invloed van plaatselijke belastingen, wordt thans niet ingegaan. Wel zij nog opgemerkt, dat de bovengeschetste zettingsberekening slechts bruikbaar is, indien de grens van het evenwichts-draagvermogen (§ 94) nog ver verwijderd blijft, daar anders de zijdelingsche en dus ook de verticale bewegingen, die de evenwichts-verstoring inleiden, niet kunnen worden verwaarloosd.

Zouden wij nu voor het geval van een torenfundament de zakking willen berekenen indien verschillende grondlagen de daarachter geschreven C-waarden zouden bezitten, dan zou eene tabellarische berekening kunnen worden opgezet op de wijze als in fig. 58 is weergegeven. Hoe de extra-spanningen worden berekend laten wij daarbij in het midden. In Hoofdstuk VI wordt daarop nader ingegaan. Wij zouden aldus een zetting berekenen, welke dan voor het geheele stijve fundament geldt, ten bedrage van ongeveer 20 cm.

Indien in deze gevallen het verloop van $lg^e p_1$ en dat van $lg^e p_2$ grafisch wordt uitgezet, komt als verschil $lg^e p_2 - lg^e p_1 = lg^e \dfrac{p_2}{p_1}$ voor den dag.

Daar overal $\Delta \varepsilon = \dfrac{1}{C} lg^e \dfrac{p_2}{p_1}$ en de totale zetting $= \Sigma^{\text{alle lagen}} \Delta \varepsilon . d . = \Sigma^{\text{alle lagen}} \dfrac{d}{C} . lg^e$

$\dfrac{p_2}{p_1} = \Sigma^{\text{alle lagen}} . \dfrac{1}{C} . \Delta F.$ De oppervlakken ΔF tusschen beide diagrammen kunnen worden opgemeten en aldus kan de zetting worden berekend, zooals dit geschiedde.

zettingsberekening van een dijk.

Fig. 59.

in de bovenhelft van fig. 58 geschiedde.

Onder het dijkslichaam met het in fig. 59 gegeven profiel, zouden de voorafgaande en de nieuwe spanningen worden zooals in tabel fig. 60 aangegeven. Bij de daarachter aangegeven C-waarden zou op den duur eene zetting optreden ten bedrage van 236 cm, zooals in deze tabel wordt becijferd.

$n\underline{e}$	$\dfrac{laag}{dikte}$ b	c	$\dfrac{b}{c}$	p_1	p_2	$\ln \dfrac{p_2}{p_1}$	$z = \dfrac{b}{c} \ln \dfrac{b_1}{b_2}$
1	80	60	1.34	0.04	0.97	3.18	4.26
2	100	4.5	22.20	0.083	1.01	2.50	55.50
3	100	4.5	22.20	0.088	1.017	2.42	53.60
4	100	4.5	22.20	0.093	1.022	2.39	53.00
5	100	10	10.00	0.12	1.05	2.17	21.70
6	100	10	10.00	0.17	1.10	1.87	18.70
7	170	10	17.00	0.24	1.17	1.58	26.80
8	130	75	1.73	0.375	1.28	1.31	$\underline{\dfrac{2.26}{235.82\ c.m.}}$

Fig. 60.

Worden, alvorens de belasting der grondlagen wordt opgevoerd, ontgravingswerken uit-gevoerd en misschien zelfs door bemaling nog opwaartsche stroo-mingsverhangen teweeg-gebracht, dan zal de latere belasting aanlei-

92

ding geven tot teruggang der elastische uitzetting (constante A) en daarna eerst tot eene extra zetting der lagen (constante C). Een in de ontgraving opgetrokken bouwwerk zal beide verplaatsingen ondergaan, althans indien de uiteindelijke belastingen de oorspronkelijke korrelspanningen teboven gaan.

Door vóórbelasting, mits deze voldoende lang wordt toegepast, kan het aandeel der belastingen, waarvoor de grootere constante A kan worden gebezigd, worden verhoogd, terwijl de belastingsverhooging, waarvoor de constante C toepassing vindt, dan minder belangrijk wordt. Aldus blijkt de gunstige invloed eener voorbelasting.

Heeft een deel der lagen vroeger aan uitdroging blootgestaan en dus aan hooge korrelspanningen, dan kunnen deze, indien zij later onder water komen, ondanks groote bovenbelasting toch blijken ontlast te worden en dus in stede van tot zetting, tot eene vermindering der totale zetting bijdragen.

Kunstmatig verdichte massa's, welke na afloop van het verdichtingsproces aanvankelijk door capillaire spanningen onder spanning worden gehouden, kunnen, indien zij later met een vrij waterreservoir in aanraking komen (stuwdammen), eene ontlasting en dus eene hinderlijke zwelling vertoonen.

Men heeft er dan ook wel naar gestreefd de verdichting niet hooger op te voeren dan met de definitieve korrelspanningen overeenkomt, ten einde latere zwelling en ontzetting van het gemaakte werk te voorkomen.

§ 41. *Hydrodynamische zettingstheorie naar prof. K. von Terzaghi.*

In vele gevallen zullen de hydrodynamische spanningen het bereiken van de zoo juist besproken uiteindelijke zetting — zoo deze al bestaat — naar een tijdstip verschuiven, dat verder van het belastingstijdstip verwijderd is, naarmate de omstandigheden gunstig zijn door het doen ontstaan en het lang doen voortduren dier spanningen. De zetting wordt dan een functie van den nà het aanbrengen der belasting verloopen tijd *).

Gaan wij thans na, op welke wijze volgens de hydrodynamische zettingstheorie van VON TERZAGHI de hydrodynamische waterspanningen, en in verband daarmede de zettingen, in het eenvoudigst denkbare geval bij een gegeven belastingsverhooging p zouden verloopen als functie van den nà de belasting verloopen tijd.

VON TERZAGHI stelde daarbij voorop, evenals wij dit in het bovenstaande aannamen, dat de laagjes van de korrelmassa een slechts van de spanningstoename afhankelijke samendrukking zouden ondergaan, waarbij ter vereenvoudiging bovendien een onveranderlijke samendrukbaarheid werd aangenomen, in dier voege, dat een constante samendrukbaarheidscoëfficiënt α

*) Zie ook § 6.

wordt ingevoerd. Op een nawerking werd bovendien niet gerekend. Deze heeft trouwens eerst later de aandacht gevraagd.

Terwille van het eenvoudig houden der schrijfwijze — en omdat dit in theoretische behandelingen van dit onderwerp gebruikelijk is — worden de waterspanningen hier door de letter w aangeduid; de waterspanning ten tijde t op de diepte z wordt voorgesteld door w_{zt}.

Verondersteld wordt, dat de nieuwe belasting wordt toegepast op een grondlaag, waarin de reeds aanwezige korrelspanningen volkomen aan de reeds bestaande belasting zijn aangepast en waarin hydrodynamische spanningen dus afwezig zouden zijn op het oogenblik waarop de belastingsverhooging aangrijpt. De doorlatendheidsfactor k zij een constante. De zijdelingsche uitgebreidheid van het belaste oppervlak late nabij het midden slechts verticaal gerichte waterstrooming toe (lineair probleem). De dikte van de beschouwde laag, welke tusschen volkomen doorlatende lagen wordt opgesloten gedacht, in welke het water een gelijke en constant blijvende stijghoogte heeft, zij $2h$, of — wat in dit geval op hetzelfde neerkomt, daar dan bij belasting nòch een opwaartsche, nòch een neerwaartsche waterstrooming in het middenvlak zal optreden — een laag ter dikte h ruste op een volkomen waterdichten bodem.

Zij de verhooging der op de grondmassa rustende belasting p per eenheid van oppervlak, dan zal eenigen tijd nadat deze belastingsverhooging werd toegepast, het verloop der nieuwe korrelspanningen en der hydrodynamische waterspanningen volgens een willekeurige verticaal schematisch door een diagram als in fig. 61 kunnen worden voorgesteld. De som der toenamen der korrelspanningen en der hydrodynamische waterspanningen moet op elk niveau gelijk p zijn. Daar de helling van het diagram ten opzichte van de verticaal het verhang in het opstijgende water voorstelt, moet deze helling vanaf de waterdichte laag (c.q. de middenlaag) naar boven toe toenemen vanaf nul tot aan een maximum aan de bovenbegrenzing der slecht doorlatende massa. Naarmate de tijd voortschrijdt, zal het gedeelte van het diagramoppervlak, dat de (hydrodynamische) waterspanningen in beeld brengt, ineenschrompelen en de stijging der korrelspanningen (gearceerd oppervlak) tot het eindbedrag p haar beslag krijgen.

Beschouwen wij nu in de massa een laagje ter diepte z en der dikte dz, dan zal in het tijdsverloop van t tot $t + dt$ de waterspanning w op de diepte z een wijziging dw ondergaan en de korrelspanning met dat bedrag toenemen, zoodat uit dat laagje een hoeveelheid water zal worden uitgeperst, groot, voor de eenheid van doorsnede van een verticaal grondkolommetje $a . dw . dz$, waarin a voorstelt de constant veronderstelde samendrukbaarheidscoëfficiënt, die hier als benadering wordt geacht van toepassing te

94

zijn. De door het bovenvlak van het beschouwde laagje gedurende den tijd
dt opstijgende waterhoeveelheid zal dus *a . dw . dz* grooter zijn dan die welke
het ondervlak van het laagje passeert.

Het verhang, waaronder dit water wordt doorgeperst, zal dan dus ook

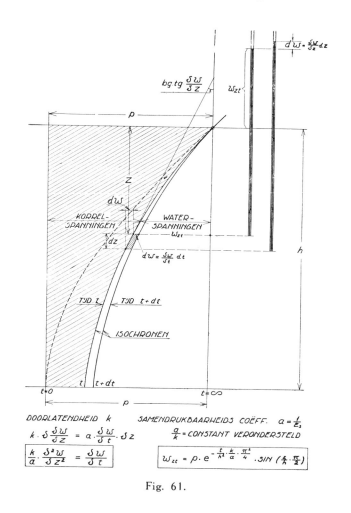

Fig. 61.

ter hoogte van de bovenzijde van het beschouwde laagje iets grooter moeten
zijn, dan dat aan de benedenzijde; dit verhang is in het algemeen gelijk aan
$\frac{\delta w}{\delta z}$ en het verschil voor boven- en onderzijde van het laagje is dus $\frac{\delta^2 w_{zt}}{\delta z^2} . dz$,
daar *z* naar beneden toe aangroeit en het verhang dan afneemt.

Het verschil in de gedurende het tijdsverloop *dt* door boven- en benedenvlakje stroomende waterhoeveelheden moet dan bij een doorlatendheids-factor k gelijk zijn aan:

$$\frac{\delta^2 w_{zt}}{\delta z^2} \cdot dz \cdot k \cdot dt.$$

hetgeen tevens gelijk moet zijn aan de reeds eerder bepaalde hoeveelheid, namelijk $a \cdot dw \cdot dz$ of $a \cdot dz \cdot \frac{\delta w_{zt}}{\delta t} lt$. Uit deze gelijkheid volgt nu de differentiaalvergelijking, die dit vraagstuk beheerscht:

$$\frac{k}{a} \cdot \frac{\delta^2 w_{zt}}{\delta z^2} = \frac{\delta w_{zt}}{\delta t}$$

Aan deze differentiaalvergelijking en tevens aan de randvoorwaarden wordt voldaan door:

$$w_{zt} = p \cdot e^{-\frac{t}{h^2} \cdot \frac{k}{a} \cdot \frac{\pi^2}{4}} \cdot \sin\left(\frac{z}{h} \cdot \frac{\pi}{2}\right).$$

zooals bij narekening blijkt. De lijnen, die op eenig tijdstip het verloop der spanningen over de hoogte aangeven, (door Fröhlich isochronen genoemd) zijn sinusoïden, die bij grootere t-waarden een steeds flauwer beloop vertoonen. De tijd t dient dan gerekend te worden van af het tijdstip, waarop juist op de diepte h de korrelspanningen voor het eerst beginnen toe te nemen (bloklijn in fig. 61) terwijl de isochronen dan ook reeds een sinusoïdaal beloop zouden moeten hebben op het tijdstip, waarop de bovenbedoelde isochroon voor $t = o$ optreedt. Dan is dus reeds in een deel der korrelmassa de korrelspanning toegenomen; er is dan ook reeds een bepaalde zetting tot stand gekomen, en wel — de aanwezigheid van een sinusoïdaal verloop veronderstellend — ten bedrage van $\frac{\pi - 2}{\pi}$. h.a.p.

Daar de uiteindelijke zetting, waarbij over de laagdikte h de korrelspanning met p zal zijn toegenomen, bedraagt h.a.p., wordt door de thans besproken uitkomst het zettingsverloop bestreken tusschen het bedrag $\frac{\pi - 2}{\pi}$ h.a.p. ten tijde $t = o$ en het bedrag h.a.p. ten tijde $t = \infty$. De meerdere zetting ten tijde t, vergeleken met die bij $t = o$, zal dan bedragen, aangezien de waterspanning voor $z = h$ blijkens de gegeven formule bedraagt

$$w_{ht} = p \cdot e^{-\frac{t}{h^2} \cdot \frac{k}{a} \cdot \frac{\pi^2}{4}}$$

en voorts het sinusoïdaal beloop in aanmerking nemend:

$$z_t = \frac{2}{\pi} \cdot \text{h.a.p.} \left\{ 1 - e^{-\frac{t}{h^2} \cdot \frac{k}{a} \cdot \frac{\pi^2}{4}} \right\}$$

Het verloop van deze zetting is in fig. 62 aangegeven. De volledige zetting, dus 100 % van h.a.p. zou eerst bij $t = \infty$ worden bereikt.

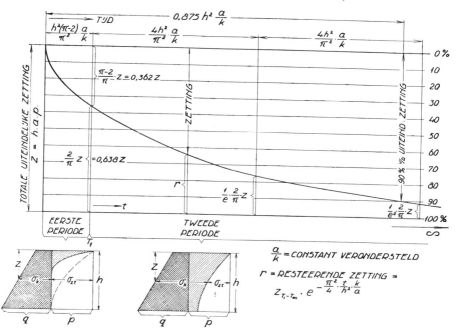

Fig. 62.

In de eerste periode van het zettingsproces, die wij nog voorbij gingen, zal het verloop der korrelspanningen het karakter moeten vertoonen van het links beneden op fig. 62 voorgestelde diagram. Het zal noodig zijn ook voor die periode het verloop van het naar beneden voortschrijden der korrelspanningen in formule te brengen, om te kunnen vaststellen, hoeveel tijd na het aangrijpen der belasting reeds zal verloopen zijn, op het oogenblik, dat het begintijdstip der tweede periode wordt bereikt, dat wij als $t = 0$ aanduidden.

Hoewel over deze eerste periode veel meer te zeggen zou zijn, is het voorloopig voldoende nauwkeurig te achten, indien wij als benadering aanvaarden, dat ook in deze periode de isochronen sinusoïdaal zouden verloopen; hierdoor wordt dan tevens gebillijkt, dat wij bij den aanvang der tweede periode een sinusoïdale isochroon aanwezig dachten.

Een differentiaalvergelijking ter kenschetsing van het voortschrijden der korrelspanningen naar de diepte gedurende de eerste periode, ware dan op te stellen door te overwegen (zie fig. 63), dat, indien in een tijdsperiode dT de door de sinusoïde bereikte diepte z_T zou toenemen met dz, een hoeveelheid water door het boven-oppervlak zou moeten uittreden, groot

$$\frac{\pi - 2}{\pi} \cdot a \cdot p \cdot dz.$$

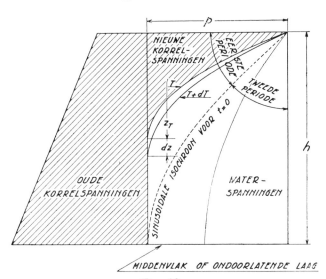

Fig. 63.
Het naar de diepte doordringen der korrelspanningstoenamen; als benadering worden sinusoïdale isochronen verondersteld.

Het verhang aan het terrein-oppervlak wordt aangegeven door de helling van de raaklijn aan de sinusoïde t.o.v. de verticaal. Daar de formule van de sinusoïde voor het tijdstip T is:

$$w_{zT} = p \cdot \sin \left(\frac{z}{z_T} \cdot \frac{\pi}{2} \right).,$$

bedraagt de bedoelde helling:

$$\frac{dw_{zT}}{dz} = p \, \frac{\pi}{2\, z_T} \cdot \cos \left(\frac{z}{z_T} \cdot \frac{\pi}{2} \right).$$

hetgeen voor $z = o$ overgaat in $\dfrac{\pi}{2} \cdot \dfrac{p}{z_T}$.

Daar dit verhang, ter plaatse van den bovenkant van het terrein aanwezig is, wordt de in een tijd dT uitstroomende hoeveelheid water:

$$dT \cdot k \cdot \frac{\pi}{2} \cdot \frac{p}{z_\mathrm{T}}$$

hetgeen weer gelijk moet zijn aan:

$$\frac{\pi - 2}{\pi} \cdot a \cdot p \cdot dz,$$

hetgeen overeenkomt met a maal het oppervlak, dat tusschen de isochronen voor T en $T + dT$ besloten is.

Dit leidt tot de differentiaalvergelijking (welke het gebeuren *globaal* beschrijft)

$$dT \cdot \frac{k}{a} \cdot \frac{\pi^2}{\pi - 2} = 2 \cdot z_\mathrm{T} \cdot dz.$$

waaruit bij integratie en in verband met de randvoorwaarden volgt:

$$T \cdot \frac{k}{a} \cdot \frac{\pi^2}{\pi - 2} = z_\mathrm{T}{}^2.$$

Het verband tusschen z_T en evenzoo van de zetting en T is dus parabolisch op de wijze, zooals dit voor deze eerste periode in fig. 62 is ingeteekend. Het tijdsverloop T_I, vereischt voor het bereiken der diepte h, volgt bij invoering van $z_\mathrm{T} = h$, en bedraagt dus:

$$T_I = h^2 \frac{\pi - 2}{\pi^2} \cdot \frac{a}{k}.$$

Dit tijdsverloop is als tijdsduur voor de eerste zettingsperiode eveneens in fig. 62 ingeteekend. De alsdan volgens dit parabolisch verloop doorloopen zetting bedraagt, zooals reeds vroeger opgemerkt $\frac{\pi - 2}{\pi}$ h.a.p. Opgemerkt wordt voorts, dat de aldus bepaalde parabool en de eerder bepaalde exponentiëele zettingskromme op het tijdstip, waarop de eerste periode in de tweede overgaat, een gemeenschappelijke raaklijn blijken te bezitten, zoodat het gevonden zettingsdiagram een continu verloop vertoont. De helling van deze raaklijn is gelijk aan $\frac{\pi \, pk}{2 \, h}$.

Theoretische beschouwingswijzen, als de in het bovenstaande gegevene, zijn in de op dit gebied verschenen literatuur voor tal van bijzondere gevallen nader uitgewerkt (zie o.a. von Terzaghi & Fröhlich, Theorie der Setzung von Tonschichten).

§ 42. *Practische toepassing van de uitkomsten der theoretische afleiding. Laagdikte-effect.*

De belangrijkste gevolgtrekking, welke uit de gevonden theoretische uitkomsten, indien deze juist zijn, zou zijn te maken en die in practische toepassingen het meest werd gebezigd, is wel deze, dat twee grondlagen van gelijken aard, doch van ongelijke dikte, onder gelijke belastingstoename, in alle gelijkstandige punten gelijke hydrodynamische waterspanningen en dus ook gelijke samendrukkingen per eenheid van laag-dikte zullen bezitten indien slechts voor beide grondlagen (dik resp. h_1 en h_2) $\dfrac{t}{h^2}$ dezelfde waarde heeft, zooals uit de gegeven formules valt af te leiden.

Daartoe moet $\dfrac{t_1}{h_1{}^2} = \dfrac{t_2}{h_2{}^2}$, zoodat $\dfrac{t_1}{t_2} = \dfrac{h_1{}^2}{h_2{}^2}$ . . . . . .

De tijden t_1 en t_2 stellen hierbij de totale belastingstijden der lagen voor. Ten einde een gelijk percentage der uiteindelijke zetting te bereiken, zouden dus belastingsperioden zijn vereischt, die zich verhouden als de kwadraten der laagdikten; een n-maal dikkere laag zou n^2-maal zooveel tijd noodig hebben om een gelijke specifieke zetting. of anders gezegd een gelijk percentage der te verwachten eindzetting, te bereiken als de dunnere laag. Zoo zou een laag, dik 2 m, na één week (ca. 10.000 minuten) dezelfde zetting per eenheid van laagdikte moeten vertoonen als een laagje, dik 2 cm, na één minuut. Een belangrijk „laagdikte effect" zou zich dan voordoen.

Men zou dan tevens een middel bezitten om op eenvoudige wijze het te verwachten zettingsverloop te ramen voor een dikke terreinlaag. Zou men namelijk in een samendrukkingsapparaat het zettingsverloop met den tijd bestudeeren van een b.v. 2 cm dik ongeroerd laagje tusschen poreuze steenen, dan zou een n-maal dikkere laag besloten tusschen doorlatende lagen, n^2 maal meer belastingstijd vereischen dan het dunne laagje om een procentsgewijze gelijke samendrukking te bereiken — of omgekeerd — het dunne laagje zou in n^2 maal versneld tempo het toekomstig gedrag van een dikkere laag van hetzelfde materiaal voorspellen. Aldus zou het gemakkelijk vallen om tijdens een betrekkelijk korte periode van waarnemingen aan een dun laagje, conclusies te trekken omtrent het gedurende vele tientallen jaren te verwachten verloop van een dikker terreinpakket. Deze eenvoudige procedure wordt dikwijls toegepast.

De in de vorige paragraaf gegeven theoretische afleiding veronderstelt intusschen implicite, dat in de beschouwde grondmassa aanwezig zou zijn, hetgeen men zou kunnen aanduiden met „homogene doorlatendheid".

Bij een korrelmassa, waarin de korrels zonder eenig systeem zouden zijn gegroepeerd en dus b.v. in een massa, die men zich zou kunnen denken te ontstaan bij kunstmatig en langdurig dooreenmengen der deeltjes, zou deze „homogene doorlatendheid" verwezenlijkt kunnen zijn. Een waterdeeltje, dat uit de massa wordt weggeperst, zou dan over iedere lengte-eenheid van den af te leggen weg kanaaltjes van dooreengenomen constante nauwte moeten doorloopen. Dat onder die omstandigheden na tijden evenredig aan de kwadraten der laagdikten in een dikkere en een dunnere laag gelijke specifieke zettingen — immers gelijkvormige isochronen — zullen optreden, volgt ook reeds uit de navolgende bespiegeling: Uit een n-maal dikkere laag zal n-maal zooveel water onder — in verband met de grootere laagdikte en de overeenkomstig langere af te leggen wegen — n-maal kleinere verhangen moeten zijn afgevloeid, waartoe dus n^2-maal zooveel tijd zal zijn vereischt. Dit klopt volkomen met de uitkomsten der ontwikkelde theorie.

Stellen wij echter daartegenover een grondmassa, die niet homogeen zou zijn ten aanzien der doorlatendheid en — om een ander uiterste te noemen — die opgebouwd zou zijn uit langs zeer ruime poriënkanalen gerangschikte moeilijk doorlatende complexen. Een uit zulk een moeilijk doorlatend complex uitgeperst waterdeeltje zou dan eerst een korten weg met grooten weerstand moeten volgen en daarna een langen weg met uiterst kleinen weerstand. Zou men onder zulke omstandigheden het gedrag van twee lagen met dikteverhouding n vergelijken, dan zou onder die extreme omstandigheden de langere weg der waterdeeltjes bij de dikkere laag nauwelijks een rol spelen en zouden dus de verhangen, waaronder de ondoorlatende complexen hun water uitdrijven, nauwelijks onder den invloed van de laagdikte staan; de zettingsverloopen van dikke en dunne lagen — per eenheid van laagdikte — zouden dan niet door de uiteenloopende laagdikten worden beheerscht. Een „laagdikte effect" ware dan afwezig.

Natuurlijk zijn tal van tusschengelegen gevallen denkbaar, waarbij de omstandigheden tusschen beide uitersten zijn gelegen en dus uiteenloopende heterogeniteit t.a. der doorlatendheid aanwezig is.

In het natuurlijke terrein zullen de beide beschreven uitersten slechts bij uitzondering worden aangetroffen, en zal zich in het algemeen wel een tusschengeval voordoen. Bij de opstelling der differentiaalvergelijking in de vorige paragraaf werd intusschen slechts aan het geval der volkomen homogene doorlatendheid gedacht. Op de diepte z werd ten tijde t slechts met één waterspanning w_{zt}, rekening gehouden. Bij niet homogene doorlatendheid zouden echter op gelijke diepten, z verschillende waterspanningen tegelijkertijd kunnen aanwezig zijn. Het zal dan ook zaak zijn om, waar mogelijk, met het gegeven schema voor oogen vast te stellen in welke mate een bepaald terrein in feite een „laagdikte effect" vertoont. Naarmate dit zich in hoogere mate ontwikkelt, zal in het terrein het geval der homogene doorlatendheid ook in meerdere mate aanwezig moeten worden verondersteld. Waarneming van zettingsverloopen in het terrein en vergelijking met het gedrag van dunnere terreinlaagjes (monsteronderzoek) kan in deze verdere ontwikkeling van ons inzicht brengen.

Dat het laagdikte-effect zich ten volle zou ontwikkelen en dus de zettingen eerst na tijden die evenredig zijn aan de kwadraten der laagdikten gelijk zullen zijn, levert intusschen wel een in geval van twijfel of wanneer men geen bepaalde afwijkende aanwijzingen bezit, voorzichtige veronderstelling ten aanzien van het lang aanhouden der hydrodynamische spanningen op.

De theorie der hydrodynamische spanningen van VON TERZAGCHI geeft bij grootere laagdikten vrijwel de grootst mogelijke waarden dezer spanningen en tegelijkertijd dus ook de grootst mogelijke vertraging in het optreden der zettingen. Wat de zettingen betreft, geeft deze theorie dus tegelijkertijd de meest optimistisch denkbare uitkomst: het langst denkbare uitstel.

De vertragende invloed eener groote laagdikte in het terrein behoeft op grond van het bovenstaande niet steeds zoo belangrijk te zijn als dit uit de op de veronderstelling der homogene doorlatendheid berustende theoretische behandeling zou volgen.

Overigens blijkt uit de gevonden theoretische uitkomsten in het algemeen genomen, dat, behalve groote laagdikte, ook groote samendrukbaarheid (groote a-waarde) en geringe doorlatendheid (kleine k-waarde) aanleiding geven tot langer handhaving van belangrijke hydrodynamische spanningen en dus tot een langzamer verloop van het zettingsproces, zooals dat bij de uitvoering van bepaalde werken ook inderdaad wordt waargenomen. In kleiterreinen kunnen de hydrodynamische spanningen zich lang blijven handhaven; in de meer doorlatende veenterreinen nemen deze veel sneller af. In zandterreinen is de doorlatendheid zoo groot t.o.v. de samendrukbaarheid, dat hierbij de hydrodynamische spanningen in den regel niet van belang zijn, zoodat deze daarvoor — behoudens in bijzondere gevallen als bij de instorting van zandtaluds — buiten beschouwing kunnen blijven.

Natuurlijk dient ieder geval op zichzelf te worden beschouwd en zal men ten aanzien van de toepassing der theoretische afleiding op gevallen uit de practijk, waarbij men met dikke samendrukbare en slecht doorlatende grondlagen te doen heeft, leering moeten trekken uit hetgeen zich daarbij werkelijk blijkt voor te doen.

Alvorens echter aan de hand van eenige waarnemingen uit de praktijk na te gaan in hoeverre groote laagdikte daarbij het verloop van hydrodynamische spanningen blijkt te beïnvloeden en de eindzetting naar een verdere toekomst verschuift en aldus een „laagdikte-effect" optreedt, is het geboden zich af te vragen, of reeds aan alle primaire factoren die de zettingsverschijnselen beheerschen, bij de theoretische behandeling aandacht werd besteed.

Dit zal blijken niet het geval te zijn.

§ 43. *Seculair zettingsverloop bij veen- en kleigronden.*

Indien in de boven gegeven afleiding alle factoren, die het zettingsverloop van grondsoorten als klei, veen en dergelijke beheerschen, reeds tot hun recht zouden komen, zou de waarneming het theoretisch gevonden zakkingsverloop, althans in hoofdlijnen, moeten bevestigen. Op een logarithmische tijdschaal zou het zettingsdiagram van fig. 62 er dan moeten uitzien als dat in fig. 64 voorgesteld, dat geheel dezelfde uitkomsten in beeld brengt.

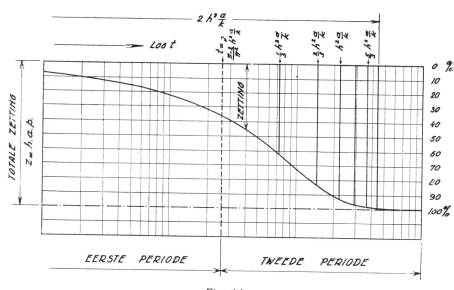

Fig. 64.

Zettingsverloop volgens de theorie van v. Terzaghi, op semi-logarithmische schaal voorgesteld.

Aan het practische einde der hydrodynamische periode, dat bij $T_e = 2 h^2 \dfrac{a}{k}$ valt, waren dan geen verdere zettingen meer te verwachten. De werkelijkheid blijkt echter dikwijls anders uit te vallen.

Wordt van een aan belasting onderworpen en zijdelings opgesloten ongeroerd veen- of kleilaagje gedurende eenige weken de samendrukking waargenomen en het zettingsverloop uitgezet in een diagram met logarithmische tijdschaal (wij zullen zulk een diagram als een semi-logarithmisch diagram aanduiden), dan blijkt dit diagram (fig. 65) na een hydrodynamische periode, die bij veen één of eenige minuten en bij klei eenige uren aanhoudt (in beide gevallen overeenkomende met het einde der eigenlijke hydrodynamische periode), niet een eindwaarde te hebben bereikt, doch daarentegen een rechtlijnig doorgaand zettingsverloop te vertoonen, ook bij de waarnemingen, die

vele honderden dagen werden voortgezet (fig. 66). Ook voor oude bouwwerken zijn zettingen, die over tijdsperioden van eeuwen zich voortzetten,
bekend geworden.

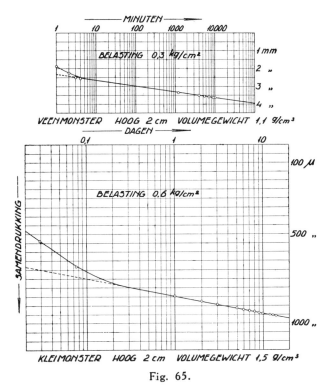

Fig. 65.

Zettingsverloop van een veenmonster en een kleimonster, uitgezet
onder gebruikmaking van een logarithmische schaal voor den tijd. Bij
het veenmonster is het rechtlijnige diagram na 6 minuten bereikt; bij
het kleimonster na 6 uur.

In fig. 67 is het verloop van een semi-logarithmisch zettingsdiagram voor
een grondmonster voorgesteld; in dezelfde figuur is dit zelfde verloop ter
vergelijking ook nog eens op gewone tijdschaal afgebeeld. Het belastingstijdstip (tijd o) valt bij gebruik van de lineaire tijdsschaal wèl op de teekening, doch op de logarithmische tijdsschaal niet, aangezien $log.\ o = -\infty$.
Daar $log.\ 1 = o$, ligt het voor de hand, het semilogarithmische diagram te
doen beginnen bij $t = 1$, dus bij $log.\ t = o$. De per kg/cm² belastingsverhooging en per eenheid van laagdikte van het dunne laagje, één tijdseenheid
(meestal 1 dag), nà de belasting geconstateerde zetting noemen wij a_p; de

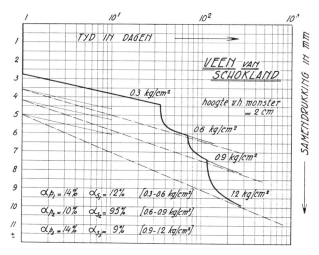

Fig. 66.

Langdurige zettingswaarnemingen aan een veenmonster, onder invloed van toenemende belastingen. De α_p en α_s waarden zijn in de figuur aangegeven.

toename der zetting per kg/cm² en per cm laagdikte gedurende de tijdsperioden van 1—10, van 10—100 of ook van t tot 10 t, van 10 t tot 100 t, enz., noemen wij α_s (fig. 67).

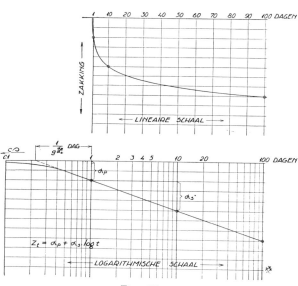

Fig. 67.

Eenzelfde zakkingsverloop zoowel op lineaire als logarithmische tijdschaal uitgezet.

De grootheid a_s is onafhankelijk van de tijdsschaal, de grootheid a_p niet. Het a_p-effect zullen wij in den vervolge gemakshalve noemen het „directe effect" der belasting; het a_s-effect zullen wij aanduiden als het „seculaire effect".

De specifieke zetting onder een belastingstoename p zou na een tijd t bedragen: $p\,(a_p + a_s\,.\,log\,t)$.

Wenscht men niet met dagen, doch met weken te rekenen, dan wordt deze zelfde zetting $p\,(a_p{}^{week} + a_s\,log\,t)$, waarbij $a_p{}^{week} = a_p{}^{dag} + a_s\,log\,7$.

Bij andere tijdseenheden gelden overeenkomstige betrekkingen. Wij zullen er later op terugkomen in hoeverre een bepaald tijdstip voor de meting van a_p beteekenis kan hebben.

Wij zien, dat de eenvoudige samendrukbaarheidsconstante a van § 41 op deze wijze door een uit de grootheden a_s, a_p en t opgebouwde uitdrukking wordt vervangen.

Teneinde tegemoet te komen aan de bezwaren, die onmiddellijk rijzen, indien men zich deze steeds voortdurende zettingen voorstelt, willen wij ons rekenschap geven van de tijdsperiode, gedurende welke de zetting volgens een logarithmische wet zou kunnen voortgaan, zonder dat een wijziging in het verloop onvermijdelijk wordt, doordat de massa al te zeer zou worden verdicht. Indien voor een kleigrond met 80 % water en 20 % vaste deeltjes de $a_p{}^{dag}$ waarde $= 10$ % en $a_s = 3$ % zou zijn, werd de zetting na 100.000 dagen (bijna 3 eeuwen) 10 % $+ 5.3$ % $= 25$ % per kg/cm² druktoename. Van 10 cm³ grond met 8 cm³ water zou dan geworden zijn 10 — 2,5 $= 7,5$ cm³ grond met 5,5 cm³ water en 2 cm³ vaste stof. Het proces zou dus nog zeer lang kunnen voortgaan, voordat de minerale deeltjes met elkaar in directe aanraking zouden moeten komen. Dat het geschetste proces niet eindeloos kan voortgaan, spreekt wel vanzelf. Voor onze technische doeleinden is het intusschen voldoende, indien dit gedurende eenige eeuwen het geval zou zijn.

§ 44. *De bijzondere toestand van het water in klei, veen, enz.*

Laat ons intusschen, alvorens verder te gaan, nagaan welke verschijnselen zich tijdens het verloop der zetting vermoedelijk binnenin de belaste massa afspelen. In een studie voor de Kon. Academie van Wetenschappen *) gaf wijlen prof. dr. ir. J. VERSLUYS reeds een uiteenzetting, waarin hij den weerstand tegen samendrukking, welke in kleimassa's wordt aangetroffen, toeschrijft aan den weerstand tegen verdringing, die het op de kleideeltjes geadsorbeerde water biedt in de nabijheid van de punten van dichtste nadering der deeltjes. Aanvankelijk gebonden waterdeeltjes, die uit dien hoofde

*) Een hypothese ter verklaring van enkele eigenschappen van klei. Afd. Natuurkunde. XXXV. No. 10.

een zekere potentiaal van plaats bezitten, moeten daarbij volgens zijn zienswijze in het vrije water worden teruggedrongen, waarbij dus weerstand
moet worden overwonnen en wel meer naarmate het de dichter bij de vaste
deeltjes liggende moleculen betreft.

Inmiddels heeft ook het moderne klei-onderzoek geleid tot de opvatting,
dat men moet aannemen, dat de watermoleculen in de nabijheid der klei-
mineralen daardoor gericht en electrisch gebonden zijn; de dichtstbijgelegen
moleculen zijn sterker gebonden dan de verderweg liggende. Dicht bij de
mineralen zou de dichtheid van het geadsorbeerde water zoo groot zijn en
de moleculen zoo moeilijk beweeglijk, dat dit zich als een vaste, althans
zeer taaie stof zou gedragen **). Tusschen elkaar dicht naderende deeltjes
kan men moleculaire waterbindingen van groote taaiheid aanwezig veronderstellen. Het aldus geadsorbeerde water zou men dan tot op zekere
hoogte kunnen aannemen als tot de korrels te behooren; ook zou men de
spanningen daarin dan tot de korrelspanningen kunnen rekenen. (Zie § 3).

Water met normale beweeglijkheid (vrij water) zou zich eerst op grooteren afstand van de kleideeltjes bevinden en het is de spanning in dit vrije
water, die wij vroeger als de „waterspanning" aanduidden. Het is ook deze
waterspanning, die in de vroeger besproken spanningsmeters wordt gemeten.
De van plaats tot plaats zich wijzigende spanningen in het vrije water
bepalen het verhang en de stroomsnelheid daarin. Wel kan men zich vrij
water denken, dat binnenin moeilijk doorlatende korrelcomplexen is opgesloten en zich slechts door taaie gebieden heen een uitweg kan banen.
Overigens gaan het vrije en het geadsorbeerde water geleidelijk in elkaar
over en is het slechts ter wille van de vereenvoudiging der bespreking, dat
wij een scherpe onderscheiding maakten.

De achteruitgang van de vastheid van kleimassa's bij verkneding zou
mede aan een krachtdadige breuk in het vaste of taaie water zijn toe te
schrijven, welke zich slechts geleidelijk weer herstelt, indien den waterdeeltjes tijd wordt gelaten zich weder opnieuw te rangschikken en onderling
te verbinden (thixotropie van kleimassa's).

Indien wij ons aan de hand dezer zienswijze thans een voorstelling trachten
te maken van hetgeen bij verhoogde belasting van een klei- of veenmassa
gebeurt, dan dringt bij het beschouwen der diagrammen de gedachte zich
op, dat men daarbij te doen heeft met een plastische vervorming van het
taaie water onder uitdrijving van vrij of vrijgeworden water, waarna zooals
dit bij plastische vervormingen dikwijls het geval is, een langdurige nawerking volgt met zeer langdurige, doch geleidelijk afnemende snelheid.

**) T. Brenner. Begreppet hållfasthet i jordbyggnadsfacket.

Ook kan men zich denken, dat daarbij vrij water zich door gebieden van taai water heen een uitweg moet banen.

Aldus schijnen een direct effect a_p en een seculair effect a_s, beide mede gebaseerd op de eigenschappen van het taaie water, beter begrijpelijk.

De fijnheid en vorm der vaste deeltjes en hun mineralogische eigenschappen zouden aldus slechts een indirecte rol spelen, en wel door middel van de taaiheid, welke zij aan het poriënwater verleenen. Ook de dichtheid der korrelmassa zouden daarbij vanzelf tot uitdrukking komen.. Intusschen speelt ook de standverandering van deeltjes ten opzichte van elkaar uit den aard der zaak een rol bij het optreden der a waarden.

De grovere deeltjes in een grondmassa zouden bij onderlinge aanraking zóó groote krachten op elkaar hebben over te brengen, dat de geadsorbeerde waterhuidjes daardoor geheel zouden worden doordrongen. Bij een zandmassa zal dit wel steeds het geval zijn en is een onmiddellijke aanraking der minerale korrels reeds bij geringe belasting aanwezig.

Het directe belastingseffect bij korreldruktoename is daarbij dan ook geheel te zoeken in een gewijzigde rangschikking der deeltjes, welke intusschen als gevolg van een zekere wisselwerking en het overwinnen van wrijvingen toch nog een klein tijdsverloop in beslag neemt. Het optreden van een a_s wordt intusschen ook bij fijne slibhoudende zanden waargenomen.

Gaan wij thans na, door welke wetten het semi-logarithmische zettingsverloop blijkt te worden beheerscht.

§ 45. *Semi-logarithmisch tijd-zettingsverloop bij opeenvolgende belastingen.*

Indien men op een dun laagje, dat aan een samendrukkingsproces onder worpen is, en nadat dit gedurende zekeren tijd voortgang heeft gevonden, een nieuwe belastingsverhooging aanbrengt, kan men veronderstellen, dat ingevolge deze extra belasting een nieuw zettingsproces zal intreden, dat op het reeds in gang zijnde proces zal kunnen worden gesuperponeerd, en na een hydrodynamische tusschenperiode van korten duur, voor het verdere verloop b.v. gekenmerkt zou kunnen worden door ongeveer gelijke constanten a_p en a_s als ook voor het in gang zijnde proces gelden.

Figuur 68 is in deze veronderstelling opgezet en berust dus niet op een proefneming, doch is zuiver hypothetisch. In dezelfde figuur is tevens aangegeven het hypothetische zettingsverloop voor het geval de diverse, eenvoudigheidshalve gelijk gedachte, belastingen van den aanvang af aanwezig zouden zijn geweest. Zooals voor de hand ligt, nadert het eerstbedoelde diagram, dat op grond van de eenvoudige superpositie en rekening houdende met de logarithmische tijdsschaal is geconstrueerd, op den duur asymptotisch

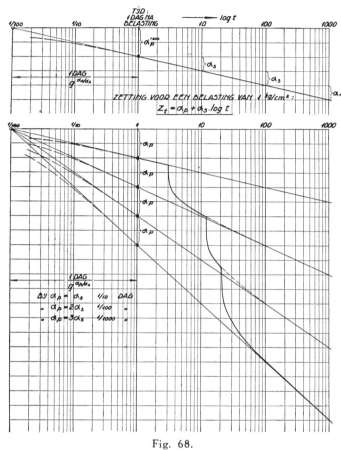

Fig. 68.

Schematisch semi-logarithmisch tijd-zakkingsdiagram, waarbij verondersteld wordt, dat het beginsel van superpositie mag worden toegepast (hypothetisch diagram).

tot het lineaire diagram, dat zich bij gelijktijdige opbrenging der belastingen zou ontwikkelen.

In de fig. 69 en 70 zijn ter vergelijking met het besproken hypothetische diagram eenige waargenomen diagrammen afgebeeld, die klaarblijkelijk een sterke gelijkenis met het hypothetische diagram vertoonen, en waaruit de in werkelijkheid optredenden a_p en a_s waarden zijn berekend, die in de figuur zijn aangegeven.

Hoewel deze waarden telkens per kg/cm² belastingsverhooging en per cm laagdikte zijn berekend, ziet men dat de uitkomsten eenige strooiing vertoonen. In het algemeen zullen de a_p en a_s waarden, doch vooral de a_p

waarde bij toenemende belastingen de neiging hebben kleiner te worden. In gevallen van practische toepassingen zal het dan ook zaak zijn deze grootheden proefondervindelijk te bepalen voor een spanningstrap, overeenkomende met de in een bepaald practisch geval in aanmerking komende.

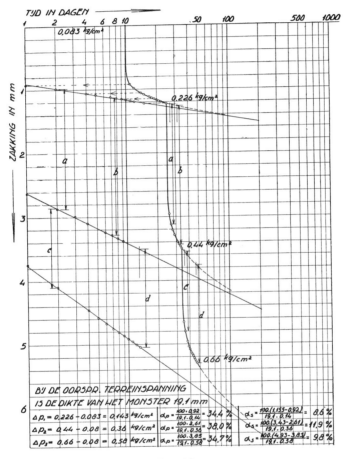

Fig. 69.

Waargenomen zettingsverloop van een veenmonster onder toenemende belasting met berekening van a_p en a_s waarden.

Het is zaak de belastingstoenamen geleidelijk aan te brengen; bij snelle belastingstoename ontstaan grootere a_p waarden en kleinere a_s waarden.

Diagrammen in den trant van de in fig. 69 en 70 afgebeelde zijn er zeer vele in het Laboratorium voor Grondmechanica te Delft opgemaakt. Hoewel de uitkomsten voor verschillende monsters uiteraard ver uiteenloopen, kan ter bepaling der gedachten worden medegedeeld, dat de gevonden α_s waarden van de navolgende orden van grootheid zijn:

> voor veenmonsters van 5—15 %
> voor kleimonsters 1—3—5 %
> voor zanderige klei 0,5—1 %.

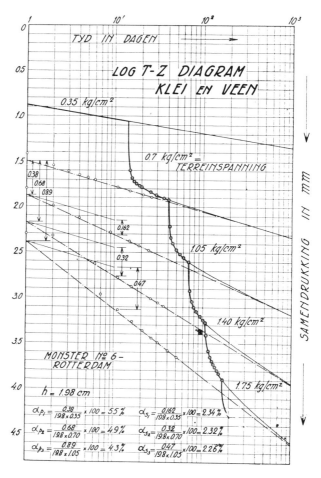

Fig. 70.

Waargenomen zettingsverloop van een grondmonster onder toenemende belastingen; de gevonden α_p- en α_s-waarden zijn in de figuur aangegeven.

De $\alpha_p{}^{dag}$-waarden zijn meestal gelijk tot eenige malen grooter. De proefnemingen worden in den regel begonnen onder een belasting, zoo goed mogelijk overeenkomende met die, waaraan het monster in het terrein is onderworpen geweest; daarna worden dan eenige belastingsverhoogingen aangebracht en telkens zoolang volgehouden totdat de wijziging in het zettingsverloop zich voldoende duidelijk heeft afgeteekend. Bij het in fig. 69 afgebeelde monster bleek de geschatte terreinlast ($0,083$ kg/cm²) tijdens de waarnemingsperiode geenerlei meetbare zetting te geven; in den regel echter treedt ook onder z.g. terreinlast toch een zettingsverloop op, omdat het monster zich tevoren elastisch ontspannen en daarbij water aangezogen heeft; indien dit niet het geval is geweest en het monster onder de opnieuw opgebrachte terreinlast slechts zijn tijdelijk onderbroken seculaire zettingsproces voortzet, kan dit gedurende den korten waarnemingsduur niet blijken. De constructies, waaruit de a_p en a_s waarden volgen, zijn duidelijk in de figuren aangegeven en spreken voor zichzelf. Zij berusten op het afzonderlijk opmeten van de extra zettingstoenamen ingevolge een nieuwe belasting ten opzichte van de hellende lijn, welke wordt gevormd door het zettingsverloop onder invloed der voorgaande belasting.

Opgemerkt zij nog, dat een semi-logarithmisch zettingsdiagram, dat rechtlijnig is voor den sedert het belastingstijdstip (tijd o) verloopen tijd, kromlijnig wordt, indien wij een ander beginpunt voor den tijd kiezen (fig. 71)

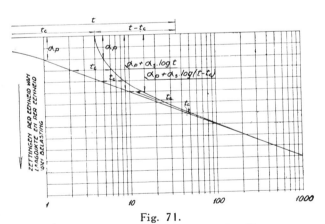

Fig. 71.
Deze figuur brengt in beeld den invloed van het kiezen van een ander nulpunt voor den tijd dan het belastingstijdstip zelf.

Omgekeerd zou men, indien men probeerenderwijs — bij onbekend belastingstijdstip — verschillende belastingstijdstippen veronderstelt, kunnen nagaan, voor welk nulpunt van den tijd het diagram rechtlijnig wordt. Deze overweging kan soms van nut zijn.

In fig. 72 is het resultaat weergegeven van een waarneming aan een monster, dat na aan een belastingsverhooging te zijn onderworpen geweest, daarna weder op geringer belasting wordt gebracht. Aldus kan de invloed van een tijdelijke overbelasting worden bestudeerd. Het blijkt, dat zich daarbij het omgekeerde voordoet van hetgeen men bij belastingstoename waarneemt. Op langen termijn beschouwd, schijnt de tijdelijke overbelasting slechts een episode te zijn, die de uiteindelijke zettingssnelheid weinig beïnvloed. Intusschen is het waarnemingsmateriaal op dit gebied nog zeer beperkt.

Van physisch standpunt bezien, vestigen aldus ook deze bij kleien en venen waargenomen verschijnselen den indruk, als ware men bij het mechanische onderzoek bezig het gedrag van een water-massa te onderzoeken, die

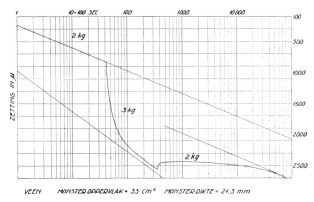

VEEN   MONSTER OPPERVLAK = 33 cm²   MONSTER DIKTE = 21,3 mm

Fig. 72.
Invloed van een tijdelijke overbelasting op het zettingsdiagram.

onder invloed der daarin aanwezige fijne gronddeeltjes een verhoogde viscositeit heeft verkregen niet alleen, doch ook zich als een plastische massa met een zekere schuifweerstand en een lange nawerking (creep) gedraagt. Dat temperatuursveranderingen het zettingsverloop sterk blijken te beïnvloeden, geeft aan deze gedachte voedsel. (zetting van ketelhuizen e.d. na indienststelling!)

Men zou voor gebruik in de praktijk bestemde onderzoekingen dan ook moeten doen bij een temperatuur gelijk aan die van het grondwater.

§ 46. *Geleidelijke belasting en het aequivalente uitwendige belastingstijdstip T_u.*

In de gevallen der praktijk zal de belastingsverhooging van den ondergrond (door een bouwwerk, een ophooging of een grondwaterstandsverlaging) min of meer geleidelijk tot stand komen. Onder het aequivalente uitwendige belastingtijdstip zullen wij nu verstaan het denkbeeldige beıstingtijdstip, waarvoor de in eens tot de volle eindwaarde aangebrachte itwendige belasting op den duur tot een gelijk zettingsverloop zou leiden als .e in werkelijkheid geleidelijk aangebrachte belasting.

Uit een eenvoudige becijfering blijkt, dat bij een volgens een willekeurig iagram aangroeiende uitwendige belasting als voorgesteld in fig. 73, het .equivalente belastingstijdstip over een tijdsverloop T_u, ná het werkelijke

»egin der belasting valt, waarbij $T_u = \dfrac{\int dp \cdot t}{p}$ en bij benadering

$$T_u = \frac{\Sigma \, \Delta \, p \cdot t}{p}.$$

Vanaf dit tijdstip zou dus de tijd gemeten dienen te worden, indien men :en geleidelijk aangroeiende belasting in het laboratorium zou aanbrengen

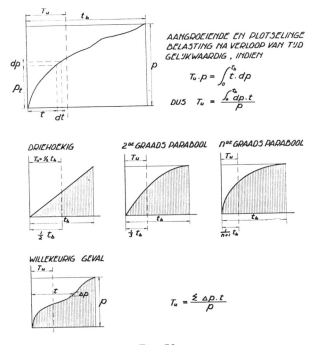

Fig. 73.

Bepaling van het aequivalente uitwendige belastingstijdstip T_u bij geleidelijk aangebrachte belasting.

of indien een terrein —· even gesteld, dat dit zich eenvoudigweg als een opeenstapeling van laboratorium-monsters zou gedragen — aldus zou worden belast.

Indien een belasting in volkomen gelijkmatig tempo tot stand komt, ligt het aequivalente uitwendige belastingstijdstip T_u juist in het midden de belastingsperiode.

§ 47. *Opeenstapeling van terreinlagen en laagdiktc-effect.*

Het zettingsverloop volgens een bepaalde verticaal ware, indien wij daar op de gevonden formules toepasten,

$$z_t = \Sigma^{alle \ lagen} \ d \cdot (a_p + a_s \cdot \log t) \cdot \Delta p$$

indien Δp de druktoename in de verschillende horizontale vlakjes in di verticaal voorstelt en a_s en a_p de samendrukbaarheidseigenschappen de lagen, dik d, in beeld brengen. Deze formule zou dan ten volle met seculair verschijnselen rekening houden.

Dit verloop zou echter in de werkelijkheid slechts gevolgd worden, indie de verschillende laagjes evenals bij de laboratoriumproef op korten termij hun overtollig poriënwater zouden kunnen kwijtraken. In de werkelijkhei

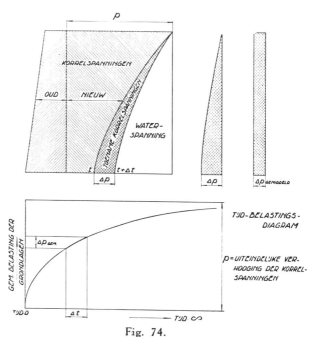

Fig. 74.
De uitgestelde belastingstoename der lagen ingevolge het laagdikte-effect is vergelijkbaar met het aanbrengen van een geleidelijk toe-nemende bovenbelasting zonder laagdikte-effect.

zal dit bij dikkere lagen, zooals wij zagen, niet het geval zijn en zullen tijdelijke hydrodynamische spanningen zich daarbij weer op de vroeger reeds besproken wijze ontwikkelen en zal ingevolge het tijdelijk door het poriënvater opnemen van een deel eener opgebrachte belasting, de toeneming van de korrelbelasting en dus de zetting worden vertraagd. Dit verschijnsel vormt hetgeen wij reeds eerder aanduidden als het „laagdikte"-effect.

Blijkens fig. 61 en 74 ondergaat in eenig tijdsverloop Δt het diagram der korrelspanningen bij een laagdikte h slechts een toeneming over een breukdeel der opgebrachte belasting. Indien deze over de geheele laagdikte gelijkmatig wordt verdeeld gedacht, zou deze met een gemiddelde effectieve korreldruktoename $\Delta p_{gem.}$ overeenkomen en dus met een zetting $h.a. \Delta p_{gem.}$, als wij even van de seculaire zettingen afzien.

· Aldus beschouwd kan elke geleidelijke inwendige korrelspanningstoename ook worden opgevat (fig. 74) als ware deze het gevolg van een daaraan gelijke uitwendige belastingstoename, welke onmiddellijk tot op de korrelmassa zou doordringen. De uitwerking van een geleidelijk toenemende uitwendige belasting werd intusschen reeds in § 46 bestudeerd.

§ 48. *Aequivalent inwendig belastingstijdstip T_i.*

Het bleek toen, dat voor een in een bepaald tempo aangebrachte belasting het belastingstijdstip $T_u = \dfrac{\Sigma \Delta p \cdot t}{p}$ kon worden berekend.

Het zettingsverloop op langeren termijn zou zich daarbij voltrekken als ware de geheele belasting tegelijk op dat tijdstip aangebracht.

Wordt thans als eerste benadering op overeenkomstige wijze het gemiddelde korrelspanningsverloop van fig. 75, hetwelk wordt afgeleid uit het zettingsverloop volgens fig. 62, ten grondslag gelegd aan de bepaling van het aequivalente — thans inwendige — belastingstijdstip, dan blijkt dit bij becijfering te vallen op een tijdstip $T_i = \infty \; ^1/_3 \dfrac{a}{k} h^2$, ná het aanbrengen der uitwendige belasting. Na een zesmaal langeren tijd, namelijk bij $T_e = 2 \dfrac{a}{k} h^2$ behooren de hydrodynamische verschijnselen dan practisch tot het verleden (zie ook fig. 64), zoodat $T_i = $ ongeveer $\dfrac{1}{6} T_e$.

Aldus beschouwd hebben de hydrodynamische verschijnselen tot gevolg, dat het aequivalente inwendige belastingstijdstip op een later tijdstip valt dan het uitwendige (of eventueel het aequivalente uitwendige) belastingstijdstip T_u. Het tijdsverschil $T_i - T_u$ is dus als een gevolg van het laagdikte effect op te vatten. (De hoofdletters T duiden op voor grootere laagdikten geldende tijden; de kleine letters t op de 2 cm dikke laagjes).

Daar intusschen bij de bepaling van het verloop der hydrodynamische spanningen met den tijd volgens fig. 62 nog niet met seculaire effecten werd gerekend, zullen de hier gegeven mathematische uitkomsten slecht benaderende beteekenis hebben, zooals dit ook overigens reeds ingevolg de overige ter vereenvoudiging der behandeling ingevoerde veronderstellin gen het geval is. Een tijdstip T_i en een tijdsverschil $T_i - T_u$ bestaan echter in ieder geval, ook al wordt de ligging daarvan nog eenigszins gewijzig onder invloed van a_s.

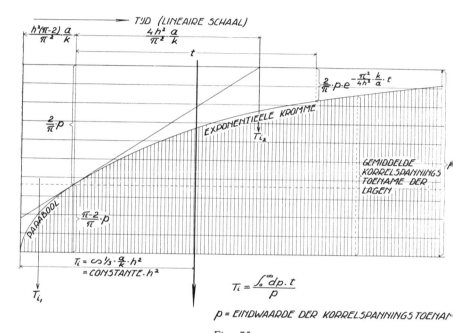

Fig. 75.

Bepaling van het aequivalente inwendige belastingstijdstip T_i van een grondlaag.
(Hierbij is nog geen rekening gehouden met den seculairen invloed a_s).

Ook in het slechts 2 cm dikke, tusschen twee poreuze steenen besloten grondmonster onzer proefnemingen in het samendrukkingsapparaat ($h = $ 1 cm), zullen zich tijdelijk hydrodynamische spanningen hebben ontwikkeld. Deze zullen, ook voor deze dunne laagjes, aanleiding geven tot eenig tijds-verschil t_i tusschen het oogenblik van het opbrengen der uitwendige belas-ting ($t = o$) en het aequivalente inwendige belastingstijdstip:

$$t_i = \infty \; {}^1/_3 \frac{a}{k} \; h^2 = {}^1/_3 \; \frac{a}{k} = {}^1/_6 \; t_e.$$

Wij zien ook hierbij gemakshalve even af van het optreden van a_s.

Voor het veenmonster van fig. 65 zou de tijdsperiode t_i zijn van de orde van 1 minuut en voor het kleimonster van fig. 65 van de orde van 1 uur, daar t_e daarvoor resp. 6 min. en 6 uur blijkt te zijn. Voor de grootte van a_p^{dag} maakt het dus niet veel verschil of al dan niet een tijdcorrectie t_i wordt ingevoerd.

§ 49. *Invloed der seculaire zettingen op het verloop der hydrodynamische spanningen.*

Wij handhaafden tot nog toe gemakshalve het op de grootheden a, k en h opgebouwde verloop met den tijd der hydrodynamische spanningen, terwijl wij den invloed van het uiteenvallen van a in van t, a_p en a_s afhankelijke bestanddeelen eerst daarna onder de aandacht brachten, zonder dat wij echter de afleiding van de wetten, die het hydrodynamische spanningsverloop dan zouden beheerschen, te beginnen met de het vraagstuk beheerschende differentiaalvergelijking, daarmede in overeenstemming trachtten te brengen. Feitelijk groeit ingevolge seculaire samendrukking de a-waarde aan met den tijd; trouwens ook k is niet onafhankelijk van den druk, dus van den tijd. Als globale maatregel zouden wij met het optreden van a_s rekening kunnen houden door voor a te nemen a_p vermeerderd met eenige malen a_s afhankelijk van den duur der te beschouwen zettingsperiode.

Natuurlijk is dit maar een globaal correctief, dat intusschen nuttige aanwijzigingen kan geven, nauwkeuriger naarmate a_s kleiner is.

In verband met de vele moeilijkheden, welke zich bij een pogen tot exacte verfijning der theorie in dezen zin voordoen, dringt zich de gedachte op, af te zien van het streven naar een voor alle gevallen geldende formule voor het zettingsverloop, doch dit zettingsverloop in een gegeven geval (gegeven h, k, a_p en a_s waarden) stap voor stap door berekening te bepalen. De onzekerheid ten aanzien eener al dan niet homogene doorlatendheid blijft daarbij uiteraard bestaan; het veiligst blijft voor h de volle halve aanwezige laagdikte in te voeren, indien het onderzoek zich het verloop der hydrodynamische spanningen ten doel stelt en geen bepaalde aanwijzingen van afwijkenden aard ter beschikking staan. Men berekent dan achtereenvolgens de tijdsverloopen, die worden vereischt om bij een aangenomen benaderden vorm der isochronen (parabolen of sinusoïden) deze opeenvolgende isochronen te doen optreden, telkens zoowel met a_p als met a_s rekening houdend en overwegend dat het uitgeperste water onder het bij de isochronen behoorende verhang door het bovenoppervlak tot afstrooming moet komen. Aldus ontstaat een benaderend tijd-zettingsdiagram, dat ter vergelijking met werkelijke diagrammen kan worden gebezigd en in ieder voorkomend geval kan worden opgezet.

In fig. 76 is zulk een berekend diagram (voor het geval van een dikke laag) voorgesteld; voor één der phasen van het zettingsverloop is in die figuur tevens de berekening van den ter voltrekking vereischten tijd aan-gegeven. Het ligt voor de hand, dat deze werkwijze onder alle omstandig-heden kan worden gevolgd.

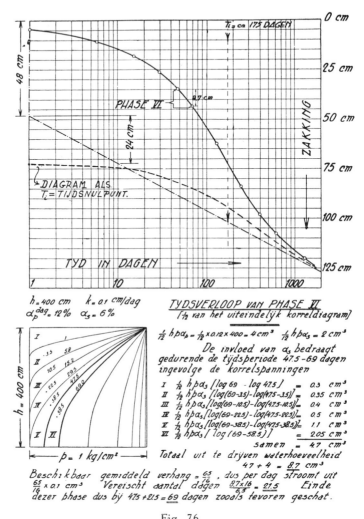

Fig. 76.

Voorbeeld van een door berekening bepaald zettingsverloop, rekening houdend met a_p en a_s en gebaseerd op parabolische isochronen. Het tijdsverloop vereischt voor de toeneming der korrel-spanningen over het 6e twaalfde gedeelte is in de figuur berekend.
Aldus is het diagram punt voor punt opgebouwd.
De streep-stiplijn geeft het zettingsverloop aan zonder laagdikte-effect.

Bij het uitvoeren van benaderende berekeningen als de bovenbedoelde, vormt zich het inzicht, dat in de periode van het lineaire semi-logarithmische diagram (de „seculaire periode") de uitstroomende waterhoeveelheid zóó gering is, dat de hydrodynamische spanningen dan vrijwel geheel op den achtergrond moeten zijn getreden, terwijl in de periode der groote hydrodynamische spanningen (de „hydrodynamische periode") naast de k-waarde de a_p en a_s waarden het verloop van het gebeuren in voortdurend wisselende mate beheerschen.

Het spreekt wel vanzelf dat onder deze omstandigheden een ander verloop ontstaat dan het in § 41 afgeleide.

Naar gelang a_s belangrijker is in verhouding tot a_p wordt de afwijking van grooter beteekenis. Steeds blijft intusschen in het semi-logarithmische diagram de hydrodynamische periode in den vorm van een S bocht vertegenwoordigd, die asymptotisch in de seculaire rechte lijn overgaat. Een eenvoudige betrekking tusschen het gedrag van lagen van verschillende dikte kan niet langer worden aangegeven.

De eenvoudige regel van den kwadratischen invloed der laagdikte komt te vervallen.

Wel wordt — homogene doorlatendheid veronderstellend — de invloed der laagdikte door het optreden van a_s in vergelijking met § 42 nog versterkt; immers de weg te persen waterhoeveelheid zelve neemt nu ook nog weer toe met den tijd.

Het is na het bovenstaande duidelijk, dat het optreden van a_s het zettingsverloop volgens § 41 nog extra heeft gecompliceerd; ieder geval vereischt feitelijk een afzonderlijke behandeling, althans indien men de hydrodynamische periode wenscht te bestudeeren.

Uit het bovenstaande blijkt dat dit — bij benadering — mogelijk is.

§ 50. *Verband tusschen de zettingsverloopen van dikke en dunne lagen op langen termijn.*

Onze belangstelling voor het gedrag van dunne laagjes berust op de overweging (zie ook § 47), dat ieder terreinpakket ten slotte als een opeenstapeling van dunne lagen kan worden opgevat.

Wij zagen in § 49 reeds, hoe het hydrodynamisch spanningsverloop en ook het zettingsverloop met den tijd voor een gegeven geval uit het zettingsgedrag der dunne lagen globaal kan worden bepaald door berekening. Feitelijk kunnen wij aldus voor het lineaire vraagstuk der hydrodynamische spanningen alle gewenschte benaderende oplossingen van geval tot geval vinden, indien de moeilijkheid eener heterogene doorlatendheid even buiten beschouwing blijft. Indien wij ons echter in hoofdzaak voor de zettingen op langeren termijn en dus na afloop der hydrodynamische periode interesseeren kunnen intusschen op veel eenvoudiger wijze uit het onderzoek van dunne monsters conclusies worden getrokken. Vergelijken wij daartoe de zettings verloopen van dikke en dunne lagen in groote trekken:

Wij zijn geneigd om à priori te aanvaarden, dat de slechtere doorlatendheid van een dikker pakket weliswaar het aequivalente inwendige belastingstijdstip naar een iets verdere toekomst zal verschuiven, doch dat ten slotte op langen termijn beschouwd, de gezamelijke zetting der dunne lagen onder invloed der voor elk daarvan geldende belastingstoenamen (zij het gerekend vanaf een eenigszins — namelijk over T_i — verschoven nulpunt voor den tijd) onvermijdelijk zal dienen te worden gevolgd.

Zettingswaarnemingen in het terrein gedurende lange perioden zullen intusschen het hier gestelde nader moeten bevestigen.

Wordt deze bevestiging verkregen — en vele aanwijzingen gaan in deze richting — dan zou daardoor het vroeger (§ 43) besproken lineaire logarithmische zettingsverloop van dunne lagen voor practische doeleinden van groote beteekenis blijken. Men kan dan nog trachten voor den tijdsduur T_i, die intusschen op langeren termijn beschouwd steeds geringeren invloed krijgt, een zoo goed mogelijke benadering in te voeren, daar dit tijdstip liefst als beginpunt voor den tijd moet fungeeren en is dan in staat voor dikke terreinlagen het verloop aan te geven, dat op den duur door de zettingen zal worden gevolgd, overeenkomstig de formule van § 47.

§ 51. *Eenige in het terrein waargenomen zettingsverloopen.*

Het is natuurlijk zaak om, waar mogelijk, vergelijkingen te maken tusschen de resultaten van monsteronderzoek en berekening en het gedrag van den ondergrond in het terrein, ook in quantitatief opzicht.

Daar het gedrag van aan een ondergrond ontleende monsters steeds belangrijke wisseling in uitkomsten vertoont, is zulk een quantitatieve vergelijking echter niet gemakkelijk met zekerheid te treffen. Dikwijls is ook de ligging der nulpunten der zettingen onbekend en beginnen waarnemingsreeksen eerst als reeds een onbekende belangrijke zetting is voorafgegaan. Dikwijls zal in het terrein bij strooksgewijze belasting, zooals bij wegaanleg, een extra zetting ingevolge de toenemende horizontale druk tegen de zijdelings opsluitende lagen intreden, welke bij het monster-onderzoek niet aanwezig is.

Hieronder volgen nu eenige gevallen, waarin de mogelijkheid zich voordeed de resultaten van monsteronderzoek, het op grond daarvan te verwachten zettingsverloop en het werkelijke zettingsverloop met elkaar te vergelijken. Daarbij werd niet gepoogd voor de periode der hydrodynamische spanningen een zettingsprognose te maken, doch werd deze eenvoudig als een voorbijgaande episode beschouwd, die zich vanzelf in de diagrammen zal afteekenen in de gedaante van tijdelijk kleinere, dan wel vertraagde zettingen. Daar men in deze gevallen steeds met geleidelijk opgebrachte belastingsverhoogingen te maken had, werd in een der gevallen met het tijdstip T_u — het aequivalente uitwendige belastingstijdstip — rekening gehouden en dit als tijdsnulpunt gekozen. In twee der gevallen werd het berekende diagram eenvoudig door superpositie der te verwachten zettingen bepaald. Eventueel kan men dan trachten uit de diagrammen af te leiden in hoeverre T_i — het aequivalente inwendige belastingstijdstip — merkbaar ten opzichte van het uitwendige verschoven ligt, hetgeen dan uit de mate van de verschuiving der zetting naar een later tijdstip ingevolge het laagdikte-effect zou blijken. Ook is het van belang na te gaan in hoeverre na langeren tijd ook door dikkere belaste lagen het lineaire logarithmische zettingsdiagram, dat voor dunne lagen typeerend is, wordt gevolgd. Natuurlijk dient men dan de in aanmerking komende nulpunten voor den tijd op oordeelkundige wijze te kiezen. In vele gevallen blijkt zulk een lineair logarithmisch beloop op den langen duur te worden gevolgd.

§ 52. *Weg-proefvak van den Provincialen Waterstaat van Zuid-Holland in den Krimpenerwaard* (fig. 77).

Een dergelijk proefvak biedt gelegenheid na te gaan in hoeverre de in het laboratorium gevonden wetmatigheden ook in het terrein worden teruggevonden. Waarneming van het zettingsverloop vormde hier het eenige gestelde doel. Hydrodynamische spanningen werden niet bepaald.

Het aanleggen en zoo volledig mogelijk waarnemen van dergelijke proefvakken zal zeer tot de verdere ontwikkeling van onze kennis van het zettingsprobleem bijdragen.

Over 18 m¹ breedte en 200 m¹ lengte werd ca. 3 t/m² op een zinkstuk opgebracht. *) De dikte van het samendrukbare veen en kleipakket boven het diepe zand bedroeg ca. 9 m¹. De tijdsperiode t_e der veenmonsters is voor dezen ondergrond van de orde van grootte van 5 minuten. De T_e-waarde zou dus hoogstens kunnen worden geschat naar evenredigheid der kwadraten der laagdikten, namelijk, indien geen gemakkelijk water afvoerende ruimere kanalen in dit veenterrein aanwezig waren en dus homogene doorlatendheid aanwezig ware. Men zou dan tot een periode T_e van enkele jaren komen, bij de schatting waarvan er nog mede rekening gehouden zou moeten worden, dat zoowel bij de laboratoriumproef als in het terrein eenige zijdelingsche waterafvloeiing — zij het in uiteenloopende mate — mogelijk is.

Het tijdstip T_u ligt ca. 3 weken (halve ophoogingstijd) na den aanvang der zandophooging en is als nulpunt voor den tijd gekozen.

---

*) Ir. J. A. ROYER. Proceedings Int. Conference on soil mechanics 1936. Cambridge. Vol. I.

Het waargenomen zettingsverloop (fig. 77) verraadt nauwelijks een hydrodynamische periode van beteekenis T_e valt bij ca. 8 weken. Hiermede is in
overeenstemming, dat in dergelijke veenterreinen blijkens elders verrichte
waterspanningsmetingen een vrije snelle daling der hydrodynamische spanningen plaats vindt.

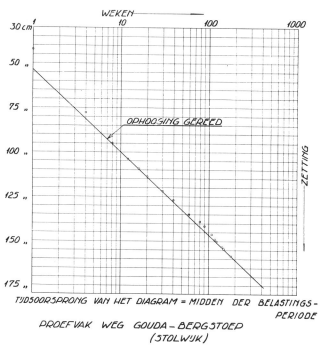

Fig. 77.
Waargenomen zettingsverloop. De belasting was afgeloopen bij week 4;
bij week 8 was het lineaire diagram reeds bereikt.

Vermoedelijk speelt hier de niet homogene doorlatendheid ingevolge de
aanwezigheid van kanaaltjes en gangen in het veen een rol.

Een sprekend verschil $T_i - T_u$ valt in de gegeven omstandigheden niet uit
het diagram af te leiden. Men vindt in het terrein een a_s waarde van 15 % en
een $a_p^{1\ week}$ waarde van 25 %, dus $a_p^{dag} = 12$ %.

De $a_p^{1\ dag}$ waarden in het terrein schijnen over het algemeen genomen
kleiner en daarentegen de a_s waarden grooter uit te vallen dan de in de
laboratoriumproeven gevondene.

In verband met den bijzonderen toestand van het geadsorbeerde water,
werd vermoed dat het snellere belastingstempo in het laboratorium hierbij
van invloed is geweest; een onderzoek van het L. v. G. bevestigde dit
vermoeden. Kleine belastingstrappen doen blijkbaar a_p dalen en a_s toenemen.

Voorts kan ook de onvermijdelijke verkneding bij de monsterneming een rol spelen.

§ 53. *Proefvak Rijksweg No. 12 bij K.M. 31,3.*

In figuur 78 zijn naast elkaar gesteld het waargenomen en het — onder verwaarloozing der hydrodynamische verschijnselen — berekende zettingsverloop van een gedeelte van Rijksweg No. 12, dat boven de diepere zandlagen rust op een laag van 3 m veen, waaronder 2 m klei. Aangezien de laatste belasting medio December 1937 werd aangebracht en het lineaire logarithmische verloop blijkens de waarnemingen najaar 1938 ongeveer wordt gevolgd schijnt de hydrodynamische periode hier ongeveer een jaar in beslag te nemen.

De berekende zettingslijnen gelden voor naburige verticalen waarvoor grondmonsters werden onderzocht.

Van de 2 cm dikke kleimonsters duurde de hydrodynamische periode

circa 6 uur. Daar $6 \cdot \left(\dfrac{200}{2}\right)^2 = 60.000$ en 60.000 uur $= 2500$ dagen, schijnt het laagdikte effect hier niet ten volle tot ontwikkeling te zijn gekomen.

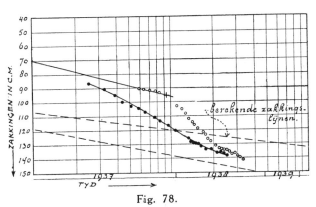

Fig. 78.

§ 54. *Zettingen van een op een goed doorlatenden ondergrond rustend samendrukbaar terrein, waarbij in den zandondergrond gedurende eenige maanden eene verlaging van de waterspanningen door bronbemaling werd teweeggebracht.*

In fig. 79 zijn zoowel de onder verwaarloozing der hydrodynamische periode op grond van monsteronderzoek berekende, als de waargenomen zettingen afgebeeld voor deze ± 7 m[1] dikke veen en kleilagen *). De opeen-

---
*) Ir. W. H. Brinkhorst. Proceedings Int. Conference on Soil mechanics. 1936. Cambridge. Vol. I.

124

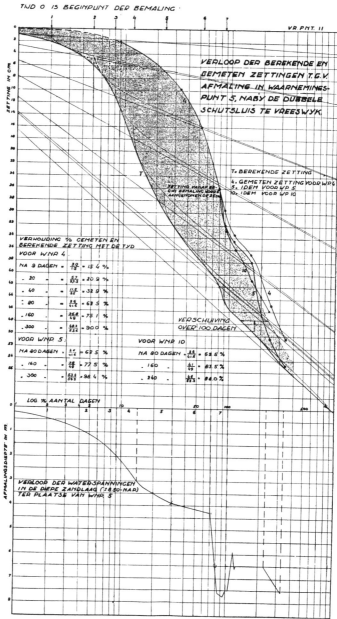

Fig. 79.

De berekende zettingen zijn bepaald, zonder met hydrodynamische vertragingen rekening te houden en zijn dus berekend uitgaande van de a_s en a_p waarden en de dikten der grondlagen en de bij iedere waterstandsverlaging op den duur te verwachten toename der korrelspanningen.

volgende belastingstijdstippen waren bepaald door de bekende data der opeenvolgende waterstandsverlagingen. De t_e perioden der dunne monsters zijn hier van de orde van tien minuten, dus langer dan in het geval van § 52. De hydrodynamische verschijnselen schijnen hier hun einde vrijwel te hebben bereikt toen de bemaling werd gestaakt en de zetting en de helling van het berekende diagram juist nagenoeg werd bereikt. Een tijdsverschil $(T_i — T_u)$ of algemeener eene vertraging der zettingen kan hier niet met zekerheid worden vastgesteld, doch zou op 100 dagen kunnen worden gesteld. Zou men bij de berekening iets kleinere α-waarden hebben ingevoerd, dan ware eene kleinere vertraging voor den dag gekomen. Hier kan dan ook slechts sprake zijn van een indruk. De hydrodynamische invloeden schijnen hier van belang, doch zij hebben de zettingen slechts onbeteekenend kunnen verminderen.

§ 55. *Zetting van een 7 m dik kleipakket onder eene zandophooging (Amstelstation, Amsterdam).*

In fig. 80 zijn zoowel de waarnemings- als de berekeningsresultaten weergegeven van een terrein, waarin in vergelijking tot de gevallen in §§ 52 en 54 de doorlatendheid kleiner is (t_e wordt van de orde van grootte van enkele uren) en de hydrodynamische spanningen zich dus langer handhaven. Daar de berekening niet op bepaling vooraf der hydrodynamische spanningen gericht was en slechts ten doel had om de na langen tijd te verwachten zettingen te ramen, werd daarbij met de intusschen uit anderen hoofde groote belangrijkheid der hydrodynamische verschijnselen geen rekening gehouden. Slechts zal daaruit weder een verschuiving van het aequivalent inwendig belastingstijdstip naar de toekomst resulteeren, waarvan echter de beteekenis op langeren termijn in het niet verzinkt. Vergelijkt men de op grond van het monsteronderzoek berekende met de waargenomen zettingen, dan blijken deze laatste, zooals te voorzien was, achter te blijven bij de onder verwaarloozing der hydrodynamische verschijnselen berekende.

Een langere waarnemingsperiode dan thans nog ter beschikking staat, zal moeten leeren in hoeverre het berekende zettingsverloop op den duur door het terrein zal worden gevolgd. Thans kan slechts worden opgemerkt (zooals trouwens uit de in „De Ingenieur" door ir. C. BIEMOND [*]) gepubliceerde gegevens ten aanzien van de hardnekkigheid der gemeten hydrodynamische spanningen in dit geval blijkt), dat de hydrodynamische spanningen hier blijkbaar veel langer stand weten te houden dan in de tevoren

---

[*]) De Ingenieur. 1938. No. 53.

126

besproken gevallen. De verschuiving $(T_i - T_u)$ der zettingen naar de toekomst schijnt enkele jaren te zullen beloopen.

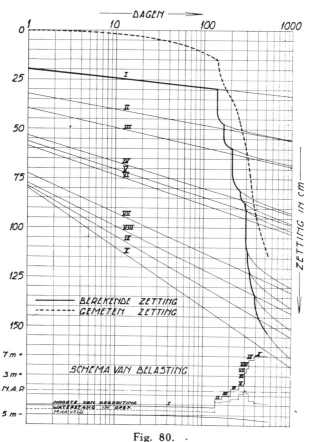

Fig. 80.

Vergelijking van de onder verwaarloozing der hydrodynamische spanningen berekende en de waargenomen zettingen bij het Amstelstation te Amsterdam.

§ 56. *Samenvatting.*

Wij komen thans ten aanzien van het zettingsvraagstuk tot de volgende samenvatting.

Over naar de diepte practisch onbegrensde kleipakketten is in het bovenstaande niet gesproken, aangezien dit geval zich hier te lande weinig of niet zal voordoen. Onder in het buitenland bestaande omstandigheden schijnt dit geval wel voor te komen; de hydrodynamische periode is dan veel langer van duur, hetgeen wellicht verklaart, waarom men elders niet in dezelfde mate op de seculaire verschijnselen gestooten is; deze treden dan niet zoo vroegtijdig op den voorgrond, als het hier te lande het geval blijkt te zijn.

Bij belasting van samendrukbare, slecht doorlatende grondpakketten zijn de hydrodynamische spanningen van groote beteekenis. Zij belemmeren tijdelijk de zetting en verhoogen tijdelijk het gevaar voor evenwichtsver-- storingen in den vorm van het wegdrukken van zijdelingsche grondkeeringen als daar zijn dijken, dammen, muren en damwandconstructies, of van het wegzinken van opgebrachte belastingen. De grootte dezer spanningen als functie van den tijd kan aan de hand van laboratoriumonderzoek en berekening bij benadering worden bepaald, vooral voor het z.g. lineair geval en eventueel in het terrein worden gecontroleerd of gemeten. Men kan aldus trachten voor het evenwicht gevaarlijke spanningsverhoudingen in den ondergrond te vermijden. Kleipakketten zijn in dit opzicht gevaarlijker dan veenpakketten, die, dank zij hun betere doorlatendheid, tot betrekkelijk snellere daling der hydrodynamische spanningen leiden.

Het tijdsverloop t_e, dat den duur der hydrodynamische periode voor een dun monster aangeeft, kan als maatstaf voor de belangrijkheid der te verwachten hydrodynamische verschijnselen dienen. De invloed der laagdikte vormt nog een onderwerp van studie, waarbij vooral van belang is de vraag of een gegeven ondergrond „homogene" doorlatendheid bezit, al dan niet.

Wat de te verwachten zettingen betreft, die op den voorgrond werden geplaatst, vormen de hydrodynamische spanningen en zettingsbelemmeringen slechts een voorbijgaande episode, die bij het laboratoriumonderzoek aan dunne lagen soms reeds na weinige minuten (bij veen) of ook wel na eenige uren (bij klei) achter den rug is.

Seculaire zettingen, die meestal niet kunnen worden verwaarloosd, vinden daarna voortgang gedurende een periode van voorloopig nog onbekenden, doch hoogstwaarschijnlijk belangrijken duur. Hierdoor wordt de mogelijkheid geschapen om ook voor dikkere terreinlagen een zettingsvoorspelling op langeren termijn te doen, waarbij de z.g. seculaire zettingen zeker niet buiten beschouwing kunnen worden gelaten. Het laagdikte-effect, dat ook in dit verband nog nadere bestudeering vereischt, leidt weliswaar tot een tijdelijke vertraging der zetting, doch deze houdt op den duur geen stand. Het zettingsverloop van het terrein zal zich in vergelijking met dat van de in het laboratorium onderzochte monsters gedragen, alsof de belasting enkele weken, maanden of misschien jaren (bij kleipakketten) later is aangebracht geworden. Meestal is dit tijdsverschil voor de beoordeeling der toelaatbaarheid der zettingen niet van practische beteekenis. De grootheden a_p en a_s der betrokken terreinlagen geven aldus een maatstaf voor het op den duur te verwachten zettingsverloop.

Een punt van onderzoek vormt nog de vraag, waarom de a_p waarde in het terrein kleiner, en de a_s waarde daartegenover grooter schijnt uit te vallen dan in het laboratorium. Behalve aan het snellere belastingstempo in het laboratorium is dit mogelijk nog aan andere factoren te wijten.

Waar mogelijk, dienen waargenomen terreinzettingen met die, aan monsters waargenomen, te worden vergeleken, ter vermeerdering onzer kennis in dit opzicht.

Besloten moge worden met de opmerking, dat het laatste woord omtrent dit zich in een periode van ontwikkeling bevindende onderwerp uit de grondmechanica nog niet is gesproken. Verdere waarnemingen en ervaringen zullen hiertoe ongetwijfeld nog veel kunnen bijdragen.

§ 57. *Andere gevallen van vervorming van een aan spanningswijziging onderworpen korrelmassa.*

Wanneer de spanningen, welke in een korrelmassa heerschen, eene wijziging ondergaan in den meest algemeenen zin, zullen daarbij de daarin tevoren heerschende hoofdspanningen zoowel in grootte als in richting veranderen.

Bij het reeds behandelde onderzoek van het zijdelings niet uitwijkende grondmonster wijzigden zich slechts de grootten der hoofdspanningen, doch niet de richting; evenzoo is dit geval aanwezig bij verticale belasting of ontlasting van een zeer uitgebreid terrein.

In andere gevallen, die in behandeling kunnen worden genomen, wijzigen zich wel de grootten, doch niet de richtingen der hoofdspanningen en treden volgens de richtingen der hoofdspanningen lengteveranderingen op.

Indien men zich in zulke gevallen voor practische doeleinden eene voorstelling wil maken van de te verwachten vervormingen, ligt het voor de hand te trachten om ongeroerde monsters uit de betrokken massa eerst weder te brengen in den spanningstoestand welke daarin vóór het tot stand komen der spanningswijziging heerschte, om daarna de vervormingen te meten, die de gewijzigde spanningen daarin zullen teweegbrengen en die volkomen bepaald zijn door de lengteveranderingen in de richtingen der verschillende hoofdspanningen.

Tot dit doel leent zich het vroeger reeds genoemde celapparaat, waarin zoowel de verticale hoofdspanning als de horizontale hoofdspanningen naar willekeur regelbaar zijn. Eenvoudigheidshalve worden de horizontale hoofdspanningen aan elkaar gelijk gehouden, daar dit de proefneming vereenvoudigt.

Intusschen zou, ter nabootsing van technische gevallen waarin in één van

129

twee onderling loodrechte richtingen wèl vervorming mogelijk is, doch in de richting loodrecht daarop niet (zooals in de buurt van lange taluds of lange grondkeerende constructies), het vervormingsonderzoek ook uitvoerbaar zijn onder willekeurige wijziging van twee der hoofdspanningen, terwijl aan de vervorming in de richting van de derde hoofdspanning, door het toepassen van een begrenzende wand, de waarde nul of eenige andere willekeurige waarde zou kunnen worden gegeven *).

Afgezien van eenige moeilijkheden bij de bepaling der zijdelingsche deformaties, levert alles tesamen nemende het geval der zich slechts in grootte wijzigende hoofdspanningen geen bepaalde bezwaren op.

§ 58. *Poging tot afzonderlijke vaststelling van de uitwerking van schuifspanningen.*

In fig. 81 is hiertoe weergegeven de opzet van een onderzoek als in de vorige paragraaf bedoeld, doch voor een bijzonder geval. Hierbij is in een

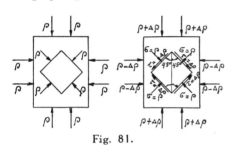

geheel schuifspanningsloozen aanvangshoofdspanningstoestand, dus met onderling gelijke hoofdspanningen, wijziging gebracht door het teweegbrengen van een verschil tusschen de hoofdspanningen, voor de helft door eene verhooging van de verticale en voor de andere helft door eene verlaging van de horizontale hoofdspanningen. Gaat men na, welke schuifspanningen, uitsluitend

Fig. 81.

ingevolge deze wijzigingen worden opgewekt in vlakjes onder 45°, dan blijken deze alle gelijk te zijn aan de helft der teweeggebrachte hoofdspanningsverschillen, namelijk gelijk aan $\Delta \varrho$.

Gebruik makende van de spanningscirkels van MOHR (zie § 69) brengt fig. 82 de optredende hoofdcirkel in beeld. In den begintoestand is, daar aan

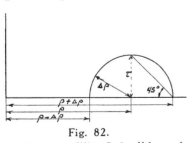

alle hoofdspanningen gelijke beginwaarde is gegeven, niet alleen een geheel schuifspanningloozen toestand verkregen, doch zijn de normale spanningen op de zijvlakjes van een door vlakjes onder 45° begrensd grondlichaam, dat men zich in het inwendige van het monster kan afgezonderd denken, tevens aan deze hoofdspanningen gelijk. Ook tijdens de proefneming blijven deze normale span-

Fig. 82.

---

*) Een hiertoe geschikt apparaat is inmiddels in Delft in gebruik genomen.

130

ningen geheel ongewijzigd. Dit geval leent er zich dus bijzonder toe, om de uitwerking van zich ontwikkelende schuifspanningen bij gelijkblijvende normale spanningen te bestudeeren.

De optredende vervorming kan, evenals in de vorige paragraaf, worden tot uitdrukking gebracht door aan te geven de lengteveranderingen, die volgens de hoofdrichtingen ontstaan; ook kan dit gebeuren door vast te stellen welke verandering de rechte hoeken van een grondlichaampje, als reeds eerder besproken, ondergaan. Is de verticale specifieke lengteverandering ε_v en de horizontale ε_h (positief voor eene samendrukking en negatief voor eene uitrekking), dan is de verandering γ van een rechten hoek als in fig. 83 aangegeven, gelijk $\gamma = \varepsilon_v - \varepsilon_h$.

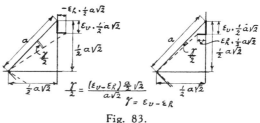

Fig. 83.

Uit een reeks waarnemingen is dus het γ verloop op zeer eenvoudige wijze af te leiden (fig. 84) zoodra slechts ε_v en ε_h bekend zijn.

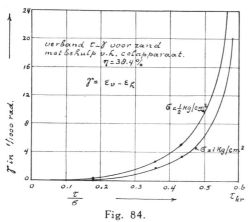

Fig. 84.

Zooals wel te verwachten was, neemt de hoekverandering bij toenemende schuifspanningen steeds sneller toe, totdat ten slotte bij $\tau = \tau_{kr}$ in het geheel geen evenwicht meer intreedt en de vervormingen onbeperkt zouden aangroeien.

Het ligt voor de hand te onderzoeken, in hoeverre het verband tusschen τ en γ, dat zich aldus aan ons voordoet, mede afhankelijk is van de waarde der onveranderlijk blijvende normale spanningen in de vlakjes onder $45°$.

Verdubbelen wij b.v. de normale spanningen (fig. 84) dan blijken schuifspanningen, tweemaal zoo groot als de tevoren toegepaste, niet tot grootere doch tot kleinere, of vrijwel gelijke hoekveranderingen te leiden. De hoekveranderingen blijken aldus in eerste benadering veeleer af te hangen van de $\frac{\tau}{\sigma}$ -waarde, dan van de τ-waarde alleen, zoodat ook de vervormingen in gevolge schuifspanningen bij grond van de vóórdien reeds aanwezige spanningen afhankelijk blijken.

Tracht men het verloop der waarnemingen door eene formule in beeld te brengen, dan dringt zich, in verband met het bovenstaande op eene betrekking van den vorm:

$$\gamma = a_{\gamma} \cdot \left(\frac{\dfrac{\tau}{\sigma}}{\dfrac{\tau_{kr}}{\sigma} - \dfrac{\tau}{\sigma}} \right)^{n}.$$

Welke dus voor eene τ-waarde gelijk de reeds vermelde uiterste waarde τ_{kr} tot de uitkomst oneindig zou leiden.

Voorloopig wijzen voorts de gedane proefnemingen op eene waarde van den exponent $n = 1$.

Alsdan zouden wij krijgen:

$$\gamma = a_{\gamma} \cdot \frac{\tau}{\tau_{kr} - \tau}.$$

waarin a_{γ} voor een korrelmassa van bepaalde dichtheid en structuur een materiaalconstante zou voorstellen.

Voor $\tau = \frac{1}{2} \tau_{kr}$ wordt dan $\gamma = a_{\gamma}$; deze materiaalconstante is dus een onbenoemde grootheid.

§ 59. *Eenvoudig geval van in grootte en richting veranderende hoofdspanningen.*

Reeds onmiddellijk rijst de vraag of een gelijksoortig verband tusschen γ en τ zou optreden, indien, zooals dit in technische gevallen dikwijls voorkomt, een der aangrijpende normale spanningen tijdens de ontwikkeling der schuifspanningen weliswaar onveranderd blijft, doch de normale spanningen onderling niet meer gelijk zijn, zooals dit bij onze proefneming uit de vorige paragraaf wel het geval was.

Dit doet zich voor, indien de lagen van een in horizontalen zin zeer uitgestrekt dijkslichaam, waarin de hoofdvlakken nabij het midden aanvankelijk horizontaal en verticaal gericht zouden zijn, later aan horizontale schuifkrachten moeten weerstand bieden.

Bij een proefneming kan men dit geval nabootsen door een tusschen twee ruw getande platen besloten ongeroerd laagje van den ondergrond aan eene verticale korrelspanning gelijk aan die in het terrein te onderwerpen en daarna op boven- en ondervlak tegengesteld gerichte schuifkrachten te doen aangrijpen (fig. 89).

Verticale en horizontale vlakjes — behoudens die nabij den rand, tenzij eindschotjes worden toegepast — waren dan aanvankelijk schuifspanningsloos; de horizontale normaalspanning zal eerst vermoedelijk kleiner zijn dan de verticale die gedurende de proefneming constant blijft en zal aan het begin der proefneming (zie § 89) ongeveer gelijk zijn aan de helft daarvan.

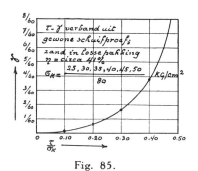

Fig. 85.

Omtrent de waarden, die de horizontale normale spanning tijdens het verloop der proefneming kan aannemen, is weinig met zekerheid te zeggen. Vermoedelijk zal deze tijdens de toename der schuifspanning van $\frac{1}{2}\sigma$ tot ongeveer $1\frac{1}{2}\sigma$ toenemen, zooals in § 74 nader wordt besproken.

Van de spanning in verticale vlakjes evenwijdig aan de schuifrichting valt nog minder met zekerheid te zeggen; slechts is duidelijk, dat deze vlakjes hoofdvlakjes zullen zijn.

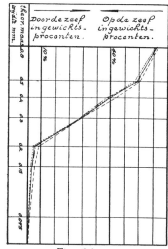

Fig. 86.

Uit een en ander blijkt dus wel, dat dit geval volstrekt niet in alle opzichten met het in de vorige paragraaf besprokene overeenstemt.

In het diagram van fig. 85 zijn nu de uitkomsten voorgesteld van eene τ/γ bepaling, die aldus met behulp van een schuifapparaat zijn verkregen voor zand in losse pakking en wel bij verschillende waarden van de normale spanning in het schuifvlak, waarbij dus bleek, dat bij gelijke waarden van τ/σ gelijke vervormingen optraden.

Verder blijkt dat de formule

$$\gamma = \alpha_\gamma \cdot \frac{\tau}{\tau_{kr} - \tau}$$

de waarneming voldoende nauwkeurig benadert; $\alpha_\gamma = \frac{1}{60}$.

Het korreldiagram van het bij de proefnemingen van fig. 84 en fig. 85 gebezigde zand is in fig. 86 aangegeven; het poriënvolume bedroeg in fig. 84 ca 38 %; in fig. 85 ca 41 %. Zooals te verwachten heeft dit veel invloed op de waarde van α_γ.

§ 60. *Globaal verband tusschen de constante a_γ en de vroeger behandelde constanten C en A.*

Bezien wij de formule, welke het γ/τ verband aangeeft nader, dan blijkt, dat bij kleine schuifspanningen $\Delta \tau$ de gevonden uitkomst benaderd wordt door:

$$\Delta \gamma = a_\gamma \cdot \frac{\Delta \tau}{\tau_{kr}}$$

en indien $\tau_{kr} = f \cdot \sigma$. (Zie later onder wrijvingseigenschappen),

$$\Delta \gamma = a_\gamma \cdot \frac{\Delta \tau}{f \cdot \sigma}$$

Trachten wij een globaal verband te vinden tusschen a_γ en de vroeger besproken constanten C en A, dan zouden wij kunnen overwegen, dat de normale spanningen aangrijpend op een elementair lichaampje uit de massa vóór en ná het aangrijpen van de kleine schuifspanning $\Delta \tau$ zullen kunnen zijn als in fig. 87a en b voorgesteld. (Aangezien de spanningsverdeeling statisch onbepaald is, zijn ook andere spanningen mogelijk).

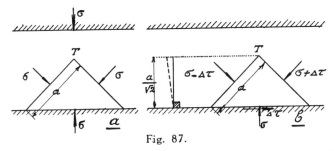

Fig. 87.

De verplaatsing van T evenwijdig aan het grondvlak zou dan zijn bij een samendrukbaarheidsmodulus $\sigma \cdot C$.

$\dfrac{a \cdot \Delta \tau}{\sigma \cdot C} \cdot \dfrac{1}{\sqrt{2}}$, zoodat de standverandering van een aanvankelijk verticaal vlakje zou bedragen:

$$\frac{a \cdot \Delta \tau}{\sigma \cdot C} \cdot \frac{1}{\sqrt{2}} : \frac{a}{\sqrt{2}} = \frac{\Delta \tau}{\sigma \cdot C}.$$

Bedenken wij, dat ook eene uitzettingsconstante $\sigma \cdot A$ zich doet gelden, dan ontstaat daardoor op overeenkomstige wijze eene vermeerdering der hoekverandering ten bedrage van $\dfrac{\Delta \tau}{\sigma \cdot A}$,

Zoodat tenslotte:

$$\Delta \gamma = \frac{\Delta \tau}{\sigma} \left(\frac{1}{C} + \frac{1}{A} \right).$$

Daar wij hierboven uit de waarnemingsresultaten afleidden:

$$\varDelta\gamma = \frac{\varDelta\tau}{\sigma}\cdot\frac{a_\gamma}{f},$$

zou hieruit een verband volgen tusschen deze verschillende materiaalconstanten, indien zin, dat $\left(\dfrac{I}{C}+\dfrac{I}{A}\right)=\dfrac{a_\gamma}{f}$ en, by verwaarloozing van $\dfrac{I}{A}$ tegenover $\dfrac{I}{C}$, daar A veel grooter is dan C,

$$\frac{I}{C}=\sim\ \frac{a_\gamma}{f}$$

zoodat:

$$a_\gamma=\sim\ \frac{f}{C}.$$

Bij zandmassa's waarvoor C varieert van 30—400
zou bij een f-waarde van 0,5 — 0,8

dus een a_γ-waarde volgen van $\dfrac{I}{60}-\dfrac{I}{500}$.

De hier gegeven beschouwingen hebben slechts ten doel de orde van grootte van waargenomen a_γ-waarden beter te doen begrijpen.

Als cijfervoorbeeld moge het navolgende dienen.

Een zandlaag van 5 m hoog, waarin in alle horizontale vlakjes schuifspanningen zouden worden opgewekt met eene waarde gelijk aan de helft van de uiterste, die evenwichtsverstoring zou geven, zou dus hoekveranderingen vertoonen ten bedrage van $\dfrac{I}{60}-\dfrac{I}{500}$. zoodat het bovenvlak over $8^{1}/_{3}$ resp. I cm ten opzichte van het benedenvlak zou verschuiven.

Dat in een zoo moeilijk vervormbaar materiaal als zand slechts geringe vervorming ingevolge schuifspanningen te verwachten was, ligt wel voor de hand.

Toch is het van nut te bedenken, dat eenige vervorming ook dan onvermijdelijk is en in beginsel niet verontrustend behoeft te worden geacht.

§ 61. *Bepaling van het verband tusschen τ en γ voor andere grondsoorten dan zand.*

Dachten wij tot nu toe in de eerste plaats aan grofkorrelige massa's, ook voor massa's als klei-, veen- enz. gronden is een soortgelijk gedrag te verwachten, in dien zin, dat de vervorming ingevolge schuifspanningen kleiner zal zijn, naarmate tevoren hoogere normale spanningen aanwezig waren en dat overigens de vervormingen steeds sneller zullen toenemen dan de spanningen, in tegenstelling dus tot hetgeen bij de samendrukking onder zijdelingsche opsluiting werd gevonden.

Indien ook hier $a_\gamma = \dfrac{f}{C}$, dan is het duidelijk dat de veel lagere C-waarden dezer grondsoorten tot grootere a-waarden moeten leiden. Is $f = 0,5$ en $C = 20$, dan wordt $a_\gamma = \dfrac{1}{40}$; bij $f = 0,5$ en $C = 10$ wordt $a_\gamma = \dfrac{1}{20}$.

Intusschen is het uitvoeren van directe bepalingen van een γ/τ diagram bij deze grondsoorten veel moeilijker dan bij grofkorrelig materiaal, daar het veel tijd vereischt, voordat de vervorming zich heeft voltrokken.

De spanningen moeten uiterst langzaam tot ontwikkeling worden gebracht. Doet men dit niet, dan ontstaat overspannen poriënwater, daar blijkens fig. 87 de massa moet worden verdicht *); de normale korrelspanningen nemen alsdan af en de vervormingen worden grooter dan het geval zou zijn bij zóó langzame spanningstoename, dat het poriënwater slechts hydrostatisch gespannen zou blijven. Als voorbeeld hiervan geeft fig. 88 in één diagram vereenigd de uitkomsten verkregen bij een snelle afschuifproef en een proef in het cel-apparaat op gelijke grondmonsters met $n = 74$ % en waarvan het korreldiagram eveneens is afgebeeld.

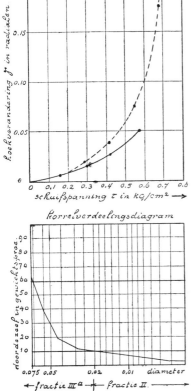

Fig. 88.

§ 62. Samenvatting.

Het bovenstaande samenvattend, zien wij dus, dat de vervorming van grondmassa's onder invloed van spanningswijzigingen steeds afhankelijk is niet alleen van deze wijzigingen zelve, doch ook van de reeds tevoren aanwezige spanningen, hetgeen dus tot meer ingewikkelde wetten leidt dan waarmee men in de mechanica der vaste bouwstoffen te maken heeft. Het is daarbij eene gelukkige omstandigheid, dat in practische

*) Zie ook § 74.

gevallen meestal slechts de uitwerking van een enkele wijziging van den tevoren aanwezigen spanningstoestand behoeft te worden onderzocht.

Blijft de richting der hoofdspanningen bij deze wijziging dezelfde, dan brengt de proef bij zijdelingsche opsluiting de gevraagde uitkomst, indien ook in het terrein zijdelingsche lengteverandering uitgesloten is.

Ook indien alle hoofdspanningen zich wijzigen, is bepaling der vervormingen proefondervindelijk uitvoerbaar.

Wijzigen zich echter ook de richtingen der hoofdspanningen, doch blijft een der korrelspanningen, b.v. de verticale, ongewijzigd, dan ontstaat bij een poging om het gebeuren experimenteel te onderzoeken (schuifproef), eenige onzekerheid ten aanzien van de grootte der (hoofd)spanningen, voor zoover deze zich automatisch tijdens de proefneming instellen en welke instelling niet à priori met die in het terrein behoeft overeen te komen.

Men kan ook langs anderen weg tot eene benadering van de uitkomst komen door het voor alzijdig gelijke σ-waarden bepaalde τ/γ verband ook voor het geval der niet met zekerheid bekende σ-waarden toe te passen.

De verdere ontwikkeling dient in dit opzicht te worden afgewacht.

HOOFDSTUK V.

DE SCHUIFWEERSTAND VAN GROND.

§ 63. *Inleiding.*

De weerstand, die door grondmassa's kan worden geboden tegen het optreden van verschuivingen in de korrelmassa, berust, zooals reeds eerder werd opgemerkt, slechts voor een klein deel op moleculaire wisselwerking tusschen de deeltjes onderling, doch in de eerste plaats op de door uitwendige belastingen, eigen gewicht, stroomingsdruk, capillaire werkingen enz. opgewekte korrelspanningen zelve, die inwendige wrijving en daarmede weerstand tegen schuifspanningen en dus schuifweerstand of schuifvastheid veroorzaken.

Worden de korrelspanningen geheel weggenomen, dan blijft in het algemeen slechts eene geringe schuifvastheid over, die bij zand van weinig meer dan de orde van grootte der waarnemingsfouten is. Indien wij deze z.g. nulwrijving toeschrijven aan het in elkaar grijpen der korrels, zou deze de haakweerstand (h) kunnen worden genoemd. Bij fijnkorrelige grondsoorten waarin, in tegenstelling tot zand, de deeltjes, zij het door tusschenkomst van het geadsorbeerde water, een groot aantal aanrakingspunten bezitten, zou de nulwrijving aan moleculaire krachtswerktuigen kunnen worden toegeschreven en zou van echte cohesie (c_e) kunnen worden gesproken. Bij onze Nederlandsche grondsoorten bereikt c_e slechts kleine waarden. Natuurlijk zouden bij aanwezigheid van kitmiddelen tusschen de gronddeeltjes of bij ter plaatse door verweering ontstane grondsoorten belangrijker c_e-waarden denkbaar zijn.

Buitenlandsche onderzoekers meenen deze ook bij afwezigheid van kitmiddelen op te merken. Aangezien het niet uitgesloten is, dat hierbij de gebezigde onderzoekingsmethode en met name de korte duur hunner waarnemingsperioden een rol speelt, dient ten aanzien van dit punt de verdere ontwikkeling te worden afgewacht.

Vast staat, dat indien in een korrelmassa korrelspanningen worden opgewekt, deze in belangrijke mate aan schuifspanningen blijkt weerstand te kunnen bieden.

De deeltjes ter weerszijden van een gedacht glijdvlak zullen zich dan verzetten tegen verplaatsing van het deel der massa eenerzijds ten opzichte van dat anderzijds en dit te meer naarmate de korreldruk in het glijdvlak grooter is, doch op veel ingewikkelder wijze dan dit bij een plat glijdvlak tusschen twee vaste lichamen het geval is: de deeltjes eener glijdzône zullen schuivende, doch ook kantelende en draaiende bewegingen uitvoeren. Daar dit nu eenmaal gebruikelijk is, zullen wij intusschen van een glijdvlak blijven spreken.

Er ontwikkelt zich daarbij een krachtenspel tusschen de verschillende deeltjes waarvan de nauwkeurige analyse uiterst ingewikkeld zou zijn en in practische gevallen te ver zou voeren. Gelukkig staat de weg der proefnemingen open om in deze feitelijk zeer ingewikkelde wrijvingsvraagstukken technisch bruikbare uitkomsten te verkrijgen.

§ 64. *Gewone schuifproef.*

Vele der apparaten *), gebezigd om de betrekking tusschen de normale korrelspanning en de schuifweerstand te bestudeeren, berusten op eenzelfde beginsel, (fig. 89) namelijk, dat op een op de grondmassa steunende ruwe

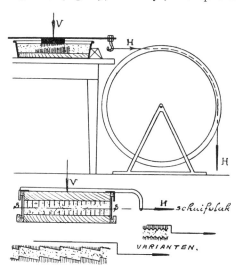

bovenplaat zoowel een verticale last als een geleidelijke toenemende, in het toekomstige glijdvlak liggende schuifkracht tot aangrijping wordt gebracht, terwijl de overeenkomstige benedenplaat, die het grondmonster draagt, in zijn stand wordt vastgehouden. Soms zijn beide platen ringvormig (fig. 90), en wordt op de belaste plaat behalve een verticale belasting een wringend koppel met verticale as uitgeoefend **), hetgeen het voordeel biedt, dat bepaalde, de spanningsverdeeling verstorende invloeden, ter plaatse van de eindelingsche begrenzing der massa worden

Fig. 89.

geëlimineerd. Het onderzoeken van ongeroerde monsters wordt dan echter zeer bemoeilijkt, aangezien het moeilijk is deze monsters den vereischten vorm te geven.

Teneinde bij eene proefneming te verhinderen, dat de grondmassa ten opzichte der platen verschuift, worden deze van in de te onderzoeken grond-

---

*) KREY, Casagrande, Delft.
**) LEHUÉROU KÉRISEL. Hvorslev, Haefeli.

massa grijpende vertandingen, messen, raspen of ruwe oppervlakken voorzien. Voorts moet de ligging van het schuifvlak door de apparatuur worden voorgeschreven en moeten de schuifkrachten nauwkeurig volgens dat vlak

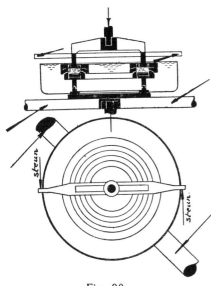

aangrijpen. De grondlaag moet zóó dik zijn, dat de schuifzône zich onbelemmerd kan ontwikkelen, terwijl de zijdelingsche begrenzing van de onderzochte laag zoo weinig mogelijk verstorenden invloed mag uitoefenen. Voorts moet het — alvorens de schuifkrachten tot ontwikkeling te brengen — vaststaan, dat de korrelmassa (eventueel mèt het geadsorbeerde water) de opgebrachte belasting draagt, hetgeen het geval is, zoodra het vrije poriënwater de spanning heeft aangenomen van den vrijen waterspiegel, die het monster meestal omgeeft. Men is er dan tevens zeker van, dat geen onzichtbare extra korrelspanningen ingevolge capillairen onderdruk aan-

Fig. 90.

wezig zijn op het tijdstip waarop de proefneming begint.

Om de vervormingen te meten, welke ontstaan vóórdat een dóórgaande verschuiving intreedt, wordt meestal de relatieve verplaatsing waargenomen der platen waartusschen de grond zich bevindt.

Van de apparaten, waarin de besproken beginselen geheel of ten deele worden verwezenlijkt, moge verder naar de beide figuren worden verwezen, die voor zichzelf spreken.

§ 65. *De wrijvingsweerstand van grofkorrelige massa's.*

Aangezien de dichtheid en de structuur belangrijken invloed hebben op de resultaten der proefnemingen, zou men ter beoordeeling der eigenschappen eener bepaalde zandmassa daarvan zoo mogelijk ongeroerde monsters bij het onderzoek moeten bezigen, dan wel geroerde monsters daarvan op gelijke dichtheid moeten brengen; het kunstmatig nabootsen eener bepaalde structuur is niet mogelijk.

Men kan dan voor eene bepaalde verticale korrelspanning σ_k door het geleidelijk doen toenemen van τ_k vaststellen bij welke kritieke waarde van σ_k een evenwichtsverstoring: een „breuk", in de korrelmassa optreedt. Wordt de schuifspanning door het aanbrengen van gewichten in een belastingschaal teweeggebracht, dan zal slechts de maximum-waarde worden gevonden, doch niet de kleinere waarden van den weerstand, die daarna nog optreden. Slechts indien men eene toenemende verschuiving der platen ten opzichte van elkaar (eene toenemende hoekverandering γ van aanvankelijk rechte hoeken) tot stand brengt en voortdurend de daartoe vereischte schuifspanning meet, zooals dit vroeger reeds werd besproken (§ 20), kan men over het geheele verloop der schuifweerstanden een overzicht verkrijgen (fig. 91).

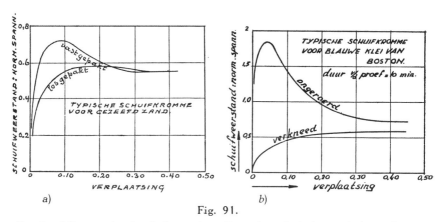

Fig. 91.

De daarbij optredende eindwaarden zijn ook technisch van belang. Immers in vele gevallen zal men het niet uitgesloten mogen achten, dat tijdens de uitvoering van een werk in een mogelijk toekomstig glijdvlak de tevoren aanwezige dichtheid en structuur wordt vernietigd. Men zal dan niet alleen voor de maximum-schuifweerstand, behoorende bij het ongestoorde materiaal, belangstelling koesteren, doch niet minder voor den weerstand bij eene eenmaal intredende beweging, dus feitelijk bij de zich dan instellende (zie § 20) kritische dichtheid.

Met het oog op zulke gevallen kan ook het onderzoek van geroerde monsters uitkomst brengen, daar deze immers bij de verschuiving eveneens eene dichtheid verkrijgen, die de bij de gegeven σ_k behoorende kritische dichtheid nabij komt.

Verreweg de meeste proefnemingen zijn dan ook met los gepakt geroerd materiaal ($n > n_k$) uitgevoerd, waarbij de dichtheid in de glijdzône ten slotte automatisch de „kritische" heeft benaderd. Aldus vindt men dan de minimum-waarden van den schuifweerstand, terwijl, indien men eene serie schuifproeven doet, waarbij telkens de dichtheid kunstmatig is vergroot (overdicht zand met $n < n_k$), de dan optredende maximum s-waarden kunnen worden gevonden.

Als resultaat van deze proefnemingen ontstaan voor zanden diagrammen als in de figuur 92 *a, b, c* voorgesteld. De schuifvastheid bedraagt dus:

$$s = h + \sigma_k . tg\,\varphi,$$

waarbij de waarde van *h* meestal onbeteekenend is. De hoek φ, die (voor $h = o$) de grootst mogelijke afwijking aangeeft, die de totale korrelspanning t.a.v. de normaal op een schuifvlakje kan aannemen, wordt daarom wel de hoek van inwendige wrijving der korrelmassa genoemd.

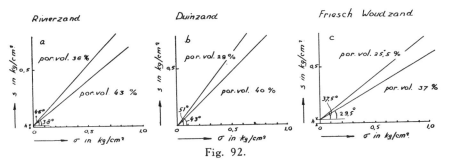

Fig. 92.

In tegenstelling met vroegere opvattingen blijkt het al of niet aanwezig zijn van water geen merkbaren invloed op de grootte van φ te hebben.

Wel hebben dichtheid, structuur der korrelmassa, korrelverdeeling, korrelvorm en korreloppervlak invloed op de waarde van φ.

Om de gedachten te bepalen kan gezegd, dat, hoewel waarden van $30°-35°$ normaal zijn waarden van $25°-50°$ kunnen voorkomen. Gezien den belangrijken invloed, die de φ-waarden eener zandmassa hebben op verschillende stabiliteitsonderzoekingen, is het aangewezen om in voorkomende gevallen daarnaar een afzonderlijk onderzoek in te stellen.

Zooals wij vroeger zagen, zal, indien in een technisch geval capillair water aanwezig is, de capillaire hoofdspanning ϱ_c eene bijdrage tot de waarde van σ_k leveren en aldus tot een schuifweerstand $\varrho_c . tg\,\varphi$ leiden. Deze verdwijnt, zoodra ϱ_c wegvalt, en men heeft dit gedeelte van den schuifweerstand indachtig aan de periode, toen men zich nog geen rekenschap gaf van de capillaire korrelspanningen en men het overeenkomstige gedeelte der schuifvastheid aan een cohesie-eigenschap der korrelmassa toeschreef wel in tegenstelling tot c_e de schijnbare cohesie c_s genoemd. Zooals wij vroeger hebben gezien, zal deze schijnbare cohesie een belangrijker rol kunnen spelen, naar gelang de grondsoort fijnkorreliger is.

Vervangen wij nu nog de weerstanden *h* of c_e door de algemeene aanduiding *c*, dan ontstaat de formule voor den schuifweerstand:

$$s = c + \varrho_c\, tg\,\varphi + (\sigma_k - \varrho_c)\, tg\,\varphi$$

waarin $c_e =$ de echte cohesie, $\varrho_c \ tg \ \varphi$ de „schijnbare" cohesie c_s en $(\sigma_k - \varrho_c) \ tg \ \varphi$ de niet-capillaire wrijving voorstelt.

§ 66. *Invloed eener grootere vroegere korrelspanning.*

Indien een verschuivingsweerstand wordt bepaald voor zekere korrelspanning σ_k, nadat het te onderzoeken monster tevoren onder een grootere last tot verschuiving is gebracht, dan blijkt dientengevolge een grootere schuifweerstand te worden gevonden.

Uitkomsten van zulke proefnemingen met een ringvormig apparaat zijn gepubliceerd door den Franschen ingenieur LEHUEROU KERISEL. *)

In fig. 93 is een zijner uitkomsten voorgesteld. De schuifweerstanden bij afnemende normale korrelspanningen blijken grooter dan die bij toe-

a *Bij oorsta varschuiving*
b *Limiet bij herhaal.
da verschuiving*

Fig. 93.

nemende. Opmerking verdient, dat, indien de schuifspanningen eenige malen worden toegepast, hetgeen de apparatuur toeliet, zoowel bij heengaan als bij teruggang hoogere uitkomsten werden gevonden dan bij éénmalige verschuiving, hoewel de uiteindelijke waarden vrij spoedig bleken te worden bereikt.

Verschillende korrelmassa's zullen dit verschijnsel in verschillende mate vertoonen. Het staat niet vast of het aan de ontwikkeling eener grootere middelste hoofdspanning ϱ_2 (zie § 70) moet worden toegeschreven dan wel of ingevolge de grootere dichtheid, die onder de grootere voorbelasting is ontstaan, de massa zich onder de kleinere belasting eenvoudig als eene eenigszins overdichte massa met een dus iets verhoogde weerstand gedraagt.

Aangezien de glijdzône slechts een onderdeel in beslag neemt van het totale volume, dat bij het onderzoek betrokken is, is het vaststellen van de mate van dichtheid ter plaatse van de glijdzône niet mogelijk; ook kan de waarde van ϱ_2 niet worden bepaald. Intusschen zullen wij het verschijnsel ook later (§ 97) weer aantreffen.

Het komt feitelijk neer op eene zekere hysteresis der schuifweerstanden.

§ 67. *Directe schuifweerstandsbepaling in het terrein.*

Een met eenvoudige middelen ten uitvoer te brengen methode om de wrijvingseigenschappen in het ongeroerde terrein zelf te bepalen, waardoor de invloeden van dichtheid en structuur vanzelf tot hun recht komen, is in

---

*) Contribution à l'étude du frottement des milieux pulvérents (proefschrift Parijs 1935).

fig. 94 voorgesteld. Daarbij wordt een last opgehangen aan een bok die op twee opzettelijk (met mesjes b.v.) ruw gemaakte plankjes rust. Zoodra de

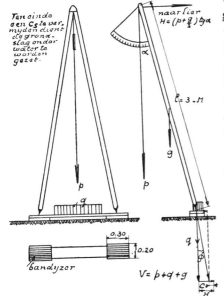

belasting door de korrels wordt gedragen, (bij klei dus na geduldoefening!) wordt de aan den top van den bok bevestigde staaldraad zeer langzaam gevierd, totdat verschuiving van den voet intreedt. Uit de hellingshoek α van de bok kunnen de normale druk en de schuifkracht bij het intreden der verschuiving worden berekend. Om een aantal gegevens te verkrijgen dient men last p en eventueel ook de belasting q, onmiddellijk op de plankjes rustend, te varieeren.

Deze voor het eerst, in 1926 te Soerabaja toegepaste methode werd door den ingenieur PIALOUX op groote schaal gebezigd bij grondonderzoek aan de Ivorenkust. *)

Fig. 94.

§ 68. *Indirecte schuifweerstandsbepalingen. Bepaling der capillaire hoofdspanningen.*

Op geheel andere overwegingen dan de thans besprokene, berust de methode van het bepalen der wrijvingsgrootheden uit eene belastingsproef op een ongeroerd, desnoods in het terrein gevormd prisma (fig. 96), dan wel van een kunstmatig prisma in het laboratorium. Een dergelijk prisma is uiteraard alleen bestaanbaar, indien op een of andere wijze daarin een ruimtespanningstoestand wordt opgewekt. Veronderstellen wij een capillaire korrelspanningstoestand! De proef opent dan de mogelijkheid om de grootte van de capillaire hoofdspanningen ϱ_c daaruit proefondervindelijk te bepalen.

De nu volgende theoretische afleiding veronderstelt de aanwezigheid van onveranderlijke capillaire korrelhoofdspanningen ϱ_c. De verticale grondspanning zij ϱ_g. De korrelhoofdspanning, op een horizontaal vlak is dan $\varrho_1 = \varrho_g + \varrho_c$; die op een verticaal vlak is dan ϱ_c. (zie § 36).

Gaan wij nu na, bij welke waarde van $\varrho_g + \varrho_c = \varrho_1$ de korrelmassa inge-

*) J. PIALOUX. Construction de Voies ferrées en Cote d'Ivoire. Annales des Ponts et Chaussées. 1937. No. 9.

volge te groote schuifspanningen volgens een glijdvlak zal in beweging komen. Bij kleine afmetingen van het proeflichaam kunnen de eigen ge-wichtsspanningen verwaarloosd worden in welk geval ϱ_g dan alleen bestaat uit de bovenbelasting; desgewenscht kan in verband met het eigengewicht later nog eene correctie worden ingevoerd. Voor een vlakje v waarvan de

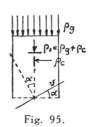

normaal een hoek α met de richting van ϱ_1 maakt zal nu de normaalspanning zijn $\sigma_\alpha = \varrho_c + \varrho_g \cdot \cos^2 \alpha$ en de schuifspanning $\tau_\alpha = \varrho_g \sin \alpha \cdot \cos \alpha$ (fig. 95).

De normaalspanning geeft aanleiding tot een weerstand tegen verschuiving ten bedrage van

$$tg \, \varphi \, (\varrho_c + \varrho_g \cos^2 \alpha) + c \, ;$$

Fig. 95.

zoodat de overmaat aan schuifweerstand bedraagt:

$$tg \, \varphi \, (\varrho_c + \varrho_g \cos^2 \alpha) + c - \varrho_g \sin \alpha \cos \alpha$$

Deze overmaat zal een minimum bereiken als de afgeleide dezer uitdruk-king naar α gelijk o is, dus als $- \, tg \, \varphi \cdot 2 \, \varrho_g \sin \alpha \cos \alpha - \varrho_g \cdot \cos 2 \, \alpha \cdot = o$. Hieraan wordt voldaan door $tg \, 2 \, \alpha = - \, cotg \cdot \varphi$,

$$\text{zoodat } \alpha = 45° + \frac{\varphi}{2}$$

Daar c in deze uitkomst niet voorkomt, is dus de richting van dit gevaar-

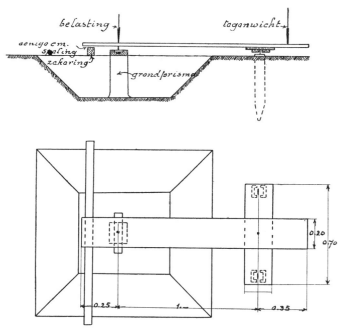

Fig. 96.

jkste vlakje alleen van φ afhankelijk. Het kan door waarneming worden
bepaald (fig. 96), ook in het laboratorium (fig. 97).

Het gevaarlijkste vlakje zelf zal met de richting ϱ_1 een hoek van
$\dfrac{\pi}{4} - \varphi/2$ insluiten, dus een hoek kleiner dan $45°$. Voor een grondsoort
met $\varphi = o$ zou het vlak onder $45°$ het gevaarlijkst zijn. *)

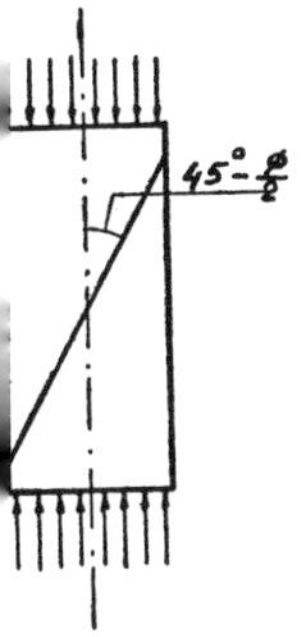

In het aldus gevonden gevaarlijkste vlakje wordt de grens
van het evenwicht bereikt zoodra de beschikbare overmaat
aan schuifvastheid juist o is geworden. Dan is dus:

$$tg\ \varphi\ (\varrho_c + \varrho_g\ cos^2\ a) + c - \varrho_g\ sin\ a\ cos\ a = o,$$

waarin $a = 45° + \dfrac{\varphi}{2}$.

Door eliminatie van a wordt gevonden, dat dan:.

$$\varrho_g = \varrho_c\ \{tg^2\ (45 + \varphi/2) - 1\} + 2\ c\ .\ tg\ (45 + \varphi/2).$$

Daar bij zand, zooals wij zagen, de waarde van c practisch
kan worden verwaarloosd, volgt hieruit dat:

Fig. 97.

$$\varrho_c = \dfrac{\varrho_g}{tg^2\ (45 + \varphi/2) - 1}$$

Voor verschillende waarden van φ worden de waarden van $tg\ (45 + \varphi/2)$
en $tg^2\ (45 + \varphi/2)$ en $tg^2\ (45° + \dfrac{\varphi}{2}) - 1$, volgens onderstaande tabel:

φ	o	$19°20'$	$25°20'$	$30°$	$37°$	$41°40'$	$45°40'$
$tg\ (45 + \varphi/2)$	1	$1,41$	$1,58$	$1,73$	$2,00$	$2,23$	$2,45$
$tg^2\ (45 + \varphi/2)$	1	2	$2,5$	3	4	5	6
$tg^2\ (45 + \varphi/2) - 1$	o	1	$1,5$	2	3	4	5

Wij kunnen deze tabel bezigen, indien wij bij de belastingsproef de ligging van het afschuifvlak hebben kunnen bepalen om daarna uit de kritieke
belasting (waarbij eventueel het gewicht der afschuivende bovenhelft kan
worden in rekening gebracht) de waarde van ϱ_c op het oogenblik van de
breuk te berekenen. Echter zal ϱ_c tijdens de proefneming eenige wijziging
kunnen ondergaan, vooral als het water niet pendulair is; de volumevergrooting der korrelmassa vóór de verschuiving kan dan tot vergroote onderdruk
aanleiding geven en dus grootere korreldruk, zoodat de massa een zekere
versteviging ondergaat.

In een afgegraven duinterrein (zie § 18) werd als gemiddelde uit een
tiental proeven, volgens fig. 96, gevonden een afwijking van het glijdvlak

*) Zou de gedaanteveranderingsarbeid als criterium voor het schuifgevaar gelden dan ware
dit anders.

van de verticaal van 24°, zoodat $\varphi = 42°$. Uit de kritieke belasting welk
het prisma deed bezwijken volgde $\varrho_c = 27$ gr./cm². Voor grovere zanden i
de ϱ_c-waarde nog kleiner. Voor fijnere zanden zijn grootere waarden t
verwachten.

Ook voor niet plastische leem- en kleimonsters kan bij zeer langzam
belasting een φ-bepaling op deze wijze worden beproefd. Ongelijkmatighei
van opbouw heeft daarbij echter grooter invloed.

De gevonden analytische uitkomst had ook kunnen worden afgeleid doo
gebruik te maken van de grafische voorstelling van den in het belaste prism
heerschenden ruimte-spanningstoestand met behulp van de spanningscirkel
van MOHR. Dit geeft een beter overzicht dan de analytische afleiding ver
schaft.

§ 69. *Gebruik van de hoofdspanningscirkels volgens Mohr.*

In deel II *) werd uitvoerig ingegaan op de wijze, waarop, onder gebruik
making der hoofdspanningscirkels volgens MOHR, een duidelijk overzicht kar
worden verkregen omtrent alle spanningen p en de ontbondenen daarvar
σ en τ, welke zullen optreden in de vlakjes door een punt van een onder een
alzijdigen spanningstoestand (ruimtespanningstoestand) verkeerend lichaam.

De toen behandelde voorstellingswijze werd daar reeds toegepast ter
beoordeeling der kansen op inwendig evenwicht in een grondmassa.

Aangezien bij voortduring gebleken is, dat het gebruik der hoofdspanningscirkels in de grondmechanica groote voordeelen oplevert, zoowel ter beoordeeling als ter registreering van spanningstoestanden, hetgeen bovendien nog
eene kleine uitbreiding wenschelijk maakt, zullen de hoofdzaken der methode
met eene kleine toevoeging hier in het kort worden vermeld.

Indien ϱ_1, ϱ_2 en ϱ_3 de drie hoofdspanningen (spanningen, die loodrecht
staan op de vlakken, waarop zij werken, aangezien zij niet met schuifspanningen gepaard gaan) zijn van een ruimte-spanningstoestand, kan uit even-
wichtsoverwegingen worden afgeleid, dat dan in een vlakje, waarvan de
normaal de hoeken α, β en γ maakt met de richtingen der hoofdspanningen
(de z.g. hoofdassen van den spanningstoestand) zullen optreden:
een normale spanning

$$\sigma_{\alpha\beta\gamma} = \varrho_1 \cos^2 \alpha + \varrho_2 \cos^2 \beta + \varrho_3 \cos^2 \gamma;$$

een totale spanning

$$p_{\alpha\beta\gamma} = \sqrt{\varrho_1^2 \cos^2 \alpha + \varrho_2^2 \cos^2 \beta + \varrho_3^2 \cos^2 \gamma}$$

en een schuifspanning

$$\tau_{\alpha\beta\gamma} = \sqrt{(\varrho_1 - \varrho_2)^2 \cos^2 \alpha \cos^2 \beta + (\varrho_2 - \varrho_3)^2 \cos^2 \beta \cos^2 \gamma + (\varrho_3 - \varrho_1)^2 \cos^2 \gamma \cos^2 \alpha.}$$

---

*) KLOPPER; Toegepaste Mechanica.

Beziet men deze uitkomsten, dan is het vanzelf sprekend, dat eene voorstellingswijze, waarin deze resultaten op overzichtelijke wijze worden afgebeeld, van groot nut is. Men zet daartoe de drie in een bepaald punt eener grondmassa aanwezige hoofdspanningen ϱ_1, ϱ_2, ϱ_3 op zekere schaal uit op eenzelfde as en vanaf eenzelfde punt o, en construeert de drie z.g. hoofdcirkels die door de as worden gehalveerd en die de lengten

$$\varrho_1 - \varrho_2, \ \varrho_1 - \varrho_3 \text{ en } \varrho_2 - \varrho_3$$

als middellijnen hebben (fig. 98).

De spanningen in een vlakje α, β, γ worden dan gevonden uit de in deze figuur voorgestelde constructie, waartoe eigenlijk slechts twee der hoeken noodig zijn, aangezien de derde hoek, zooals bekend is, daardoor vaststaat.

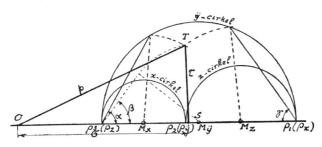

Fig. 98.

Zooals bij narekening blijkt, stelt dan OT de spanning $p_{\alpha\beta\gamma}$ voor, OS de normale ontbondene $\sigma_{\alpha\beta\gamma}$ en ST de schuifspanningsontbondene $\tau_{\alpha\beta\gamma}$.

Alle punten T liggen voorts op het tusschen de drie cirkelomtrekken besloten oppervlak; aldus wordt een volledig overzicht verkregen van de spanningen in alle vlakjes door het beschouwde punt.

Wil men nu deze voorstellingswijze, die dus niets anders is dan een in een plat vlak geteekende grafiek, waarin feitelijk in de ruimte liggende spanningsvectoren worden afgebeeld, benutten ter bestudeering van de evenwichtskansen, die bij het optreden van ϱ_1, ϱ_2 en ϱ_3 aanwezig zijn, dan overwegen wij, dat in eenig vlakje met een bepaalde normaalspanning σ, de kans op eene verschuiving van het materiaal ter weerszijden onder uitwerking eener schuifspanning τ grooter zal zijn, naarmate τ grooter is. De grootste schuifspanning echter, die kan voorkomen gepaard aan een bepaalde σ, wordt aangegeven door een punt van den grootsten hoofdcirkel. Blijkens de constructie van fig. 98 stelt ieder punt van den grootsten hoofdcirkel de spanningen voor in een vlakje waarvan de hoeken α en γ elkaars complement

zijn en waarvoor $\beta = \dfrac{\pi}{2}$ is, m.a.w. een vlakje loodrecht op het vlak door de

richtingen van ϱ_1 en ϱ_3, die de richtingen zijn der uiterste hoofdspanningen en gaande door de richting van ϱ_2, dus door de richting van de middelste hoofdspanning.

Van de vele door de punten van den grootsten hoofdcirkel voorgestelde spanningscombinaties zal er weer één de t.a.v. de kans op verstoring van het evenwicht het allergevaarlijkst zijn.

Wij hebben bij de bespreking der wrijvingseigenschappen gezien, dat de bij bepaalde normale korrelspanningen beschikbare wrijvingsweerstanden in eene grafiek kunnen worden voorgesteld, die onder bepaalde omstandigheden zelfs rechtlijnig verloopt.

Zou nu in de figuur der hoofdcirkels ook het verloop dezer grafiek op dezelfde schaal worden ingeteekend (Fig. 99), dan is het duidelijk, dat, indien

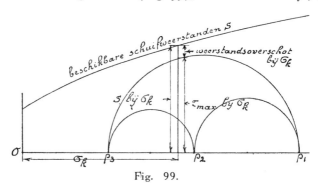

Fig. 99.

in ieder vlakje met eene bepaalde σ_k de grootste daarbij optredende schuifspanning τ_{max} nog beneden de beschikbare schuifweerstand s blijft, geen verschuiving is te duchten en dus het inwendig evenwicht onder invloed van ϱ_1, ϱ_2 en ϱ_3 niet wordt bedreigd.

Wel zou dit echter het geval zijn, indien de lijn der beschikbare weerstanden den grootsten hoofdcirkel snijdt of raakt.

In dit laatste geval zal in het vlakje, waarvoor de spanning door het raakpunt wordt aangegeven, de verschuiving het allereerst intreden en zal dit vlakje dus tot breuk- of glijdvlak worden (fig. 100 boven). De hoek α, die de normaal op dit glijdvlak maakt met de richting van de grootste hoofdspanning ϱ_1, volgt uit deze figuur. Is φ de hoek der raaklijn in het raakpunt van kromme s en cirkel dan is $\alpha = 45° + \varphi$ en is dus de hoek die het glijdvlak zelf maakt met de richting van ϱ_1 gelijk $45° - \dfrac{\varphi}{2}$.

Is het diagram der beschikbare schuifweerstanden rechtlijnig, zooals aangegeven in fig. 100, beneden, dan is φ gelijk aan den wrijvingshoek.

Ten slotte dient opgemerkt, dat er twéé raakpunten zullen zijn van hoofdcirkel en schuifweerstandslijnen en dus ook twéé gevaarlijkste vlakjes; de

lijdvlakken zullen dus paarsgewijze voorkomen en symmetrisch gelegen zijn
en opzichte van de richting der grootste hoofdspanning. De hoeken met de
grootste hoofdspanning zullen kleiner zijn dan $45°$ of, indien $\varphi = o$ is, gelijk
zijn aan $45°$ (zie voetnoot in § 68).

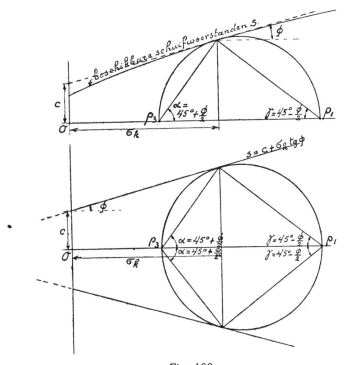

Fig. 100.

Brengen wij nu met behulp van het bovenstaande in formule bij welke
combinatie van ϱ_1 en ϱ_3 juist evenwichtsverstoring zal intreden voor een
geval, waarin bepaalde c- en φ-waarden gelden, dan blijkt uit fig. 101 dat dan

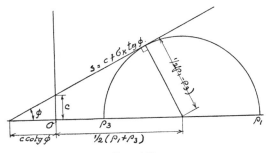

Fig. 101.

$$sin \ \varphi = \frac{^{1}/_{2} \ (\varrho_1 - \varrho_3)}{c \ cotg \ \varphi + ^{1}/_{2} \ (\varrho_1 + \varrho_3)}$$

zoodat $\qquad \varrho_1 = \varrho_3 \ tg^2 \ (45° + \frac{\varphi}{2}) + 2 \ c \ tg \ (45° + \frac{\varphi}{2})$

Past men het bovenstaande ten slotte toe op het geval van het prisma me¹ capillair water dan dient daarbij bedacht, dat $\varrho_1 = \varrho_g + \varrho_c$ en $\varrho_2 = \varrho_3 = \varrho_c$ waarin ϱ_g de drukvastheid en ϱ_c de capillaire spanning is.

De voorwaarde wordt dan: $\qquad Sin \ \varphi = \frac{^{1}/_{2} \ \varrho_g}{^{1}/_{2} \ \varrho_g + \varrho_c + c \ cotg \ \varphi}$

zooals ook direct uit fig. 102 blijkt.

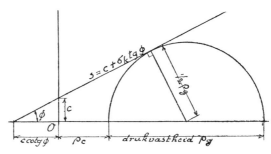

Fig. 102.

Uit bovenstaande vergelijking volgt:

$$\varrho_c + \varrho_g = \varrho_c \ tg^2 \ (45° + \frac{\varphi}{2}) + 2 \ c \ tg \ (45° + \frac{\varphi}{2})$$

welke uitkomst identiek is met de reeds vroeger gevondene (§ 68).

§ 70. *Invloed van de middelste hoofdspanning.*

Hoewel de gevaarlijkste combinaties voor σ en τ, zooals wij zagen, worden voorgesteld door de punten van den grooten hoofdcirkel, ligt hierin nog niet opgesloten, dat de grootte van ϱ_2 van geenerlei invloed op de evenwichts-kansen zou zijn. Evenmin als bij vaste bouwmaterialen, wordt dit bij grond-massa's door de feiten bevestigd.

Het diagram der beschikbare schuifweerstanden s zal namelijk, zooals te verwachten is, eenigszins kunnen worden beïnvloed door de waarde der volgens de richting van het glijdvlak werkzame hoofdspanning ϱ_2.

Intusschen schijnt de invloed van ϱ_2 daarop niet heel groot te zijn, hetgeen aan den dag komt, wanneer men bij de vergelijkende proefnemingen welke bepaalde apparaten mogelijk maken in het eene uiterste geval ϱ_2 doet dalen tot ϱ_3 en in het andere doet stijgen tot ϱ_1. De kleine ϱ_2-waarde blijkt dan voor het evenwicht minder gunstig te zijn dan de groote.

Intusschen kan alle dubbelzinnigheid worden vermeden door in elk bepaald geval de waarde welke ϱ_2 daarbij ten opzichte van ϱ_1 en ϱ_3 heeft ingenomen — indien mogelijk — te vermelden, dan wel bij vergelijking van een praktijk-geval met een laboratorium-geval na te gaan of aannemelijk is, dat de ϱ_2 waarden zich in beide gevallen automatisch in gelijke verhouding tusschen ϱ_1 en ϱ_3 zullen instellen.

Gaan wij eens na wat omtrent de waarde van de middelste hoofdspanning bij de in dit hoofdstuk besproken proefnemingen kan worden gezegd.

Maken wij ons allereerst eene voorstelling van den spanningstoestand die bij de gewone schuifproef in een vlakje van de glijdzône zal heerschen, dan ligt het voor de hand aan te nemen, dat bij een normale korrelspanning σ_k en een schuifspanning τ_k in de schuifrichting een der hoofdvlakken van den spanningstoestand met hoofdspanning ϱ_2 gelegen zal zijn loodrecht op het schuifvlak V_h en evenwijdig aan de schuifrichting (fig. 103). Zoowel in het

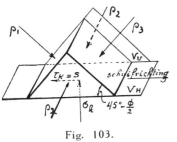

Fig. 103.

schuifvlak als in het verticale vlak loodrecht op de schuifrichting zal de schuifspanning τ_k heerschen. Maken wij ons verder eene voorstelling van de door de korrels bij de verschuiving uit te voeren bewegingen, dan ligt het voor de hand, dat de hoofdspanning ϱ_2 in het vlak V_v daarop van invloed zal kunnen zijn, aangezien de beweeglijkheid der korrels daarvan mede afhankelijk schijnt.

De waarde, die ϱ_2 tijdens deze proefneming aanneemt is echter niet bekend. Voorloopig stellen wij ons er mee tevreden te bedenken, dat zoowel bij onze proefneming als bij sommige technische toepassingen daarvan, ϱ_2 automatisch eene vaste verhouding tot de hoofdspanningen ϱ_1 en ϱ_3 zal aannemen of, wat op hetzelfde neerkomt, (zie § 69) tot σ_k en τ_k. Slechts, indien bij proefneming en technische toepassing geheel uiteenloopende ϱ_2-waarden moeten worden verondersteld, zal de mogelijke invloed van ϱ_2 in rekening moeten worden gebracht; is de proefneming in dit opzicht aan den veiligen kant, dan dient ten aanzien van dit laatste meer aan eene economische wenschelijkheid dan aan eene noodzakelijkheid te worden gedacht.

Wat de prisma-proef betreft, daarbij was $\varrho_2 = \varrho_3 = \varrho_c$; de middelste en de kleinste hoofdspanning zijn dus aan elkaar gelijk, zoodat voor de wrijvingsgrootheden zeker geen te hooge waarden worden gevonden.

Ook bij de thans nog te bespreken z.g. celproef kan de ϱ_3-waarde gelijk worden gehouden aan ϱ_2, hetgeen als regel geschiedt, en waarmede dus veilig wordt gegaan; desgewenscht kan daarbij echter ook $\varrho_2 = \varrho_1$ worden genomen.

§ 71. *Bepaling van wrijvingsgrootheden met het cel-apparaat.*

Bij de in § 68 behandelde bepaling van de grens van het verschuivings-evenwicht van eene grondmassa veronderstelden wij, dat in verticale vlakjes slechts hoofdspanningen van capillairen oorsprong zouden heerschen.

Bepaalde hoofdspanningen kan men echter ook in een grondmonster doen ontstaan door het in een z.g. cel-apparaat (fig. 50) door een dun rubbervlies te omgeven en dit vervolgens door een vloeistofdruk (water of vloeibare paraffine) zijdelings te steunen, terwijl een verticale belasting wordt aan-gebracht.

Zou ook in het grondmonster zelve water aanwezig zijn, dan moet met de spanningen daarin rekening worden gehouden. Is dit z.g. vrij water, dan wordt door het rubbervlies een korreldruk veroorzaakt ter grootte van het verschil tusschen de uitwendige en de eveneens bekende inwendige water-spanningen.

Is het water in het monster capillair, dan moet bij de vaststelling der korrelspanningen op horizontale en verticale vlakjes de invloed van ϱ_c in rekening worden gebracht; zoowel de verticale grondbelasting als de uit-wendige druk tegen het vlies moeten, ter verkrijging der korrelspanningen, dan met ϱ_c worden verhoogd. ϱ_c kan bekend zijn, indien het in het monster aanwezige water aan een standpijpje wordt aangesloten, hetwelk in staat stelt de waarde van den onderdruk te bepalen.

Het apparaat biedt de mogelijkheid om zoowel de verticale grondbelasting als de horizontale steunspanningen naar willekeur te regelen. De verplaatsing van de belastende plaat kan nauwkeurig worden gemeten. De zijdelingsche uitwijking van de buitenmantel van het monster kan afgeleid worden uit eene ijkkromme van het instrument, waarin het verband is vastgelegd tus-schen de steunspanning en de volume-verandering ingevolge de vervorming van den glaswand, van het rubbervlies en van de overige deelen van het vat waarin de vloeistof besloten is.

Bij een met capillair water verzadigd monster kan ook langs directen weg de volume-verandering van het monster zelve desgewenscht uit de water-verplaatsing in een daarop aangesloten standpijpje worden afgeleid.

Bezigen wij het apparaat slechts ter bepaling van kritieke hoofdspannings-combinaties, dan zijn de spanningen hoofdzaak en de vervormingen bijzaak. Dikwijls zal — en daartoe biedt het apparaat gelegenheid — een, desnoods te meten, hoeveelheid steunvloeistof druppelsgewijs moeten worden afgetapt, ten einde het minimum van de $\varrho_2 = \varrho_3$-waarde te doen optreden, dat het monster bij eene bepaalde waarde der verticale hoofdspanning ϱ_1 voor het inwendig evenwicht blijkt noodig te hebben. Iedere kleine aftapping komt neer op eene verschuivingspoging, waarna weer een herstel van het korrelverband mogelijk is. De weerstand der massa kan daarbij zijn toegenomen, in welk geval eene afname der vereischte steunspanningen valt op te merken. Dit gaat voort tot het minimum is bereikt.

Bij een bepaald onderzoek blijkt overigens al zeer spoedig of, ten einde de minimum $\varrho_2 = \varrho_3$-waarde te vinden, behalve de elastische wijking van de steunvloeistof (water of vloeibare paraffine) nog vloeistof-aftapping noodig is; aldus blijkt eene proefneming en daarmede de bepaling eener kritische $\varrho_1 . \varrho_2 = \varrho_3$-combinatie gemakkelijk uitvoerbaar.

Men kan de proefneming voor verschillende belastingen — dus verschillende ϱ_1-waarden — herhalen en verkrijgt dan een reeks $\varrho_1 . \varrho_2 = \varrho_3$-combinaties en, deze in teekening brengend, eene serie kritische hoofdcirkels, die. indien zij eene rechte lijn tot omhullende hebben, zoowel de c-waarde, als de φ-waarde van de korrelmassa opleveren (zie fig. 100).

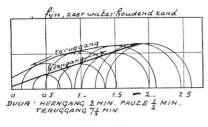

Fig. 104.

Een voorbeeld hiervan is voor zand gegeven in figuur 104.

Natuurlijk hebben, als tevoren in § 65 vermeld, ook bij deze wijze van onderzoek de zandsoort, de dichtheid en de structuur invloed.

Bij toenemende ϱ_1-waarde (heengang) ontstaat bij zand meestal een fraai rechtlijnig verloop.

Bij teruggang (afnemende ϱ_1-waarden) blijkt wederom eenige hysteresis op te treden. (Zie ook § 66). Aangezien nu ϱ_2 steeds gelijk ϱ_3 is, moet hierbij aan den invloed van een zekere verbetering der dichtheid ingevolge de uitwerking van de voorafgaande grootere belasting worden gedacht.

§ 72. Plastische vervorming.

Wij veronderstelden bij de theoretische afleiding van het kritische verband tusschen de uiterste hoofdspanningen, dat verschuiving volgens een scherp aanwijsbaar glijdvlak zal intreden.

Niet alle grondmassa's vertoonen intusschen dat verschijnsel; vaak vervormt eene grondmassa zich, terwijl de samenhang nergens wordt verbroken, plastisch op schijnbaar dezelfde wijze als waarop een isotroop materiaal elastisch wordt vervormd.

Men duidt deze wijze van plastische vervorming daarom ook wel aan als quasi-isotroop. Men kan het verschil het best tot uitdrukking brengen door erop te wijzen, dat bij verschuiving een rechte lijn in de massa door het glijdvlak in twee onderling evenwijdige deelen wordt gesplitst terwijl bij plastische vervorming de rechte niet verbroken wordt doch een anderen stand aanneemt (zie resp. de fig. 105a en b).

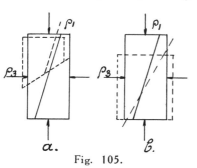

a.   b.
Fig. 105.

Ook kan men in het laatste geval van strekking of — zooals hier — van opstuiking der massa spreken.

Klei gedraagt zich, zooals bekend is, dikwijls op deze wijze, doch ook bij zeer los gepakte zandmassa's kan men dit verschijnsel soms waarnemen tijdens een deel van het belastingsproces.

De dichtheid moet daartoe bij zand echter zeer gering zijn, namelijk beneden de bij de heerschende drukkingen behoorende kritische dichtheid. Indien eene korrelmassa onder invloed eener ϱ_1, $\varrho_2 = \varrho_3$ combinatie, instede van eene verschuiving volgens een scherp aanwijsbaar glijdvlak, eene opstuiking vertoont, bewijst dit, dat de weerstand der massa tegen deze laatste wijze van vervorming nog kleiner is, dan die tegen afschuiving. Wil men, hoewel de formule haar grondslag dan feitelijk verloren heeft, toch daaraan vasthouden,

dan zou, op grond van de waargenomen verhouding $\varrho_1 : \varrho_3 = tg^2 (45 + \dfrac{\varphi}{2})$,

φ eene lage waarde krijgen; de omhullende der cirkels van MOHR zou dan eene flauwe helling vertoonen (als in fig. 104).

Indien dergelijke plastische vervormingen in het geval eener technische toepassing mogelijk zijn, speelt de bijbehoorende groote waarde der kritische hoofdspanningsverhouding uit den aard der zaak eene beteekenende rol.

§ 73. *Methode van het „natuurlijke talud" ter bepaling van wrijvingsgrootheden.*

Ook aan het ter bepaling van den wrijvingshoek φ dikwijls toegepaste denkbeeld van het z.g. „natuurlijke talud" dient eenige aandacht te worden besteed.

Indien men eene grondmassa zóó steil opwerpt, dat het talud juist aan de grens van het evenwicht verkeert, kan men in sommige gevallen de volgende eenvoudige grensvoorwaarde voor het evenwicht opstellen, welke ervan uitgaat, dat elk lensvormig grondlichaampje juist op het punt is om langs het talud naar beneden te glijden. (fig. 106) Dan is $g \sin \varphi = g. \cos \varphi \, f$, waaruit volgt $tg \, \varphi = f$.

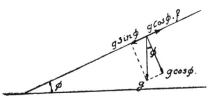

Fig. 106.

Deze gedachtengang leidde dan tot de eenvoudigst denkbare proef om f te bepalen, namelijk door waarneming van dezen hoek van het natuurlijk talud. Omtrent deze eenvoudige redeneering, waarvan het resultaat zooveel opgang heeft gemaakt, dat dit bijna tot axioma werd verheven, is het navolgende op te merken:

1e. De zoo juist gegeven evenwichts-vergelijking is alleen dan volledig, indien werkelijk geen andere krachtswerkingen in het spel zijn dan het gewicht en de daaruit voortvloeiende drukwrijving. Massakrachten en krachten, voortvloeiende uit winddruk, golfslag, druk van uit- of intredend water en weerstanden ingevolge echte cohaesie, schijnbare cohaesie of haakweerstand zouden daartoe afwezig moeten zijn. Doch dit is in de natuur slechts zelden het geval.

De taluds in de natuur zullen daarom wel zelden „natuurlijk" zijn en ook bij opzettelijke proefnemingen is het dikwijls moeilijk om alle verstorende invloeden geheel uit te schakelen.

2e. Dikwijls zal niet de verschuiving van lensjes of laagjes, maar rollen en kantelen van de gronddeeltjes van het buitenoppervlak feitelijk de steilte van het talud bepalen; dan staat niet vast, dat de vrijheid van beweging der deeltjes in het talud in precies gelijke mate wordt belemmerd als dit in een schuifvlak tusschen twee grondmassa's het geval zal zijn.

3e. De drukkingen in het natuurlijk talud zijn zeer gering, terwijl men meestal de gevonden resultaten juist wil toepassen voor vlakken met veel hoogere drukspanningen. Het staat volstrekt niet vast, dat zulk eene vèrstrekkende extrapolatie toelaatbaar is.

Dit alles overwegende, moet men het eigenlijk een toeval achten, indien een waargenomen zoo steil mogelijke taludhelling werkelijk met den hoek van inwendige wrijving zou overeenkomen.

Hoewel de gegeven beschouwing voor de hand ligt, was het toch niet overbodig even daarbij stil te staan, omdat de gedachtegang van het natuurlijke talud nog dikwijls wordt toegepast in gevallen waarin dat niet gewettigd is te achten.

Zoo kan de dikwijls aangenomen hoogere waarde voor de wrijvingshoek van vochtig zand of vochtige klei alleen worden verklaard door een beïnvloeding van de waarneming door schijnbare cohaesie. Het talud blijft dan steiler staan zonder dat φ in werkelijkheid grooter is.

Ook moet de lagere waarde van φ, die dikwijls voor zand onder water wordt aangehouden, worden toegeschreven aan het voorbijzien van de be-

invloeding van waargenomen taludhellingen door golfbeweging en stroomschuring of door den stroomingsdruk van uittredend water.

§ 74. *Schuifvastheid van fijnkorrelige met water verzadigde grondmassa's.*
(klei, leem, veengronden e.d.).

Bij de behandeling der eigenschappen der vaste phase werd reeds opgemerkt dat de fijnkorrelige massa's zich onder meer van de meer grofkorrelige
onderscheiden door de veelal geringere dichtheid, door het door zeer taai of
zelfs vast water gescheiden zijn der kleine deeltjes en door groote samendrukbaarheid gepaard aan geringe doorlatendheid. Hiermede hangen samen
de dikwijls belangrijke achteruitgang der vastheidseigenschappen bij ingrij-
pende vervorming (verkneding) en de lang voortdurende vervormingen bij
wijziging van den spanningstoestand.

Beginnen wij na te gaan op welke wijze de in een kleimassa aanwezige
schuifweerstand kan worden bepaald, dan komt als directe proefneming
weder in aanmerking de schuifproef op een tusschen twee ruwe of getande
platen opgesloten en ook zijdelings begrensde massa of ook op een massa besloten tusschen twee ringvormige ruwe platen welke tenopzichte van elkaar
een draaiende beweging uitvoeren (§ 64).

Als indirecte proef ten aanzien der wrijvingseigenschappen en tevens als
directe proef ten aanzien der kritische hoofdspanningsverhoudingen kan
dienst doen de celproef, terwijl voorts nog als indirecte proef ter bepaling
van den schuifweerstand kan worden genoemd de conus-proef, die in § 95
aan de orde komt.

Bij de thans te bespreken grondsoorten moeten wij echter bedenken, dat
deze indien zij worden belast, niet, zooals zandmassa's, vrijwel onmiddellijk
hunne korreldrukken tot aanpassing kunnen brengen aan de gewijzigde belasting. De optredende verdichting vereischt tijd en wel meer naarmate de
korrelmassa sterker samendrukbaar, uitgebreider en minder doorlatend is.
Ter vergemakkelijking der water-uittreding wordt het monster soms door
tusschenkomst van poreuze getande steenen belast. Indien nu schuifspanningen worden aangebracht bij een poging om een massa, welke kortelings
onder grootere belasting werd gebracht, tot afschuiving te brengen, zal het
water nog overspannen zijn en zullen de korrelspanningen en de wrijving
misschien nog nauwelijks zijn gestegen. De nieuwe belasting heeft dan den
schuifweerstand nog weinig doen toenemen. Een voorbeeld hiervan uit het
dagelijksch leven levert de bekende omstandigheid, dat men op het oppervlak
van een met water verzadigde kleimassa gemakkelijk uitglijdt: het onder den
voetzool in de klei opgesloten water draagt dan het lichaamsgewicht terwijl

de schuifweerstand der korrelmassa zelve nog onbeteekenend is. In het groot doet deze omstandigheid zich voor indien kleilagen in een terrein binnen kort tijdsverloop eene belangrijke bovenbelasting hebben te torsen gekregen, doch de verdichting nog weinig is gevorderd; ook dan draagt het overspannen poriënwater een, zij het geleidelijk afnemend, deel der belasting en zal ook de schuifweerstand aanvankelijk nauwelijks zijn gestegen (§ 41 e.v.).

Zou men onder zulke omstandigheden op onmiddellijk verhoogden schuifweerstand rekenen, dan zouden teleurstellingen onvermijdelijk zijn. Ook de hooge waterspanningen, welke in dat geval door middel van het plaatsen van waarnemingsbronnen in de belaste lagen kunnen worden gemeten, kunnen opzichzelf het gevaar voor evenwichtsverstoringen in aanzienlijke mate verhoogen. Bij bepaalde werken van dien aard heeft men dan ook door voortdurende waarnemingen der waterspanningen en het voeren van evenwichtsberekeningen, waarin zoowel de daaruit afgeleide schuifweerstanden als de het evenwicht bedreigende krachten worden in aanmerking genomen, getracht zich van een veilige uitvoeringswijze te verzekeren. Eerst, nadat de waterspanningen weder de hydrostatische waarden hebben bereikt, heeft in deze gevallen de verhooging der korrelspanningen werkelijk haar beslag gekregen. Wil men dus bij eene proefneming zoowel de korreldrukkingen als den schuifweerstand tot volle ontwikkeling brengen, dan dient allereerst het einde van het verdichtingsproces te worden afgewacht; vóórdien ondernomen schuifpogingen leveren lagere uitkomsten.

Slechts in uitzonderingsgevallen, waarin ingevolge vroegere grootere samendrukking het monster tracht zich elastisch uit te zetten, doch daartoe nog niet voldoende water is aangezogen en het water dus ondanks het opbrengen van belasting nog onderspannen is, kan snelle beproeving te hooge uitkomsten opleveren. Ook kan dit het geval zijn bij monsters boven de kritische dichtheid, welke onder wateraanzuiging afschuiven.

Opdat de korreldrukkingen bekend zullen zijn kan men de beproeving onder water doen geschieden en aldus de capillaire onderdrukken elimineeren; ook deze opheffing van vroegere capillaire onderdrukken vereischt uiteraard tijd.

Echter zal men niet alleen de belastingen, doch ook de schuifspanningen, die in het toekomstig schuifvlak tot ontwikkeling worden gebracht, in den regel zeer geleidelijk moeten doen aangroeien daar anders toch nog overspanning van het poriënwater kan ontstaan. Dit blijkt duidelijk, indien wij ons eene voorstelling maken van den spanningstoestand, die bij het bereiken van de grens van het inwendig evenwicht in de grondmassa aanwezig zal moeten zijn.

Zij de verticale korrelspanning in het horizontale, toekomstige glijdvlakje

σ_k, dan zal dit blijkens § 69 eerst tot glijdvlak worden, indien de grootste hoofdspanning zoodanige grootte en richting heeft verkregen, dat de bijbehoorende spanningscirkel in het door τ_k bepaalde punt R aan de grafiek der beschikbare schuifweerstanden raakt.

De oorspronkelijke waarden der hoofdspanningen $\varrho_1 = \sigma_k$ verticaal en de aan een onbekend breukdeel daarvan gelijke ϱ_2 en ϱ_3-waarden horizontaal, zijn in fig. 107a aangegeven en eveneens de later bij de grens van het evenwicht optredende waarden.

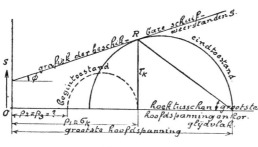

Fig. 107a.

Hieruit blijkt duidelijk, dat de hoofdspanningen tijdens het tot ontwikkeling brengen der horizontale schuifspanning (die natuurlijk in verticale vlakjes evengroot is) veel grootere waarden moeten aannemen dan te voren.

Er moet dus water worden weggeperst. Is daarvoor geen tijd, dan zullen hydrodynamische spanningen ontstaan en zal de verticale korrelspanning beneden de oorspronkelijke σ_k gaan dalen.

Waar de bedoeling der proefneming is, den schuifweerstand te leeren kennen, die bij de korrelspanning σ_k behoort, zal dus bij te snelle beproeving dit doel niet worden bereikt. Men zal de toename der schuifspanningen dan ook zóó langzaam moeten doen plaats vinden, dat verdere verlangzaming van het tempo geen grooteren weerstand meer tengevolge heeft.

Nu duidelijk is, dat de korrelmassa tijdens de schuifproef aan samenpersing bloot staat, is ook begrijpelijk, dat deze samendrukking en dus ook de vervorming die aan het bereiken der eindwaarde vooraf gaat, als een seculair proces zal verloopen.

Het verloop der zettingen dus ook dat der verschuivingen — zou dan met de logarithmen van den tijd recht evenredig moeten verloopen, hetgeen, naar de waarneming leert, bij niet te groote schuifspanningen inderdaad het geval is. Is bij niet te groote schuifspanningen aldus eene beweging onvermijdelijk, bij te groote schuifspanningen zal er eveneens beweging zijn, doch de snelheid daarvan behoeft niet groot te zijn, daar in fijnkorrelige grondmassa's zeer langzame vervormingen mogelijk zijn, doch zou steeds voortgaan.

Door een en ander wordt het beantwoorden van de vraag, of eene bepaalde op een monster aangebrachte schuifspanning al dan niet tot een evenwicht zal leiden, bemoeilijkt.

Onderzoekers, die met deze omstandigheden geen rekening houden, zullen

dus zoowel tot te hooge waarden (indien de langzame beweging hun ont-
gaat) als tot te lage waarden (indien zij iedere beweging als een niet-ontstaan
van evenwicht opvatten) van de schuifweerstanden kunnen concludeeren.

Van veel waarnemingsmateriaal verdient op deze gronden de bruikbaarheid met voorzichtigheid te worden beoordeeld.

Bij de bespreking van proefnemingen op deze grondsoorten met behulp
van het cel-apparaat in § 74, zal blijken, dat de bedoelde moeilijkheden zich
daarbij in veel mindere mate zullen voordoen dan bij het onderzoek in het
schuifapparaat.

Zijn intusschen ook in dat opzicht alle mogelijke voorzorgen genomen dan
levert de schuifproef voor eene fijnkorrelige massa van bepaalde geaardheid,
dichtheid en structuur, onder geleidelijk toenemende belastingen, een verloop
van den schuifweerstand zooals in het diagram van fig. 107*b* is weergegeven
en dat dus blijkt op overeenkomstige wijze te verloopen als vroeger voor

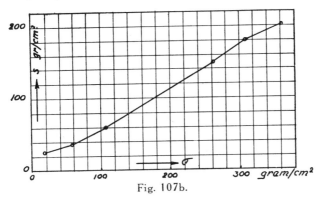

Fig. 107b.

de zanden werd gevonden. Er blijkt eenige cohesie *c* aanwezig te zijn, welke
thans wellicht aan de moleculaire aantrekkingskrachtjes ter plaatse van de
vele aanrakingspunten der korrels al dan niet onder tusschenkomst der
geadsorbeerde waterhuidjes ware toe te schrijven. Deze blijkt veelal echter
van geringe beteekenis te zijn en slechts enkele tientallen grammen per cm²,
dus enkele honderdtallen kg/m² te bedragen.

De schuifweerstand kan dus ook in dit geval weer worden voorgesteld
door de uitdrukking:

$$s = \sigma_k \cdot tg\,\varphi + c.$$

Wordt de schuifvastheid overschreden, zoodat groote vervorming ontstaat,
dan blijkt de resteerende schuifvastheid (zie fig. 91*b*) soms tot slechts een
gedeelte der oorspronkelijke te dalen.

De maat van den vermelden teruggang is van invloed op de beoordeeling van eene in eene berekening in te voeren zekerheidscoëfficiënt.

Het ringschuifapparaat leent zich bijzonder tot dergelijke onderzoekingen.

Door rust kan intusschen de achteruitgang in voor verschillende grond-soorten uitééénloopende mate worden herwonnen, welke eigenschap reeds als de thixotropie van klei werd aangeduid (§ 25).

De waarden, welke uit bovenstaande formule voor φ gevonden worden, zijn niet in zoo belangrijke mate kleiner dan die welke men bij zand vindt als men misschien wel zou verwachten. Uit den aard der zaak zullen deze grootheden, indien zich gevallen van voldoende belang voordoen, afzonderlijk dienen te worden bepaald. Vooral de na een verschuiving overblijvende schuifvastheid zal daarbij dikwijls van belang zijn. Opgemerkt dient te worden, dat vermoedelijk een hoogere temperatuur tot lagere φ-waarden zal blijken te leiden. (Zie ook het slot van § 45).

Intusschen zijn de aldus aan den dag tredende gunstige uitkomsten slechts in bepaalde omstandigheden van toepassing. Gevallen waarin zij zich doen gelden vereischen volledige ontwikkeling der korrelspanningen en komen voor bij den een tijdsverloop van eeuwen in beslag nemenden door geleide-lijke verhoogingen tot stand gekomen bouw van dijken en weglichamen en eveneens voor de zeer geleidelijk tot stand komende belasting van den ondergrond door zware bouwwerken uit vroeger eeuwen en tenslotte ook in de omstandigheden waaronder zeer oude terreinen en ophoogingen verkeeren. Ook bij luchthoudende driephasige grond, welke gemakkelijk wordt samen-gedrukt, zijn de omstandigheden gunstig voor ontwikkeling eener groote wrijving. Kortom: de hydrodynamische waterspanningen moeten o zijn!

§ 75. *Schuifvastheidsbepaling voor fijnkorrelige grondsoorten in het cel-apparaat.*

Eene bespreking van zoogenaamde „celproeven" vond reeds plaats bij de behandeling van den schuifweerstand van zandgronden; de methode was daarvoor eenvoudig toe te passen en het vereischte nauwelijks extra tijd om de beproevingen zóó langzaam uit te voeren, dat daarbij de korrelspanningen zich steeds ten volle ontwikkelen, en hydrodynamische spanningen niet op-treden.

Natuurlijk zijn ook voor kleimonsters, hetzij geroerd, hetzij in ongeroerden toestand aan een terrein ontleend, proeven in het cel-apparaat uitvoerbaar waarbij de korrelspanningen geheel tot ontwikkeling komen; deze vereischen echter veel tijd.

Men kan daarbij desgewenscht trachten het monster eerst weder zoo ná mogelijk te brengen onder den spanningstoestand welken het in het terrein heeft bezeten. De verticale korrelspanning is daarbij dikwijls eenvoudig te berekenen uit de volumegewichten der bovengelegen lagen en den grondwaterstand, indien men althans mag aannemen, dat in het terrein geen overspannen water ingevolge vroegere ophoogingen of nog steeds voortdurende zetting aanwezig is. Meer moeilijkheden levert de bepaling der oorspronkelijke horizontale terreinspanning. Zooals wij later zullen zien, zijn er aanwijzingen waaruit zou kunnen worden afgeleid, dat de horizontale korrelspanningen in deze gronden nabij de voor het evenwicht vereischte kleinst mogelijke waarden zouden zijn gelegen. Deze spanningstoestand kan in het cel-apparaat gemakkelijk worden verkregen; feitelijk is het juist dáárvoor ingericht.

Heeft een kleimonster aldus eenigen tijd onder zijn vroegeren hoofdspanningstoestand verkeerd, dan kan men hoogere belastingen opbrengen, waarbij de steunspanning automatisch stijgt; tendeele is dit dan het gevolg van de stijging van de waterspanningen in het monster, welke echter op den duur weder een hydrostatische waarde zullen aannemen, b.v. indien de waterstand in de poreuze lagen boven en beneden het monster ongeveer op de hoogte van de bovenzijde daarvan wordt gehandhaafd. Na de aanvankelijke stijging daalt dus de steundruk weer gedeeltelijk. De overdruk van het water, dat den rubberzak omgeeft, dient dan tenslotte nog slechts om de horizontale korrelspanningen in het monster te handhaven. Is een eindwaarde bereikt, dan kan worden nagegaan of eene daarna uitgelokte daling van den steundruk, door nog eenig steunwater af te tappen, een blijvend lagere steunspanning doet ontstaan. Is na eenig probeeren tenslotte de minimum-steundruk bepaald, dan is daarmede een kritische hoofdspanningscombinatie (evenwichtsgrens) gevonden, welke in den vorm van den daarbij behoorenden hoofdcirkel in een diagram kan worden opgenomen (fig. 109). Uit een reeks van dergelijke waarnemingen kan de omhullende der voor het evenwicht kritische hoofdspanningscirkels worden bepaald, waarbij opgemerkt dient, dat alle in een diagram betreffende een langzame celproef voorgestelde hoofdspanningen korrelspanningen zijn.

Wij zagen reeds eerder, dat deze omhullende identiek moet zijn met het diagram der beschikbare schuifweerstanden.

Bij al deze proeven komt eene langzame zijdelingsche vervorming van het monster, samengaand met stijging der steunspanningen, tot ontwikkeling, welke bij het bereiken van den eindtoestand blijkbaar tot staan is gekomen. Dit is als een bijzonder voordeel der bepalingen met gebruikmaking van het celapparaat te beschouwen, daar aldus spanningsverhoudingen worden gevonden, die een werkelijk evenwicht opleveren.

Eenige resultaten van langzame celproeven zijn in de fig. 108 vereenigd.

Hierbij is gebruik gemaakt van de spanningscirkels van MOHR met omhullende, waaruit c en φ onmiddellijk zijn af te lezen, doch daarnaast ook van een andere voorstellingswijze, waarbij in een diagram eenvoudig de bijeen behoorende hoofdspanningen op een assenkruis zijn afgezet.

Uit den aard der zaak zal de aldus voor den dag komende grafiek, een experimenteele bepaling van de vroeger gevonden betrekking:

$$\varrho_1 = \varrho_3 . tg^2 (45 + \varphi/2) + 2 c . tg (45 + \varphi/2)$$

voorstellen. Inderdaad vinden wij hier een niet door den oorsprong gaande rechte!

Men kan deze langzame proeven weer zoowel bij geleidelijk toenemende als bij geleidelijk afnemende belastingen uitvoeren, bij welke laatste de steunspanningen op overeenkomstige wijze als boven beschreven kunnen worden bepaald.

Men zou ook waarnemingen kunnen doen van de steunspanningen, die ook zonder steunwater af te tappen, reeds vanzelf onder de afnemende verticale belastingen ontstaan. In verband met de elastische vervorming van het deel der apparatuur, dat de steunende vloeistof bevat, zou bij deze inrichting der proefneming — aangezien de steunspanningen nu steeds zullen afnemen — eene zijdelingsche samendrukking van het monster moeten plaats vinden. Desondanks blijken de aldus bepaalde steundrukken dikwijls niet noemenswaard te verschillen van die bij den heengang. Ook blijkt het betrekkelijk weinig verschil te maken of men al dan niet steunwater aftapt. Bij de bespreking der neutrale drukking komen wij hierop terug. Slechts zij nog opgemerkt dat bij de veel minder samendrukbare zandmonsters het niet aftappen van steunvloeistof tijdens de afname der belastingen wel degelijk belangrijken invloed heeft op de waarde der steunspanningen; deze komen dan boven de voor het evenwicht vereischte grenswaarden te liggen.

Bij de celproeven op monsters van de thans aan de orde zijnde grondsoorten in plastischen toestand, zal meestal een quasi-isotrope vervorming optreden en zal m.a.w. niet één enkel zich duidelijk afteekenend glijdvlak tot ontwikkeling komen. Blijkbaar bestaat dan, zooals wij dat ook voor losse zanden bespreken, tegen plaatselijk verschuiven grooteren weerstand dan tegen plastische vervorming. In dit geval zouden de uitkomsten der celproeven, in den vorm van de daaruit afgeleide φ-waarden, eenigszins aan den veiligen kant zijn, indien men deze zou toepassen op berekeningen voor gevallen, waarbij een evenwichtsverstoring onder glijdvlakvorming zou moeten worden in beschouwing genomen.

Intusschen blijkt het verschil tusschen de uitkomsten van schuifproeven en celproeven dikwijls niet zeer belangrijk te zijn, hetgeen erop wijst, dat niet alleen het verschil in de wijze van bezwijken — plastisch dan wel volgens een scherp aanwijsbaar glijdvlak — doch ook de invloed der middelste hoofd-spanning (bij de celproef gelijk aan de kleinste, bij de schuifproef daaraan gelijk of grooter) weinig gewicht in de schaal legt.

Bij klei-massa's nabij de uitrolgrens (benedenste plasticiteitsgrens) treedt wèl glijdvlakvorming op en worden daarmede de omstandigheden verwezenlijkt, die bij de opstelling der formules als norm golden.

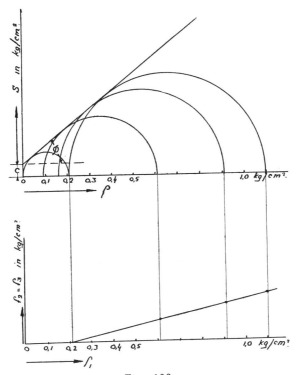

Fig. 108.

Er moge ten slotte op worden gewezen, dat in verschillende technische ge-vallen van de uitkomsten der langzame celproeven onmiddellijk zal kunnen worden gebruik gemaakt. De theoretische beschouwingen beperken zich dan slechts tot het vaststellen van de analogie tusschen den toestand waaronder een in het celapparaat onderzocht monster zich bevindt en dien waarin de grond bij de beoogde technische toepassing verkeert.

§ 76. *De invloed van vóórbelasting op den schuifweerstand.*

Een hiermede onmiddellijk samenhangend vraagpunt is, in hoeverre een in grond onder vroegere belastingen tot stand gekomen schuifvastheid door latere vermindering der korrelspanningen weder zal afnemen.

Volgens de waarnemingen van sommige onderzoekers is het dan bestaand blijvende gedeelte der schuifvastheid zóó aanzienlijk, dat eene splitsing van de schuifvastheid in een van de dichtheid, uitgedrukt als functie van den aequivalenten verdichtingsdruk (§ 25) afhankelijken cohesieterm en in een van de korrelspanning afhankelijke wrijvingsterm hun noodzakelijk voorkomt *).

De invloed eener vóórgeschiedenis, bestaande in de grootere vroegere belasting en de daardoor teweeggebrachte grootere dichtheid zou dan door middel van den daarmede overeenkomende grooteren aequivalenten druk tot uitdrukking worden gebracht.

Voor onze Nederlandsche grondmonsters is zulk eene noodzakelijkheid nog niet gebleken en scheen *op den duur* van een uit grootere voorbelasting voortvloeiende schuifweerstand slechts een zeer klein deel van blijvenden aard te zijn. Het kan zijn, dat de door de bedoelde onderzoekers gevonden invloed der vóórbelasting is voortgevloeid uit de gevolgde wijze van onderzoek in schuifapparaten, waarbij de door den grond aan de schuifspanningen werkelijk geboden weerstand niet gemakkelijk kan worden geconstateerd, aangezien hierbij geen ruststanden worden waargenomen; ook is mogelijk, dat bij het verrichten dezer proefnemingen de na ontlasting zeer lang voortdurende wateraanzuiging nog niet ten volle is afgeloopen geweest. Verder betreffen de bedoelde waarnemingen andere grondsoorten dan de onze. Een en ander neemt natuurlijk niet weg dat in beginsel bij kleigronden evenals wij dit bij zand vonden, sprake kan zijn van eenige uit verdichting onder den invloed van vroegere belastingen voortvloeiende blijvende toename der schuifvastheid.

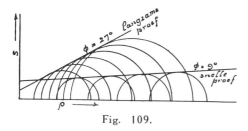

Fig. 109.

Daar bij de in fig. 109 voorgestelde zeer lang voortgezette proefnemingen in het celapparaat van een noemenswaardige blijvend verhoogde schuifweerstand weinig blijkt, schijnt het voorloopig veiliger om niet te veel te vertrouwen op een zich handhaven van een tijdelijk bereikte schuifvastheid boven de waarde, die in het diagram bij toenemende belasting werd gevonden. Het schijnt trouwens, indien men zich de geadsorbeerde waterhuidjes om de korrels voorstelt, niet zoo verwonderlijk, dat deze zich uiteindelijk bij afnemende korrelspanningen weder

---

*) M. J. Hvorslev. „Ueber die Festigkeitseigenschaften gestörter bindiger Böden.

op zoodanige wijze zullen herstellen dat de invloed der voorgeschiedenis daarbij weer grootendeels wordt teniet gedaan. Ook de geringe invloed van zijdelingsche uitzetting of samendrukking op de grootte der steunspanningen schijnt in deze richting te wijzen.

De verdere ontwikkeling in deze dient te worden afgewacht, terwijl intusschen elk belangrijk geval dat zich voordoet proefondervindelijk kan worden onderzocht.

§ 77. *Invloed van wijziging der middelste hoofdspanning.*

In het celapparaat kan men desgewenscht ook een evenwichtsverstoring uitlokken door de steunende waterspanningen zóó hoog op te voeren, dat eene oppersing van het monster in verticale richting plaats vindt en de verticale hoofdspanning de kleinste (ϱ_3) wordt, zoodat $\varrho_1 = \varrho_2 > \varrho_3$ *).

Het blijkt, dat de verhouding der uiterste hoofdspanningen dan gunstiger waarden aanneemt, zooals uit voorloopige beproevingsresultaten volgt.

Intusschen is het verschil niet groot en blijkt een waarde der middelste hoofdspanning, grooter dan de minimale, van gunstigen invloed te zijn op het evenwicht. Indien dus met $\varrho_2 = \varrho_3$ als kleinste hoofdspanningen wordt geexperimenteerd, schijnt men ten aanzien van alle andere mogelijkheden aan den veiligen kant te zijn.

§ 78. *Snelle celproeven op fijnkorrelige grondmassa's.*

Hieronder verstaan wij eene beproevingswijze, waarbij telkens snel achtereen nieuwe belastingen worden opgestapeld en ook telkens snel wordt vastgesteld welke steunspanningen daarbij voor het evenwicht worden vereischt. Het water in de grondmassa heeft geen tijd af te vloeien en wordt dus overspannen; de verticale belasting veroorzaakt eene overeenkomstige verticale grondspanning, welke de som is van de verticale korrelspanning en van de hydrodynamische waterspanning.

De horizontale steun tegen het rubbervlies is ook gelijk te stellen aan de horizontale grondspanning, en strekt ten deele om evenwicht te maken met diezelfde waterspanning in het monster en ten deele om daarin korrelspanningen op te wekken.

Indien tijdens de proefbelastingen de korrelspanningen en dus de bijbehoorende korrelhoofdspanningen en dus ook de schuifweerstanden zich in het geheel niet zouden wijzigen, en de wijziging in den inwendige toestand alleen zou bestaan in eene toename van de hydrodynamische waterspanningen, zou bij de verschillende hoofdcirkels in het diagram van fig. 110, $\varrho_1 - \varrho_3$

---

*) Zie ook de noot op blz. 129.

constant zijn, zouden deze dus gelijke stralen vertoonen en zou de schuif-weerstand s worden aangegeven door eene horizontale raaklijn als omhullende en dus eveneens constant zijn. ($s = c''$).

Zou de korreldruk in de grondmassa tijdens de steunwater-aftapping, inge-volge vervorming in een toestand boven de kritische dichtheid, dalen, dan zou ondanks de stijgende totale spanningen een afnemende schuifweerstand worden waargenomen: de omhullende zou dan bij hoogere belastingen de horizontale naderen, zooals in fig. 110 rechts is aangeduid.

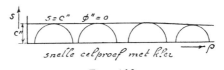

Fig. 110.

Bij kunstmatige verknede massa's kan men deze verschijnselen waarnemen; de schuifweerstand is dan in bepaalde gevallen bovendien zeer gering.

Bij natuurlijke, onverknede monsters heeft echter de grafiek verkregen uit de snelle celproef een eenigszins ander aanzien (fig. 109 en fig. 112).

Dergelijke ongeroerde monsters zijn namelijk in het terrein aan eene be-paalde hoofdspanningstoestand onderworpen geweest en al moge — door eenige aanzuiging van water of eene geringe verkneding — de korreldruk na de monstername gewijzigd zijn, zoo kunnen zij toch zonder beteekenende wateruitpersing respectievelijk overspanning van het poriënwater de vroegere korrelspanningen herkrijgen. In dit aanvangsstadium der snelle celproef ver-loopt dus de grafiek volgens de lijn A-B van fig. 112, waarvan de vergelijking is $s' = c' + \sigma_g \, tg \, \varphi'$ en waarin φ' kleiner moet worden gedacht dan de φ, welke geldt bij algeheele afwezigheid van overspannen water.

Nu treedt bij voortgezette belasting bij de snelle celproef de bij fig. 110 besproken hydrodynamische waterspanning op en krijgt de grafiek het ver-loop der lijn CD, dat wordt bepaald door een aantal hoofdcirkels, waarvan die beschreven op EF er één is. De cirkel, die aan AB, zoowel als aan CD raakt (in fig. 112 gestippeld) en waarmee hoofdspanningen OG en OH overeenkomen geeft dus den overgang tusschen beide toestanden weer; bij eene verticale grondspanning $< OH$ is het water betrekkelijk in mindere mate overspannen dan bij eene verticale grondspanning $> OH$.

De stijging der korrelspanningen en daarmee die van den schuifweerstand gaat in elk geval bij de lagere belastingen sneller en bij de hoogere langzamer.

De conclusie ligt dan voor de hand, dat de knik K tusschen den eersten en den tweeden tak van een bij eene snelle celproef op een ongeroerd monster verkregen diagram ongeveer den hoofdspanningstoestand aanduidt, waaronder dit monster in het terrein verkeerde, en dus de vroegere bovenbelasting. In de staat van fig. 111 zijn eenige vergelijkingen getroffen tusschen de bij de knikken in dergelijke diagrammen behoorende verticale korrelhoofdspanning en de uit de diepteligging der betreffende grondmonsters in het terrein berekende waarde daarvan. In het algemeen is de overeenstemming bevredigend.

mon-ster no.	boring	grondsoort	diepte — mv.	berekende vert. terrein-spanning	de bij de knik behoorende vert. spanning	opmerking
23	32	klei	6,80	0,66	0,66	
24	32	klei + sp. veen	10,05	0,85	0,86	
25	32	klei	15,70	1,10	0,81	niet gecon-
27	33	klei	8,70	1,05	0,66	solideerd?
29	34	zandh. klei	7,65	1,00	1,00	
32	37	klei + zand + sp. veen	8,80	1.00	1,00	
33	37	klei + veen	12,70	1,30	1,54	
34	37	zanderige klei	15,80	1,55	1,56	
35	38	veen + grij-ze klei	5,20	0,62	0,86	uitgedroogd?
38	38	klei + sp. veen	13,50	1,00	1,00	
40	38	veen	16.60	1,17	0,81	
46	40	zandh. klei + sp. veen	11,90	1,10	1,10	
48	40	klei + schelpgruis	16,70	1,36	1,36	
49	41	klei	5,75	0,79	0,79	
51	41	veen	8,60	0,95	0,95	
52	41	klei + veen	11,10	1,04	1,04	
53	41	klei + sp. veen	13,70	1,20	1,20	

Fig. 111.

Zooals uit het bovenstaande blijkt kan dus de zeer weinig tijd vereischende snelle celproef dienst doen om voor een aan een terrein ontleend ongeroerd monster de oorspronkelijk aanwezige schuifvastheid vast te stellen.

Bij eene willekeurige verticale grondspanning OF kunnen wij desgewenscht de waterspanning als volgt construeeren. Was er geen overspannen water aanwezig dan zouden voor het monster gelden de waarden

$$c \text{ en } \varphi \ (\varphi > \varphi' > \varphi'').$$

In fig. 112 is met de raaklijn onder de hoek φ aan cirkel EF en de c-waarde het punt O'' bepaald.

In de onderstelling, dat er geen overspannen water aanwezig is, is dus $O''F$ de verticale korrelspanning, $O''E$ de horizontale en bij onze proef is dus OO'' de waterspanning op het oogenblik, dat de verticale grondspanning OF is geworden. Voor den cirkel GH zijn de overeenkomstige waarden $O'H$, $O'G$, OO' en OH.

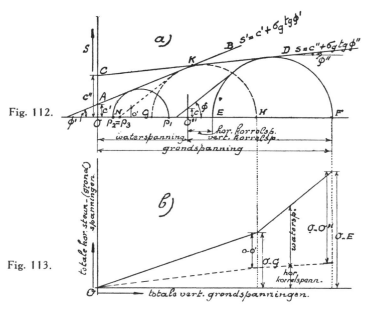

Fig. 112.

Fig. 113.

Brengen wij nu het resultaat van het bovenstaande over in eene grafiek (fig. 113) in dier voege, dat daarin worden uitgezet op eene horizontale as de totale verticale spanningen of wel de verticale grondspanningen en verticaal de horizontale steunspanningen, dan ontstaat de gebroken getrokken lijn. De stippellijn geeft aan het verloop der hor. korrelspanningen, resp. der waterspanningen.

Dat bij proefnemingen onder snel aangroeiende belastingen de waterspanningen niet even snel stijgen en aldus eene stijging der korrelspanningen intreedt, moet indien de doorlatendheid hiertoe geen aanleiding geeft, worden toegeschreven hetzij aan kleine gashoeveelheden, die door hunne samendrukbaarheid de stijging der waterspanningen verminderen en dus aanleiding geven tot hoogere korrelspanningen, hetzij aan eene zekere stijfheid van de stapeling der door taai of vast water verbonden gronddeeltjes.

Wat de helling van den tweeden tak van het schuifweerstandsdiagram betreft, blijkt uit het bovenstaande, dat deze slechts eene betrekkelijke beteekenis heeft. Indien deze aan een zeker gasgehalte is toe te schrijven, dat in het monster in verband met de ontlasting daarvan bij het omhoog brengen is vrijgekomen, dan zouden voor het monster op zijn oorspronkelijke plaats de omstandigheden bij snelle extra belasting ongunstiger zijn dan bij het onderzoek in het cel-apparaat, nog afgezien van den invloed der afmetingen.

De helling van dezen tak zal sterker zijn naarmate meer grove korrels aanwezig zijn, zooals blijkt uit fig. 114, waarin de hoeken $(tg \varphi'')$ zijn ver-

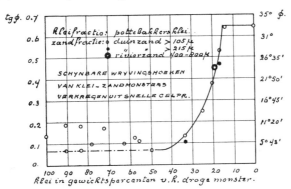

Fig. 114.

zameld, welke optreden bij grondmassa's gevormd door menging van klei met zand in verschillende verhoudingen *). Het blijkt dat eerst bij een bepaald % klei de uitwerking daarvan merkbaar wordt, hetgeen begrijpelijk, is aangezien zich dan geen korrelgeraamte kan blijven vormen, dat in hoofdzaak de korrelspanningen opneemt.

Tenslotte hebben uiteraard grooten invloed op de meergenoemde helling, die de toename van den schuifweerstand, in vergelijking met die der spanningen, weergeeft, de snelheid der proefneming, de samendrukbaarheid, de doorlatendheid en de afmetingen van het monster.

Bij veenmonsters, welke betrekkelijk doorlatend zijn, wordt eene vrij sterke helling gevonden, hetgeen begrijpelijk is, daar de korreldrukken daarin dus vrij gemakkelijk kunnen stijgen; toch geeft langzamer tempo der belastingsverhooging gunstiger helling.

Dat de afmetingen der proeflichamen een rol speelt blijkt uit fig. 116, waarin de resultaten zijn weergegeven van proeven op drie monsters van gelijke samenstelling waarop de belastingen per vierkante eenheid in gelijk tempo tot ontwikkeling werden gebracht. De monsters waren cylindervormig en gelijkvormig met afmetingen zich verhoudende als 1 : 2 : 3. Duidelijk blijkt de invloed der afmetingen. Hierin ligt een aanwijzing omtrent hetgeen

*) Proefnemingen te Delft door den Belgischen ingenieur ir. E. DE BEER, thans leider van het Grondmechanicalaboratorium te Gent.

bij dikke en uitgebreide paketten in het terrein te verwachten is en reeds in hoofdstuk IV werd besproken.

In bepaalde gevallen zal men in berekeningen slechts eene geringe toename van den beschikbaren schuifweerstand bij toenemende grondbelasting willen veronderstellen, zooals deze door het verloop van den tweeden tak van fig. 112 wordt voorgesteld.

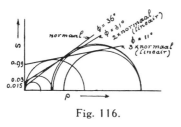

Fig. 116.

Men bezigt dan wel de daarbij behoorende grootheden c'' en φ'', welke dan echter geen materiaalconstanten, doch slechts rekengrootheden voorstellen. Soms zal men zelfs $\varphi'' = 0$ stellen en dus berekeningen uitvoeren als ware de beschikbare schuifvastheid eene constante. Men noemt deze dan wel de schuifweerstand c of zelfs wel de cohesie, al is dit laatste strikt genomen onjuist.

§ 79. Schuifvastheid van drie-phasigen grond.

Terloops kwam in § 74 de omstandigheid aan de orde, dat bij driephasigen, dus lucht- of gashoudende grond, bij belastingstoenamen de korrelspanningen zich gemakkelijker aan de grondspanningen zouden aanpassen.

De voor twee-phasigen grond besproken methoden van onderzoek kunnen vanzelfsprekend ook voor drie-phasigen grond dienen, waarbij zou kunnen worden vastgesteld in hoeverre bij verschillende belastingssnelheden uitéénloopende uitkomsten zouden aan den dag treden.

Voor de niet met water verzadigde kleimassa's met kruimelstructuur (dijkslichamen) ware dit een vraagpunt van groot belang, terwijl ook de invloed van toevallige toetreding van water daarbij bestudeering vereischt.

Meestal heeft men met geheel onder water aanwezige massa's te maken. Zouden hierin bij het naar boven brengen der monsters gashoeveelheidjes vrijkomen, dan zouden deze, zooals reeds bij de snelle celproef besproken, tot eenigszins geflatteerde uitkomsten kunnen leiden.

§ 80. Toelaatbare schuifspanningen.

In het bovenstaande werd uitvoerig ingegaan op het probleem van den schuifweerstand, een probleem, dat voor de stabiliteit van grondmassa's van het grootste belang is. Het zal duidelijk geworden zijn, dat in een bepaald technisch geval bij het vaststellen der toelaatbare schuifspanningen tal van overwegingen in het geding zullen moeten worden gebracht. Vooral geldt dit bij fijnkorrelige grondmassa's.

Dat de toelaatbare schuifspanning steeds beneden de waarschijnlijk beschikbare schuifvastheid zal moeten blijven, spreekt vanzelf. Welke veiligheidsmarge men daarbij echter wil toepassen vormt op zichzelf reeds een ingewikkeld vraagstuk, waarbij de kans op overbelasting, de meerdere of mindere homogeniteit van den grond, de mate van zekerheid, waarmede de te verwachten schuifvastheid kan worden geschat, de vraag of men met de schuifweerstand vóór of ná een eerste verschuiving moet rekenen, de belangrijkheid der constructie, de verliezen aan leven en goed, welke bij mislukking ontstaan, de kosten, verbonden aan het aanhouden van eene grootere veiligheidsmarge en wellicht nog andere factoren, in overweging moeten worden genomen. Algemeene regels kunnen dan ook niet worden gegeven.

Doch ook de bepaling van de waarschijnlijk beschikbare schuifvastheid is, zooals uit de voorafgaande bespreking van deze grootheid volgt, niet steeds eenvoudig.

Stel de aanwezige schuifvastheid volgt bij zeer geleidelijke belastingstoename uit een lijn 1 in den trant van die van fig. 117, dan zal men dienen

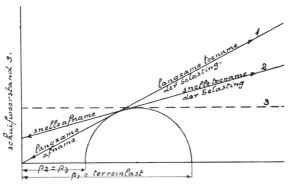

Fig. 117.

vast te stellen in welke mate bij het beoogde tempo van uitvoering van het betreffende werk, dat verhoogde grondspanningen tengevolge heeft, ook op verhoogde korrelspanningen en dus op verhoogde schuifvastheden mag worden gerekend. Bij aanwezigheid van fijnkorrelige lagen van groote uitgebreidheid, waardoor de hydrodynamische spanningen eene groote rol spelen (zie de flauw hellende lijn in fig. 109), zou men er toe kunnen besluiten om veiligheidshalve niet op eenigerlei verhooging der schuifvastheid te rekenen of althans op een slechts geringe φ-waarde (lijn 3 resp. lijn 2 in het diagram van fig. 117).

Langs theoretischen weg zou men zich daartoe een indruk dienen te verschaffen van de mate van toeneming der korrelspanningen waarop bij het voor oogen staande uitvoeringstempo kan worden gerekend. Bij de feitelijke uitvoering zou dit door waarneming van waterspanningen kunnen worden gecontroleerd; immers wordt ook de ontwikkeling der korrelspanningen dan bekend.

Is eene ontlasting van de betreffende lagen te verwachten, dan zou men veilig doen het verloop van lijn 1 van fig. 117 voor oogen te nemen.

HOOFDSTUK VI.

SPANNINGSWIJZIGING IN DEN ONDERGROND INGEVOLGE OPGEBRACHTE BELASTINGEN.

§ 81. *Toepasselijkheid van het beginsel van superpositie.*

In vroegere paragrafen (29, 40) werd aandacht besteed aan de bepaling der spanningsveranderingen in den ondergrond bij het zeer eenvoudige geval der gelijkmatig verdeelde bovenbelasting, doch werd niet ingegaan op het vraagstuk der spanningsverdeeling bij eene plaatselijke belastingswijziging.

Dit punt wordt thans aan de orde gesteld, terwijl de vóór het tot stand-komen der belastingswijziging reeds in den ondergrond bestaande spannings-verdeeling nog tot een later hoofdstuk moet blijven rusten.

Het vraagstuk zou — indien voor den ondergrond het beginsel van super-positie van spanningen en vormveranderingen zou gelden — teruggebracht kunnen worden tot het vraagstuk der spanningsverdeeling onder invloed van een enkelen last. Immers zou de uitwerking van iedere verdeelde belasting dan als de som der uitwerkingen van zeer vele zeer kleine lasten kunnen worden berekend onder toepassing van het beginsel van superpositie.

Het is in dit verband van belang op te merken, dat door A. FÖPPL in 1897 op het oppervlak van een terrein nabij zijn laboratorium te München gedane waarnemingen aantoonden, dat eene evenredigheid tusschen op-gebrachte lasten en gemeten verplaatsingen bij benadering bestaat. In het bewuste terrein, dat wel moet hebben bestaan uit grofkorrelig, driephasig materiaal, zou dus het superpositie-beginsel verwezenlijkt gevonden zijn.

Tegelijkertijd bleek toen echter uit het verloop der verplaatsingen op verschillende afstanden der opgebrachte lasten, dat van voor den geheelen ondergrond geldende gelijke elastische constanten geen sprake was.

De verticale verplaatsingen verliepen namelijk niet volgens de wet, die bij overal gelijke constanten zou worden gevolgd, te weten omgekeerd evenredig met de afstanden tot de last, doch namen bij toenemenden afstand veel sneller af.

Voor FÖPPL, die zich ten doel had gesteld de theoretische afleidingen van BOUSSINESQ, waarbij overal gelijke elastische eigenschappen werden verondersteld, (Application des potentiels, 1885) aan de werkelijkheid te toetsen, was het resultaat dus negatief.

De vervorming en dus hoogstwaarschijnlijk ook de spanningsverdeeling moest eene andere zijn dan die door Boussinesq aangegeven!

Ook tal van andere onderzoekers kwamen op grond van de waarneming van verplaatsingen van het terreinoppervlak in de omgeving voor opgebrachte belastingen tot overeenkomstige conclusies *).

Gelukkig is het voor de toepasselijkheid van het hier bedoelde superpositie-beginsel niet vereischt, dat de ondergrond in ieder punt dezelfde eigenschappen bezit, doch slechts dat in alle punten van iedere horizontale grondlaag van elementaire dikte de Wet van Hooke zal worden gevolgd en dat daarbij de voor eenzelfde grondlaag optredende elastische grootheden een constante waarde zullen bezitten; voor de grondlagen op verschillende hoogten zullen die constanten echter verschillend mogen zijn. In dit geval zal iedere last ten opzichte van den ondergrond als in elastisch opzicht gelijkstandig zijn te beschouwen. Bij zeer gelijkmatige, in horizontale lagen opgebouwde terreinen zou aan dezen eisch tot op zekere hoogte voldaan kunnen zijn. De spanningstoenamen zouden bovendien zóó klein moeten zijn, dat de samendrukbaarheidsmoduli daardoor niet merkbaar worden beïnvloed.

Voor verschillende, in eenzelfde punt aangebrachte lasten zal onder deze omstandigheden evenredigheid met spanningen en vervormingen aanwezig zijn, welke de spanningsverdeeling overigens ook zij. Bovendien zullen op verschillende plaatsen aangebrachte lasten dan ieder hun eigen spanningsverdeelingen en vervormingen teweegbrengen onafhankelijk van elkaar. Alle voorwaarden voor toepassing van het superpositie-beginsel zijn dan aanwezig.

Het is in dit verband van belang te herhalen, dat Föppl bij zijn reeds genoemd onderzoek inderdaad eene globale evenredigheid van de lasten met de daardoor veroorzaakte vervormingen heeft opgemerkt, evenals andere onderzoekers dit na hem deden.

Ware dit niet zoo, dan zou het uitvoeren eener spannings- en zettingsberekening een schier onbegonnen werk zijn.

Alvorens nu te trachten de spanningsverdeeling in een grondmassa ingevolge een aangebrachte last te bepalen, zal eerst aandacht besteed worden aan de spanningsverdeeling welke door Boussinesq werd gevonden voor een enkele last, geplaatst op een ondergrond, die zich als een vast lichaam met overal constante elastische eigenschappen (E, m) zou gedragen.

§ 82. *Spanningsverdeeling tengevolge van een puntlast.*

Grijpt een verticale last P aan loodrecht op het oppervlak van een oneindig groot elastisch vast lichaam, dat de Wet van Hooke volgt en dat voorts

---

*) O. K. Fröhlich. Druckverteilung im Baugrunde.

slechts door één horizontaal bovenvlak wordt begrensd, dan wordt de spanningsverdeeling in dat lichaam volgens Boussinesq, zie fig. 118, gegeven door de volgende uitdrukkingen:

verticale normaalspanning $\quad \sigma_z = \dfrac{3 P}{2 \pi r^2} \, cos^3 \, \Theta$

(deze waarde is dus onafhankelijk van E en m)

horizontale, radiale normaalspanning

$$\sigma_h = \frac{P}{2 \pi r^2} \cdot \left\{ 3 \, cos \, \Theta \, sin^2 \, \Theta - \frac{m-2}{m} \cdot \frac{1}{1+cos \, \Theta} \right\}$$

horizontale, tangentiëele normaalspanning

$$\sigma_t = - \frac{m-2}{m} \cdot \frac{P}{2 \pi r^2} \cdot \left\{ cos \, \Theta - \frac{1}{1+cos \, \Theta} \right\} \qquad [1]$$

schuifspanning $\quad \tau = \dfrac{3 P}{2 \pi r^2} \cdot cos^2 \, \Theta \, sin \, \Theta.$

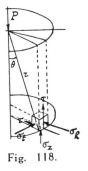

Fig. 118.

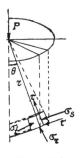

Fig. 119.

Hierin zijn r en Θ de coördinaten van het punt, waarin men den spanningstoestand beschouwt, in een cylindercoördinatensysteem, met de verticale as door het aangrijpingspunt van de last. De vlakken door deze as zijn daarbij hoofdvlakken.

Neemt men een bol-coördinatensysteem aan, dan worden de spanningen bij dezelfde aannamen (fig. 119):

normaalspanning langs een voerstraal

$$\sigma_r = \frac{P}{\pi\,r^2} \left\{ \frac{2\,m - 1}{m}\ cos\,\Theta - \frac{m - 2}{2\,m} \right\}$$

normaalspanning op een meridiaanvlak

$$\sigma_t = -\frac{m - 2}{m} \cdot \frac{P}{2\,\pi\,r^2} \left\{ cos\,\Theta - \frac{1}{1 + cos\,\Theta} \right\} \qquad [2]$$

normaalspanning loodrecht op σ_r en σ_t

$$\sigma_s = -\frac{m - 2}{m} \cdot \frac{P}{2\,\pi\,r^2} \cdot \frac{cos^2\,\Theta}{1 + cos\,\Theta}$$

schuifspanning $\tau = \dfrac{m - 2}{m} \cdot \dfrac{P}{2\,\pi\,r^2} \cdot \dfrac{sin\,\Theta\,cos\,\Theta}{1 + cos\,\Theta}$

De verticale verplaatsing $w_{r\,\Theta}$ van een punt $(r,\,\Theta)$ der massa wordt voorts gegeven door:

$$w_{r\,\Theta} = \frac{P}{2\,\pi\,r\,E} \cdot \frac{m + 1}{m} \cdot \left\{ \frac{2\,(m - 1)}{m} + cos^2\,\Theta \right\}$$

Voor een punt van het terreinoppervlak $(\Theta = \dfrac{\pi}{2})$ gaat dit over in:

$$w_{r,\,\frac{\pi}{2}} = \frac{P}{\pi\,r\,E}\,\frac{m^2 - 1}{m^2}\ .$$

zoodat omgekeerde evenredigheid zou bestaan tusschen de verticale verplaatsing w en de afstand r.

Wij merkten reeds op, dat voor eene grofkorrelige grondmassa de beschikbare waarnemingen dit verband niet bevestigen.

Eene andere omstandigheid, die de uitkomst minder aannemelijk maakt, is, dat indien wij onder toepassing van de juist gegeven uitkomst door superpositie de zetting zouden berekenen van het terrein naast een oneindig lange, gelijkmatig belaste terreinstrook, daarvoor eene oneindig groote waarde zou worden gevonden *).

Ook dit vindt in de werkelijkheid zelfs bij benadering geen bevestiging!

De aanvaarding van constante E- en m-waarden, als waarop de afleiding van Boussinesq is gebaseerd, en de beschouwing als een vast lichaam, leidt dus voor grondlichamen tot sterk van de werkelijkheid afwijkende resultaten. Het schijnt dan ook gewenscht, te pogen om eenigermate met de in het terrein bestaande omstandigheid eener in het algemeen met de diepte toenemende samendrukbaarheidsmodulus rekening te houden, ook al

---

*) Zie prof. dr. ir. F. K. Th. van Iterson. Draagvermogen van Bouwgrond. De Ingenieur 1928, No. 43.

noet in verband met de dan aan den dag tredende groote mathematische
noeilijkheden daarbij met benaderingen worden volstaan.

Bezien wij de formules van BOUSSINESQ nog eens nader, dan blijkt dat deze
zeer vereenvoudigd worden, indien $m = 2$, d.w.z. als de stof wordt verondersteld volume-bestendig te zijn.

Men krijgt dan voor de formules [2] :

$$
\left.
\begin{aligned}
\sigma_r &= \frac{3\,P}{2\,\pi\,r^2}\ cos\ \Theta \\[4pt]
\sigma_t &= o \\[4pt]
\sigma_s &= o \\[4pt]
\tau &= o.
\end{aligned}
\right\} \quad [3]
$$

In dit geval is σ_r *dus een hoofdspanning* en heeft men te maken met een
lijnspanningstoestand. De spanningstrajectoriën zijn dan stralen door het aangrijpingspunt van P. (fig. 120).

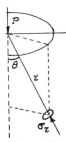

Fig. 120.

Bij andere waarden van m zouden opzichzelf niet zeer belangrijke afwijkingen van deze uitkomst ontstaan.

Voor eene korrelmassa verliest bovendien m als materiaal-
constante zijne beteekenis, zoodat men ertoe komt de spanningsverdeeling, die voor vaste lichamen met $m = 2$ exact en voor
andere waarden van m ongeveer juist zou zijn, voor korrelmassa's die in alle punten gelijke samendrukbaarheidseigenschappen zouden bezitten als benadering te aanvaarden.

Het aanvaarden van een lijnspanningstoestand in een korrelmassa moet op het eerste gezicht bevreemdend schijnen, doch
daarbij dient te worden bedacht, dat hier slechts sprake is van nieuwe spanningen in de korrelmassa ingevolge eene opgebrachte last, terwijl reeds
spanningen, o.a. ingevolge het eigen gewicht der massa aanwezig zijn.

Afzonderlijke onderzoekingen, welke ten doel hebben na te gaan of onder
de opgebrachte belastingen eene evenwichtsverstoring ver genoeg verwijderd
blijft (Hoofdstuk VIII), zullen dus steeds vereischt zijn om vast te stellen of
de thans aan de orde zijnde spanningsverdeelingen inderdaad mogelijk zijn.

Ook langs eenvoudiger weg kan men tot de van uit de belaste plaats
radiaal uitgezonden hoofdspanningstrajectoriën geraken.

Aan VAN ITERSON *) is eene benaderende rekenwijze te danken, gebaseerd
op evenwichtsbeschouwingen en tot op zekere hoogte op vormveranderings-
beschouwingen, waardoor de van uit het belastingspunt lineair verloopende
hoofdspanningstrajectoriën als eerste benadering steun vinden.

---

*) Zie noot op de vorige blz.

Stelt men zich voor, dat een kleine halve bol met de straal r_o nabij d⸱ belaste plaats door vast onvervormbaar materiaal zou zijn vervangen, da₁ zou nagegaan kunnen worden welke radiale hoofdspanningen zouden moete₁

Fig. 121.

aangrijpen op de verschillende afgeknotte kegels, waaruiᵗ men zich de ondergrond dan kan denken te zijn opgebouwd opdat aan de eischen van evenwicht en vormverandering zou worden voldaan (fig. 121).

Zou de inzinking bedragen i, dan zou voor een punt va₁ de halve bol, waarvan de voerstraal een hoek Θ maakt meₜ de verticaal, eene verplaatsing in radiale richting $i \cos \Theta$ bedragen. De afgeknotte kegels zouden (bij evenredigheid tusschen spanning en vervorming) samengedrukt worden in evenredigheid aan ϱ_Θ, de in de voerstraalrichting ter plaatse van het boloppervlak heerschende hoofdspanning.

De vormveranderingseisch zou dan dus leiden tot hoofdspanningeₙ $\varrho_\Theta = \varrho_{max} \cos \Theta$, waarbij ϱ_{max} juist onder de last zou aanwezig zijn.

Is aldus het verloop der hoofdspanningen ϱ_Θ bekend geworden, daₙ zullen deze zelf volgen uit de overweging, dat de gezamelijke hoofdspanningen, die de kleine halve bol r_0 steunen, evenwicht moeten maken meₜ de last P.

Dit leidt tot de evenwichtsvoorwaarde, dat:

$$2 \pi r_0 \int_0^{\frac{\pi}{2}} sin \, \Theta . r_0 \, d\Theta . cos \, \Theta . \varrho_{max} \cos \Theta . = P,$$

waaruit volgt dat:

$$^2/_3 \, \pi . r_0{}^2 . \varrho_{max} = P$$

zoodat:

$$\varrho_{max} = {}^3/_2 . \frac{P}{\pi r_0{}^2} . = {}^3/_2 . p_{gemiddeld}.$$

De hoofdspanning in de richting Θ is dan, evenals vroeger werd gevonden:

$$\varrho_{\Theta r} = {}^3/_2 . \frac{P}{\pi r^2} . cos \, \Theta$$

Het verloop van de verticale spanning op een horizontaal vlak op de diepte d zou bij deze spanningsverdeeling uit deze $\varrho_\Theta r$-waarde volgen en bedraagt $\sigma_z = {}^3/_2 \frac{P}{\pi d^2} cos^5 \, \Theta$. Dit verloop is in fig. 122 voor twee verschillende diepten d_1 en d_2 voorgesteld.

De grootheid i kan gevonden worden door de samendrukking van een afgeknotten kegel recht onder de last te berekenen. Deze blijkt bij invoering van een samendrukkingsmodulus E te bedragen:

$$\int_{r_0}^{\infty} \frac{3}{2} \frac{P}{\pi r^2} \frac{dr}{E} = \frac{3}{2} \frac{P}{\pi r_0 E} = \frac{3}{2} p_{gem} \cdot \frac{r_0}{E}$$

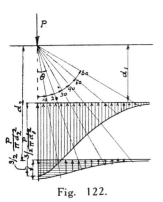

In sommige gevallen zouden bij grondmassa's de aldus voor constanten samendrukbaarheidsmodulus afgeleide resultaten voor toepassing in aanmerking komen, b.v. indien een grondsoort overal eene zoo hooge capillaire korrelspanning zou bezitten dat de vóór de belasting aanwezige korrelspanning zóó groot zou zijn dat zoowel de toeneming dier korrelspanningen ingevolge eigengewicht met de diepte als die ingevolge de opgebrachte belasting geen wijziging van belang zouden brengen in den samendrukbaarheidsmodulus $C \cdot \varrho_c$.

Fig. 122.

De ondergrond ware dan bij benadering te behandelen alsof E constant $= C \cdot \varrho_c$.

In dat geval zouden volgens de formule voor de zetting $i = \frac{3}{2} \cdot p_{gem} \cdot \frac{r_0}{E}$

met gelijke gemiddelde belasting belaste halve bollen van verschillende straal en bij benadering ook dito cirkelvormige vlakke platen — zakkingen vertoonen evenredig aan de stralen.

Dit resultaat werd inderdaad door verschillende onderzoekers gevonden, b.v. door voor EMPERGER voor een lössterrein te Weenen en door GOLDBECK voor vochtig aangestampte zand-klei mengsels.

Dat bij deze afleiding slechts in eerste benadering met de vervormingseischen wordt rekening gehouden, is duidelijk, als wij bedenken, dat, ten einde de aldus verkorte afgeknotte kegels geheel aan elkaar te doen aansluiten, nog andere spanningen zouden noodig zijn, al ligt het voor de hand dat deze niet groot behoeven te zijn.

Zouden ingevolge de radiale hoofdspanning de kegeltjes eene verdikking (overeenkomstig de uitwerking van den coëfficiënt van POISSON bij vaste materialen) ondergaan, dan zou, indien wij deze verdikking langs een bolvormig hoofdvlak sommeeren, de verplaatsing gevonden worden van een terreinpunt ten opzichte van het overeenkomstige punt verticaal onder de last.

Zouden deze verdikkingen niet ontstaan — bij onderzoekingen in het celapparaat blijkt dikwijls, dat eene belangrijke toeneming eener hoofdspanning zonder zijdelingsche vervorming in de richting loodrecht daarop plaats vindt, indien de spanningen ver genoeg van een grenstoestand van het evenwicht verwijderd zijn — dan zouden de verticale verplaatsingen van punten in de oppervlakte van het terrein geheel gelijk zijn aan die van de overeenkomstige punten van den bijbehoorenden bol verticaal onder de last.

Onder deze omstandigheden zou een punt in de oppervlakte van het terrein en op een afstand r van P evenveel dalen als een vlakje van den afgeknotten kegel op de diepte r, en dus over

$$w_r = \int_r^\infty \frac{3}{2} \frac{P}{\pi r^2} \cdot \frac{dr}{E} = \frac{3}{2} \frac{P}{\pi r E}$$

dus weer omgekeerd evenredig met den afstand.

§ 83. *Benaderende rekenwijze voor met de diepte toenemende samendrukbaarheidsmodulus.*

Bij de bovenstaande globale afleiding gingen wij nog uit van evenredigheid tusschen de op de afgeknotte kegels aangrijpende krachten, en de daaruit voortvloeiende verkortingen, geheel afgezien van de vraag of deze kegels zich meer nabij de oppervlakte of naar de diepte uitstrekken.

Willen wij nu pogen om ook voor terreinen met een ondergrond, waarin de samendrukkingsmodulus met de diepte lineair zou toenemen, eene spanningsverdeeling te vinden, die aan de eischen van evenwicht (het dragen der belasting) en die der vervorming althans in eerste benadering voldoet, dan zou op overeenkomstige wijze te werk gegaan kunnen worden als in de vorige paragraaf voor grond met constante samendrukbaarheid geschiedde.

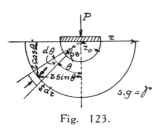

Fig. 123.

Wij dienen dan na te gaan, welke samendrukking onder deze omstandigheden een afgeknotte kegel in de richting Θ zou ondergaan onder een op het bovenvlak aangrijpende hoofdspanning ϱ_Θ (zie fig. 123).

Ontstaat in een grondmonster dat volgens zijn as de spanning p_1 overbrengt en zich zijdelings niet uitzet, een drukstijging tot de waarde p_2, dan ontstaat, indien de wet E gelijk $C \cdot p$ wordt gevolgd, zooals in § 38 gevonden, een axiale samendrukking $\dfrac{I}{C} \ lg \ \dfrac{p_2}{p_1}$.

Is nu het verschil tusschen p_2 en p_1 gering en noemen wij dat $\varDelta p$, dan kan voor de samendrukking in eerste benadering worden geschreven

$$\frac{I}{C} \ lg \ \frac{p_1 + \varDelta p}{p_1} = \frac{I}{C} \ lg \left(I + \frac{\varDelta p}{p_1} \right) = \frac{I \cdot}{C} \ \frac{\varDelta p}{p_1} \ .$$

Wij zijn nu ook in staat op eenvoudige wijze de samendrukking te berekenen, die een afgeknotte grondkegel zal vertoonen, die een hoek θ maakt met de verticaal onder invloed eener nog onbekende hoofdspanning ϱ_θ welke heerscht op een afstand r_0 van het centrum.

Die samendrukking wordt dan namelijk,

als γ het volume gewicht van den grond voorstelt en $\gamma \cdot r \cdot \cos\theta \cdot C$ dus de samendrukkingsmodulus is,

$$\int_{r_0}^{\infty} \varrho_\theta \left\{ \frac{r_0}{r} \right\}^2 dr \frac{I}{\gamma \, r \cos\theta \, C} = \frac{\varrho_\theta}{2\,\gamma \cdot C \cdot \cos\theta}$$

Daar de samendrukkingen der verschillende kegels wederom gelijk moeten zijn aan $i \cdot \cos\theta$, bestaat de betrekking:

$$\frac{\varrho_\theta}{2\,\gamma\,C\,\cos\theta} = i\,\cos\theta, \text{ zoodat } \varrho_\theta = 2\,\gamma\,Ci\,\cos^2\theta.$$

Daar voorts de gezamelijke drukkrachtjes de totale verticale last moeten torsen, moet verder:

$$2\,\pi\,r_0 \int_0^{\frac{\pi}{2}} \sin\theta \cdot r_0 \, d\theta \cdot \varrho_\theta \cdot \cos\theta = \gamma \cdot C \cdot i \cdot \pi\,r_0{}^2 = last\,P.$$

Hieruit volgt dan:

$$\varrho_\theta = \frac{2\,P}{\pi\,r_0{}^2} \cdot \cos^2\theta \text{ en } \varrho_{max} = \frac{2\,P}{\pi\,r_0{}^2}$$

en in het algemeen voor de centrale hoofdspanning op de afstand r,

$$\varrho_r = \frac{2\,P}{\pi\,r^2}, \text{ terwijl de zakking } i = \frac{P}{\pi\,r_0{}^2 \cdot \gamma \cdot C} = \frac{p_{gem.}}{\gamma \cdot C}$$

De gegeven afleiding geldt dus voor kleine drukkingen en voor de algeheele afwezigheid van capillaire voorspanning. De gevonden i is de zakking van den halven bol. Een lastplaat zou uiteraard meer zakken.

Daar de zakkingen der verschillende grootere halve bollen met stralen r zullen bedragen $i_r = \dfrac{P}{\pi\,r^2\,\gamma\,C}$ en deze bij het ontbreken van zijdelingsche uitzetting der kegels zich in de zakkingen van het terrein-oppervlak zouden afspiegelen, zou het omgrenzende terrein dan inzinken volgens de wet

$$w_r = \frac{P}{\pi\,r^2\,\gamma\,C}$$

en dus inzinkingen vertoonen omgekeerd evenredig aan het kwadraat van den afstand tot het belaste centrum. Dit komt het verloop der in grofkorrelige massa's waargenomen zettingen nabij.

Zou men de inzinkingen vergelijken van lastplaten met gelijke belasting per eenheid van oppervlak, dan zou men onder deze omstandigheden moeten vinden, aangezien $i = \dfrac{p_{gem.}}{\gamma \cdot C}$, dat die zakkingen niet met toenemenden straal der platen zouden stijgen, zoolang men althans van de vervorming van den om de lastplaat omschreven halven bol afziet, die op zichzelf betrekkelijk aanzienlijk is.

Het begrip van de beddingsconstante, waaronder te verstaan is de belasting in kg/cm² gedeeld door de zetting in cm en die bij een aan de wet van HOOKE gehoorzamenden ondergrond zooals wij zagen geen constante zou kunnen zijn, immers voor grootere platen naar rato zou dalen, zou dus bij een ondergrond die aan de logarithmische elasticiteitswet van v. TERZAGHI gehoorzaamt, gedeeltelijk in eere worden hersteld.

In bepaalde gevallen werd bij grofkorrelige massa's eene beddingconstante, onafhankelijk van de plaatstraal, inderdaad gevonden.

Het verloop van de verticale spanning op een horizontaal vlak op de diepte d zou bij deze spanningsverdeeling volgen uit $\varrho_{\Theta_r} = \dfrac{2P}{\pi r^2} \cdot \cos^2 \theta$ en bedragen $\sigma_z = \dfrac{2P}{\pi d^2} \cos^6 \theta$.

Het verloop is in fig. 124 voorgesteld.

Zooals te verwachten was, zijn de spanningen ook nu vooral onder de last geconcentreerd. De grootste spanning bedraagt echter $\dfrac{2P}{\pi d^2}$ tegen vroeger $\dfrac{3}{2} \dfrac{P}{\pi d^2}$.

Kortheidshalve zullen wij voortaan den coëfficiënt van $\dfrac{P}{\pi d^2}$, welke wordt vereischt om de verticale spanning in een punt onder de last aan te geven, de concentratie-coëfficiënt van de spanningsverdeeling noemen.

§ 84. *Andere centrale spanningsconcentraties dan* $\dfrac{3}{2} \dfrac{P}{\pi d^2}$ *en* $2 \dfrac{P}{\pi d^2}$.

Behalve de besprokene zijn nog andere spanningsverdeelingen denkbaar, eveneens gebaseerd op de evenwichtseischen en — in globalen zin — tevens op de vervormingseigenschappen.

Zoo zal, te rekenen vanaf de diepte van aangrijping eener belasting, welke meestal beneden het terreinoppervlak ligt, de samendrukbaarheidsmodulus, die trouwens ook aan het terreinoppervlak reeds grooter dan o is (volgens

§ 38 . C . p_c), trapeziumvormig naar de diepte toenemen en niet driehoekig. Het gevolg hiervan zou zijn eene tusschen *1,5* en *2* in gelegen concentratie-coëfficiënt. Echter ook tal van andere factoren kunnen van invloed zijn.

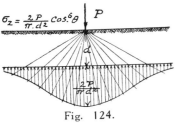

$$\sigma_z = \frac{2\,P}{\pi\,d^2}\,cos.^6\theta$$

Fig. 124.

Indien men behalve eene met de diepte toenemende waarde een ongelijke samendrukbaarheidsmodulus in horizontale en verticale richting zou veronderstellen, wordt, op overeenkomstige wijze, als in de vorige paragrafen aangegeven, eene spanningsverdeeling gevonden met uitéénloopende waarden der centrale spanningsconcentratie, al naar gelang voor de verhouding *n* tusschen de samendrukbaarheidsmoduli in horizontale en in verticale richting waarden worden aangenomen die verschillen op grond van de tevoren in die beide richtingen aanwezige, verschillende spanningen. Bij $n = 0,4$ zou de centrale spanningsconcentratie dan stijgen tot *2,5* $\frac{P}{\pi\,d^2}$, *bij* $n = 2$ dalen tot $\frac{P}{\pi\,d^2}$.

Door FRÖHLICH werd bij wijze van werkhypothese eene serie oplossingen voor de spanningsverdeeling onderzocht, alle gebaseerd op den evenwichtseisch en op radiaal uitgezonden hoofdspanningstrajectoriën en van de gedaante:

$$\varrho_\theta = \nu\,\frac{P}{2\,\pi\,r^2}\,cos^{(\nu-2)}\,\theta,$$

waarin *ν* het orde-cijfer wordt genoemd, hetwelk voor verschillende omstandigheden zoodanig wordt gekozen, dat overeenstemming met gedane waarnemingen wordt verkregen.

Dan wordt:

$$\sigma_z = \nu\,\frac{P}{2\,\pi\,r^2}\,cos^\nu\theta,$$

of, op de diepte *d*,

$$\sigma_z = \nu\,\frac{P}{2\,\pi\,d^2}\,cos^{(\nu+2)}\,\theta.$$

Van verschillende *ν*-waarden is in onderstaande tabel de spanningsverdeeling σ_z weergegeven. Onder de ordecijfers 3 en 4 vindt men beide reeds eerder uitvoerig behandelde spanningsverdeelingen terug.

Ordecijfer ν	Waarden van σ_z ingevolge een last P	Concentratie factor
1	$\frac{1}{2} \dfrac{P}{\pi\,d^2} \cdot \cos^3 \theta$	$\frac{1}{2}$
2	$\dfrac{P}{\pi\,d^2} \cdot \cos^4 \theta$	1
3	$\frac{3}{2} \dfrac{P}{\pi\,d^2} \cdot \cos^5 \theta$	$\frac{3}{2}$
4	$2 \dfrac{P}{\pi\,d^2} \cdot \cos^6 \theta$	2
5	$\frac{5}{2} \dfrac{P}{\pi\,d^2} \cdot \cos^7 \theta$	$\frac{5}{2}$
6	$3 \dfrac{P}{\pi\,d^2} \cdot \cos^8 \theta$	3

Deze schrijver tracht dan uit de uitkomsten van waarnemingen af te leiden welke ν-waarde onder bepaalde omstandigheden het best door die uitkomsten wordt bevestigd. (zie O.K. FROEHLICH, Druckverteilung im Baugrunde).

Voor belastingen, voldoende ver verwijderd van den grens van het evenwicht, en waarbij de waarnemingen vooral de vervorming van het omliggende terrein oppervlak betroffen, welke nagenoeg omgekeerd evenredig bleken met de kwadraten der afstanden tot de opgebrachte last, schenen de vervormingen te wijzen op het optreden van de bij een concentratiefactor 2 (ordecijfer 4) behoorende spanningen.

Zouden — zooals dit in een practisch geval normaal is — verschillende grondlagen voorkomen, zoo zou ook daardoor de uitkomst van het statisch onbepaalde vraagstuk der spanningsverdeeling worden beïnvloed.

Meestal zal de bepaling der spanningsverdeeling ten doel hebben, daaruit de onder invloed eener opgebrachte belasting te verwachten zettingen af te leiden, waarbij òf van de C-waarden òf van de α_p- en α_s-waarden van den ondergrond, zal worden gebruik gemaakt.

Hierbij wordt dan dus verondersteld, dat de samendrukking der grondlagen zal plaats vinden — evenals dit bij de bepaling der C- en α-waarden het geval was — geheel zonder zijdelingsche uitzetting.

Bij de vele onzekerheden, die aldus dit vraagstuk eigen zijn, schijnt

Iaarom voorloopig eene met eene concentratie $2\,\dfrac{P}{\pi\,d^2}$ overeenkomende spanningsverdeeling als eerste benadering aanbevelenswaardig.

Hiervoor pleit behalve de waargenomen, ongeveer met het kwadraat van den afstand afnemende zettingen ook nog de omstandigheid, dat, indien men van deze vervormingswet uitgaat, voor de zetting naast een oneindig lange strookbelasting een eindige waarde wordt gevonden. Dit in tegenstelling tot de concentratie $^3/_2$.

Intusschen treft men in de vakliteratuur ook vele gegevens aan, gebaseerd op de spanningsverdeeling met concentratie $^3/_2\,\dfrac{P}{\pi\,d^2}$.

Hoewel zij ter toelichting der verschillende uitkomsten in het voorafgaande reeds bij benadering op belaste oppervlakten van grootere uitgebreidheid werden toegepast, brengen de formules feitelijk slechts de uitwerking van geconcentreerde lasten tot uitdrukking; verdeelde belastingen vinden in de volgende paragraaf behandeling.

Voor punten op grooten afstand van zulke, over een groot oppervlak verbreide belastingen kunnen deze met voldoende benadering door eene geconcentreerde last, gelijk aan de resultante van het laststelsel, worden vervangen welke aangrijpt volgens de werklijn dier resultante.

§ 85. *De spanningsverdeeling ingevolge verschillende, en verdeelde belastingen.*

Bij beide besproken spanningsverdeelingen blijft, zooals wij zagen, het beginsel van superpositie van toepassing, vooropstellend, dat de drukveranderingen naar verhouding zoo klein zijn, dat de samendrukbaarheidsmoduli op de verschillende diepten onveranderd kunnen blijven.

Heeft men nu te maken met een aantal belastingen (fundamenten b.v.), dan kan men voor voldoende ver daarvan verwijderde plaatsen de fundamentsbelastingen als geconcentreerde lasten opvatten. Men kan dan voor eene bepaalde plaats de bijdragen tot de spanningen ingevolge de verschillende lasten berekenen, bij elkaar superponeeren en aldus de spanningsstijging ter plaatse vinden. Geschiedt de berekening met het oog op eene zettingsberekening, dan wordt daarbij bij onze huidige kennis nog slechts met de toename der normaalspanning op horizontale vlakjes rekening gehouden. Deze kan dan door eenvoudige optelling der uit de verschillende lasten voortvloeiende bijdragen worden gevonden.

Ter vergemakkelijking der becijferingen zijn voor dit doel monogrammen opgesteld in fig. 125 *), geldende voor de concentratiefactoren $^3/_2$ en 2 en waarvan het gebruik zonder meer duidelijk is.

---

*) Als los inlegvel achterin dit boek geborgen.

Zou men de spanningen dichter onder een fundament willen bepalen, dan wordt de aanname, dat de spanningsverdeeling aan die ingevolge eene geconcentreerde last in het midden zou zijn gelijk te stellen, te onnauwkeurig.

Zou de belasting, die door het fundament op het terrein wordt uitgeoefend, in haar verdeeling bekend zijn, dan is toepassing van het beginsel van superpositie betrekkelijk eenvoudig.

Voor het geval, dat de verdeeling volgens eenvoudige wetten verloopt (gelijkmatig, driehoekig, parabolisch of sinusoïdaal), zijn de uiteindelijke spanningen voor verschillende plaatsen van den ondergrond met behulp van integraties te vinden en in ieder geval bij benadering door sommaties.

Als voorbeeld wordt de spanningsberekening ingevolge eene gelijkmatig verdeelde belasting bij strookbelasting hier gegeven (fig. 126).

De verticale spanning op een horizontaal vlakje door M op de diepte z denken wij ons ontstaan als gevolg van oneindig vele elementaire belastingsstrookjes.

De loodrechte afstanden tusschen M en de begrenzingslijnen der belasting

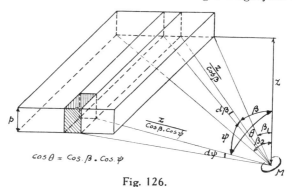

$$cos\,\theta = cos\,\beta \cdot cos\,\psi$$

Fig. 126.

maken hoeken β_1 en β_2 met de verticaal door M; de plaats van eene willekeurige elementaire strook is bepaald door de hoek β.

De elementaire strookbreedte, welke ontstaat door aan den hoek β eene aangroeiïng $d\beta$ te geven, bedraagt $z \cdot \dfrac{d\beta}{cos^2\,\beta}$.

De elementaire strooklengte, welke ontstaat door aan de hoek ψ eene aangroeiïng $d\psi$ te geven, bedraagt $\dfrac{z}{cos\,\beta} \cdot \dfrac{d\psi}{cos^2\,\psi}$.

De elementaire belasting op het aldus gevormde oppervlakje bedraagt dus

$$p \cdot z^2 \cdot \frac{1}{cos^3\,\beta \, cos^2\,\psi} \; d\beta \, d\psi.$$

De invloed van zulk een last P op de verticale ontbondene der spanning in het horizontale vlakje door M bedraagt in het algemeen:

$$\nu \, \frac{P}{2 \pi z^2} \, \cos^{\nu+2} \Theta.$$

en in dit geval dus ingevolge de belasting op de geheele elementaire, oneindig lange strook:

$$2 \int_{\varphi=0}^{\varphi=\pi/2} \nu \, \frac{p \cdot z^2 \, \dfrac{1}{\cos^3 \beta \cos^2 \psi} \, d\beta \, d\psi}{2 \pi z^2} \, \cos^{\nu+2} \beta \cdot \cos^{\nu+2} \psi =$$

$$= \frac{p\nu}{\pi} \cos^{\nu-1} \beta \, d\beta \int_0^{\pi/2} \cos^\nu \psi \, d\psi.$$

Bij $\nu = 3$ (of concentratie-coëfficiënt $= {}^3/_2$) wordt dit

$$\frac{2}{\pi} \, p \cos^2 \beta \, d\beta.$$

Bij $\nu = 4$ (of concentratie-coëfficiënt $= 2$) wordt dit

$$\frac{3}{4} \, p \cos^3 \beta \, d\beta.$$

De verticale druk in M door alle elementaire strookjes gezamenlijk veroorzaakt wordt dan $\dfrac{2}{\pi} \cdot p \displaystyle\int_{\beta_1}^{\beta_2} \cos^2 \beta \, d\beta =$

$$\frac{p}{\pi} \, (\sin \beta_2 \cos \beta_2 - \sin \beta_1 \cos \beta_1 + \beta_2 - \beta_1)$$

respectievelijk bij de concentratiecoëfficiënt 2,

$$\frac{3}{4} \, p \int_{\beta_1}^{\beta_2} \cos^3 \beta \, d\beta = \frac{p}{4} \, (3 \sin \beta_2 - 3 \sin \beta_1 - \sin^3 \beta_2 + \sin^3 \beta_1).$$

Ook de spanningen in andere dan horizontale vlakjes kunnen op overeenkomstige wijze bepaald worden.

Eenige resultaten van dergelijke berekeningen, ontleend aan het Journal of the Boston Society of Civil Engineers, July 1934, zijn voor belastingsgevallen A, B en C, als voorgesteld in fig. 127, eenigszins verkort opgenomen in onderstaande tabellen; de spanningen zijn aangegeven als coëfficiënten van p. De gebezigde concentratie coëfficiënt is ${}^3/_2$.

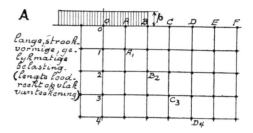

A

lange, strook-
vormige, ge-
lijkmatige
belasting.
(lengte lood-
recht op vlak
van teekening)

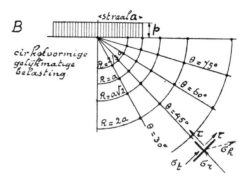

B

cirkelvormige
gelijkmatige
belasting.

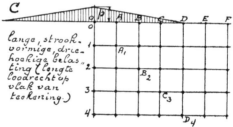

C

lange, strook-
vormige, drie-
hoekige belas-
ting (lengte
loodrecht op
vlak van
teekening.)

Fig. 127.

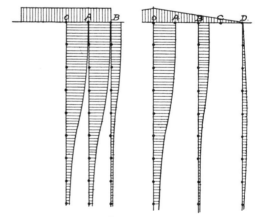

Fig. 128.

Tabel behoorende bij A

punt	σ_z	σ_h	τ
00	1.00	1.00	0
01	0.96	0.45	0
02	0.82	0 18	0
03	0.67	0.08	0
04	0.55	0.00	0
05	0.46	0.02	0
06	0.40	0.01	0
07	0.35	0.01	0
08	0.30	0.01	0
A0	1.00	1.00	0
A1	0.90	0.39	0.13
A2	0.74	0.19	0.16
A3	0.61	0.10	0.13
A4	0.51	0.05	0.10
A5	0.44	0 03	0.07
B1	0.50	0.35	0.30
B2	0.48	0.23	0.25
B3	0.45	0.14	0.20
B4	0.41	0.09	0 16
B5	0.37	0.06	0.12
C1	0.09	0.29	0.15
C2	0.25	0.21	0.21
C3	0.27	0.18	0.20
C4	0.29	0.13	0.18
C5	0.29	0,09	0 15
D1	0.02	0.17	0.06
D2	0.08	0.20	0.13
D3	0.15	0.18	0.16
D4	0.18	0.15	0.16
D5	0.20	0.13	0.14
E1	0.01	0.11	0.03
E2	0 04	0.16	0.07
E3	0.08	0.16	0.11
E4	0.11	0.14	0.13
E5	0.14	0.12	0 13

Tabel behoorende bij B

punt	σ_t	σ_h	σ_r	τ
$R = 0$	—	—	1.00	0
$R = \tfrac{2}{3}\, a$				
0°	—	—	0.79	0
30°	—	—	0.84	0.06
45°	—	—	0 86	0.05
60°	—	—	0.91	0.04
80°	—	—	0.99	0.03
85°	—	—	1.00	0.01
90°	—	—	1.00	0
$R = a$				
0°	—	—	0.65	0
30°	—	—	0.63	0.14
45°	—	—	0.61	0 20
60°	—	—	0.58	0.25
75°	—	—	0.54	0.30
80°	—	—	0.53	0.31
85°	—	—	0.51	0 31
90°	—	—	0.50	0.32
$R = a\sqrt{2}$				
0°	0.03	0.03	0 48	0
30°	0.09	0.04	0.40	0.13
45°	0 13	0.05	0.34	0.16
60°	0.21	0.05	0.21	0.19
75°	0.21	0.05	0.07	0.11
80°	0.16	0.04	0.04	0.06
85°	0.07	0.03	0.02	0.02
90°	0.03	0.02	0	0
$R = 2a$				
0°	0.01	0.01	0 28	0
30°	0.05	0.01	0.22	0.10
45°	0.09	0.01	0.16	0.12
75°	0.09	0.01	0.02	0.04
80°	0.07	0.01	0.00	0.02
85°	0.03	0.01	0 00	0.00
90°	0.01	0.01	0	0

Tabel behoorende bij C

punt	σ_z	σ_h	τ
00	1.00	1.00	0
01	0.84	0.39	0
02	0.70	0.19	0
03	0.59	0.19	0
04	0.50	0.06	0
05	0.43	0.04	0
06	0.37	0.02	0
07	0.33	0.02	0
08	0.30	0.01	0
010	0.24	0.01	0
A0	0.75	0.75	0
A1	0.72	0.39	0.11
A2	0.63	0.20	0.11
A3	0.55	0.11	0.10
A4	0.47	0.07	0,08
A5	0.41	0.04	0.06
B0	0.50	0 50	0
B1	0.49	0.34	0.15
B2	0.49	0.22	0.18
B3	0.43	0.14	0.16
B4	0.40	0.09	0.13
B5	0.36	0.06	0.11
B6	0.32	0.04	0.09
B8	0.27	0.02	0.06
B10	0.23	0.01	0.04
C0	0.25	0.25	0
C1	0.26	0.26	0.15
C2	0.29	0.22	0.18
C3	0.30	0.16	0.17
C4	0.30	0 12	0.15
C5	0:29	0.08	0.13
D0	0	0	0
D1	0.20	0.20	0.10
D2	0.20	0.20	0.14
D3	0.17	0.17	0.15
D4	0.13	0.13	0.15

Het verloop van σ_z is ter wille der overzichtelijkheid nog grafisch weergegeven in fig. 128 voor de verticalen door O, A en B bij belastinggeval A en voor de verticalen door O, B en D bij belastinggeval C.

§ 86. *Statisch onbepaalde belastingsverdeeling over een grondslag.*

Intusschen komt het maar zelden voor, dat de verdeeling van eene belasting over een terrein á priori bekend is, zooals bij eene gelijkmatig verdeelde ophooging of onder de zelden voorkomende belasting door een vloeistof door tusschenkomst van eene volkomen slappe tusschenlaag het geval is.

Bijna in alle gevallen zal de belasting eene zekere mate van stijfheid bezitten, welke door het verloop der inzinking tot uitwerking zal komen. De plaatsen, die anders het diepst zouden wegzinken, zullen dientengevolge worden ontlast en andere daarentegen meer worden belast.

Bij een relatief volkomen stijf, belastend lichaam (kolomvoet, watertoren, silofundament e.d.) zal de verdeeling der belasting over den ondergrond eene zoodanige moeten zijn, dat dientengevolge de zetting overal gelijk is, althans bij centrische belasting.

Soms kan men dit statisch onbepaalde vraagstuk der spanningsverdeeling tot oplossing brengen door de door verschillende deelen van het grondvlak uitgeoefende drukken als onbekenden in te voeren en dan de zettingen van die deelen, mede ingevolge wederzijdsche beïnvloeding, aan elkaar gelijk te stellen. Daarbij zal er mee volstaan kunnen worden slechts de verhoudingen der verschillende zettingen in vergelijking te brengen.

Bovendien ontstaat er eene vergelijking uit de voorwaarde, dat alle drukkingen samen gelijk moeten zijn aan de totale belasting.

De oplossing van dit statisch onbepaalde vraagstuk der spanningsverdeeling volgt dan door oplossing dezer vergelijkingen.

Indien de spanningsverdeeling aldus bekend is, kan daaruit op de in § 40 aangegeven wijze bijv. de zetting volgens een midden-verticaal worden becijferd, die dan tevens voor het geheele fundament geldt.

Overigens blijkt uit eene dergelijke berekening, dat door de randen van eene stijve fundeeringsplaat uitgeoefende drukkingen grooter zullen zijn dan die meer nabij het midden.

8,7	6,3	6,3	8,7
6,3	3,7	3,7	6,3
6,3	3,7	3,7	6,3
8,7	6,3	6,3	8,7

De in de vierkanten geschreven getallen geven aan de druk door de stijve plaat in % van de last.

Fig. 129.

Een voorbeeld van de uitkomst eener dergelijke berekening geeft fig. 129. Bij verdere doorvoering der onderverdeeling zou het verloop der tegendrukken zich nog duidelijker afteekenen.

Men zou indien het alléén om eene zettingsberekening gaat, ook tal van uitééenloopende veronderstellingen kunnen doen met betrekking tot het drukverloop.

Hierbij doet zich eene omstandigheid voor, die tot groote vereenvoudiging leidt: voor ronde platen (en met eenige benadering voor daaraan in oppervlak gelijke vierkante of zelfs rechthoekige platen) is gebleken, dat — voor de spanningsconcentratie $2\dfrac{P}{\pi d^2}$ en indien de op den ondergrond overgebrachte drukkingen zouden bestaan uit een constanten term en een term, die volgens eene omwentelings-paraboloïde verloopt (fig. 130) — voor de verschillende punten van een verticaal op een afstand $\dfrac{R}{\sqrt{2}}$ van het middelpunt de verticale spanningen vrijwel dezelfde blijven, hoe ook de belasting over het vlak wordt verdeeld gedacht. Het verloop der verticale spanning in deze verticaal op een afstand $\dfrac{R}{\sqrt{2}}$, is in fig. 130 rechts en in fig. 125 *) voor practische doeleinden nog eens op

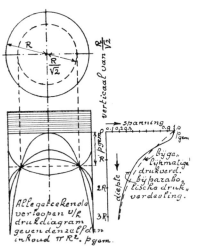

Fig. 130.

grootere schaal weergegeven voor twee verschillende belastingsverdeelingen over de plaat en wel voor eene gelijkmatige en voor eene parabolische; het verschil blijkt zeer gering te zijn. Op deze omstandigheid werd door Ir. A. M. Bossen de aandacht gevestigd.

Daar nu de zetting van eene stijve plaat voor alle punten daarvan dezelfde moet zijn, is het voldoende de totale zetting daarvan volgens de bedoelde verticaal te berekenen. (Zie §§ 40 en 47).

Natuurlijk kan deze vereenvoudiging, geldend voor homogeen terrein, niet voor elk gelaagd terrein juist zijn.

Men staat dan voor de keuze om deze desondanks bij wijze van benadering te handhaven of wel eene afzonderlijke berekening op te zetten, waarbij op de wijze als aan het begin van deze paragraaf reeds aangegeven eene zoodanige spanningsverdeeling wordt gezocht, dat gelijke zettingen van alle gedeelten van den grondslag daarvan het gevolg zijn.

§ 87. *Statisch bepaalde spanningsverdeeling over den grondslag.*

Bij alle hier besproken spanningsberekeningen werd er van uitgegaan, dat geen plaatselijke evenwichtsverstoringen optreden, noch de daartoe inleidende bewegingen.

Eventueel zouden daarvan zettingen, grooter dan de berekende, het gevolg moeten zijn.

Men zou met de kans hierop tot op zekere hoogte rekening kunnen houden

---

*) Zie inlegvel achter in dit boek.

door van de statisch bepaalde spanningsverdeeling uit te gaan, die bij den grenstoestand van het evenwichtsdraagvermogen (Hoofdstuk VIII) optreedt.

Deze spanningsverdeeling aan de grens van het evenwicht zal gelijkmatig blijken te zijn voor zoover deze het gevolg is van de belasting naast den fundeeringsgrondslag en ook voor zoover deze het gevolg is van eene onveranderlijke schuifvastheid van den ondergrond.

Voor zoover echter de grensbelasting voortvloeit uit het gewicht van den ondergrond zelf, zal deze blijken driehoekig van af den rand naar het midden toe te nemen.

Daar intusschen de werkelijke belasting steeds kleiner zal zijn, dan die bij de grens van het evenwichtsdraagvermogen, zal het nog noodig zijn vast te stellen welk spanningsverloop daarvoor zal worden aangehouden.

Het eenvoudigst zal zijn daartoe de juist besproken spanningen bij de evenwichtsgrens in evenredigheid te verminderen, totdat deze gezamelijk met de totale last overeenkomen, doch ook andere verdeelingen zijn denkbaar.

Op deze wijze komt men uit den aard der zaak tot eene zetting, waarin reeds eenigermate met den invloed van plaatselijke evenwichtsverstoringen is rekening gehouden.

Indien intusschen zelfs de uit eene vervormingsberekening volgens § 86 bepaalde groote drukkingen nabij den omtrek van een fundament nog belangrijk beneden de grenswaarde ter plaatse gelegen zouden zijn, bestaat er uit den aard der zaak geen aanleiding om niet de volgens § 86 gevonden spanningsverdeeling en de daaruit voortvloeide zetting aan te houden.

Tot slot wordt naar de in dit hoofdstuk opgenomen tabellen en grafieken voor verschillende belangrijke gevallen verwezen, met behulp waarvan — bij bekende samendrukbaarheidsconstanten — volgens de reeds vroeger aangegeven methoden zettingsberekeningen uitvoerbaar zijn.

HOOFDSTUK VII.

SPANNINGSVERDEELING IN ZIJDELINGS ONBEGRENSD TERREIN, MEDE INGEVOLGE DAARIN GEMAAKTE CILINDRISCHE HOLTEN; SILOWERKING.

§ 88. *Horizontaal terrein.*

Zelfs voor dit eenvoudigste denkbare geval moet het antwoord op de vraag, of de spanningstoestand in de punten van een horizontaal terrein van onbeperkte uitgebreidheid zonder voorbehoud kan worden aangegeven, ontkennend luiden.

De moeilijkheid schuilt in de onzekerheid ten aanzien van de horizontale spanningen op verticale vlakjes, die tevens de horizontale hoofdspanningen zijn, daar in die vlakjes het optreden van schuifspanningen dooreengenomen uitgesloten moet worden geacht.

In een terrein, dat ingevolge bewegingen van den diepen ondergrond aan opstuiking onderhevig is, zouden de horizontale hoofdspanningen uit de verticale kunnen worden bepaald, mits er van zou kunnen worden uitgegaan dat een grenstoestand van het evenwicht bereikt is.

Iets overeenkomstigs zou kunnen gelden voor een terrein, dat in horizontalen zin uitgerekt wordt. In deze beide uiterste gevallen is de spanningsverdeeling door het optreden van grenstoestanden van het evenwicht bepaald en kan ook de ligging der schuifvlakken gemakkelijk worden aangegeven. Wij baseeren ons daarbij op de in § 69 afgeleide gegevens en vinden dan de uitkomsten, vermeld in onderstaande figuur 131.

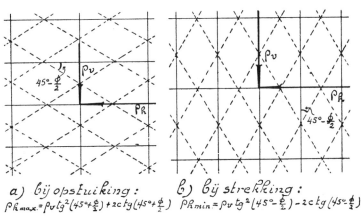

$a)$ *bij opstuiking*:
$$p_{R\,max.} = p_v \, tg^2 (45° + \tfrac{\phi}{2}) + 2c \, tg (45° + \tfrac{\phi}{2})$$

$b)$ *bij strekking*:
$$p_{R\,min.} = p_v \, tg^2 (45° - \tfrac{\phi}{2}) - 2c \, tg (45° - \tfrac{\phi}{2})$$

Fig. 131.

In de figuur zijn de getrokken lijnen hoofdspanningstrajectoriën, de gestippelde zijn mogelijke glijdvlakken.

Indien de opeenvolgende grondlagen gelijke φ-waarde bezitten, zijn deze glijdvlakken platte vlakken; zoo niet, dan zouden ze uit gebroken platte vlakken opgebouwd zijn.

Getallenvoorbeeld. Is op zekere diepte de vertikale korrelhoofdspanning $\varrho_v = 0,5$ kg/cm², $c = 1$ ton/m² $= 0,1$ kg/cm² en $\varphi = 25°\,20'$, dus

$$tg\,(45° + \frac{\varphi}{2}) = 1,58 \text{ en } tg^2\,(45° + \frac{\varphi}{2}) = 2,5 \; tg\,(45° - \frac{\varphi}{2}) = 0,63 \text{ en}$$

$$tg^2\,(45° - \frac{\varphi}{2}) = 0,4,$$

dan is:

$$\varrho_{h\,max} = 0,5 \times 2,5 + 2 \times 0,1 \times 1,58 = 1,57 \text{ kg/cm}^2,$$
$$\varrho_{h\,min} = 0,5 \times 0,4 - 2 \times 0,1 \times 0,63 = 0,074 \text{ kg/cm}^2.$$

Meestal echter zullen wij niet met deze uiterste grensgevallen te maken hebben.

De horizontale hoofdspanningen zijn dan tusschen de aangegeven grenzen besloten en zijn feitelijk statisch onbepaalde groottheden.

Voor een vast bouwmateriaal, waarvan E en m bekend zijn, zou eene berekening van zulk eene statisch onbepaalde horizontale hoofdspanning eenvoudig genoeg zijn. We zouden dan in een terrein dat in horizontalen zin geen lengteverandering ondergaat, de statisch onbepaalde ϱ_h kunnen vinden uit de vormveranderingsvoorwaarde:

$$\frac{\varrho_v}{m \cdot E} - \frac{\varrho_h}{E} + \frac{\varrho_h}{m \cdot E} = o \quad \text{zoodat } \varrho_h = \varrho_v \; \frac{1}{m - 1}.$$

Aangezien voor een vast bouwmateriaal $m \geqq 2$ moet $\varrho_h \leqq \varrho_v$ zijn.

Intusschen verliest het begrip van den contractie-coëfficiënt m voor korrelmassa's zijne beteekenis en ontbreekt dus aan deze berekening de onmisbare physische grondslag. De gedachtengang wordt hier slechts vermeld, omdat sommige schrijvers dezen volgen.

Eene andere opvatting, welke wel wordt aangetroffen, is, dat aangezien bij $\varrho_h = \varrho_v$ alle schuifspanningen $= o$ zijn en voorts schuifspanningen in eene grondmassa op den langen duur onwaarschijnlijk zouden zijn en de grond zich in verloop van tijd schuifspanningsloos zou gaan opstellen, in feite $\varrho_v = \varrho_h$ zou moeten worden gesteld, evenals dit in eene stilstaande vloeistof het geval is. Men spreekt dan wel van „den natuurlijken" gronddruk en verschillende studiën heeft men op deze zienswijze opgebouwd. Intusschen is de grondgedachte, dat schuifspanningen in grond op den duur zouden verdwijnen, niet met de ervaring in overeenstemming. Immers onder alle bouwwerken komen in den ondergrond schuifspanningen voor en, dat deze onbeperkt kunnen blijven voortbestaan, valt te concludeeren uit de rust, waarin deze bouwwerken eeuwenlang kunnen blijven verkeeren. Hoe eenvoudig deze ook in toepassing moge zijn, ontbreekt dus ook aan deze opvatting de physische grondslag.

§ 89. *Bepaling van de neutrale hoofdspanningsverhouding.*

Slechts langs den weg der proefnemingen zal de oplossing kunnen worden gebracht en, zoolang waarnemingen in het terrein nog niet ter beschikking staan, zijn wij op laboratorium-waarnemingen aangewezen.

Wij zullen voortaan de in het ongestoorde terrein, dus bij afwezigheid van opstuiking of uitrekking heerschende horizontale hoofdspanning de neutrale druk noemen en kunnen trachten deze te bepalen met behulp van apparaten, die zoodanig zijn ingericht, dat eene horizontale lengte-verande-ring der verticaal belaste grondmonsters daarbij voorkomen wordt.

Zoo kan men bij zand-onderzoek in het cel-apparaat probeerenderwijs naar zoodanige hoofdspanningsverhoudingen $\varrho_v : \varrho_h$ zoeken, dat daarbij een zijde-lingsche lengte-verandering niet optreedt.

Rendulic vond aldus, dat bij eene verhouding ca. 2 : 1 in eene zandmassa vrijwel geene zijdelingsche vervorming optrad *).

Hieruit zou dus een hoofdspanningsverhouding $k_{neutraal} = $ ca. 0,50 volgen.

Ook kan men een zich in het gummivlies van het cel-apparaat bevindende zandmassa omgeven door een geperforeerden metalen mantel, waardoor het vlies aanvankelijk zijdelings wordt gesteund, (fig. 132).

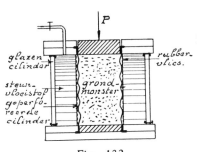

glazen cilinder

rubber vlies.

steun-vloeistof

grond-monster

geperfo-reerde cilinder

Fig. 132.

Brengt men nu eene bepaalde verticale belasting, overeenkomend met eene be-paalde waarde van ϱ_v aan en neemt men waar hoeveel steunwater moet toege-voerd worden om de zijdelingsche druk ϱ_h in de steunvloeistof geleidelijk te doen stijgen (noodig om de elastische uitzet-ting der apparatuur, samendrukking van het gummivlies e.d. weer weg te nemen, dus om het grondmonster zijn horizon-tale afmetingen te doen behouden), dan blijkt, dat in het diagram van fig. 133, dat het verband aangeeft van de stijging van den steundruk en de daartoe toegevoerde hoeveelheid steunwater, bij het bereiken van een bepaalden zijdelingschen druk, eene plotselinge afwijking intreedt.

---

*) L. Rendulic. Wasserwirtschaft und Technik.

Er is dan bij die bepaalde waarde van den zijdelingschen druk plotseling veel meer water noodig om dezen hooger op te voeren, hetgeen alleen kan voortvloeien uit de omstandigheid, dat dan de grondmassa begint zijdelings door het steunwater te worden samengedrukt.

De knik in het diagram zal dus de bij de aanwezige ϱ_v behoorende neutrale druk $k_n \cdot \varrho_v$ aangeven.

Door herhaling van de proefneming bij verschillende waarden van ϱ_v verkrijgt men een aantal gegevens omtrent de normale drukverhouding k_n voor de betrokken korrelmassa.

Voor zandmassa's blijkt k_n zich tusschen 0,40 en 0,50 te bewegen; voor eene gegeven korrelmassa van bepaalde dichtheid en structuur kan deze zoo noodig afzonderlijk worden bepaald.

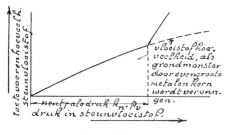

Fig. 133.

Denkt men zich nu dat een oneindig uitgestrekt terrein is opgebouwd door natuurlijke of kunstmatige afzetting van opeenvolgende lagen, dan zou, indien ook daarbij eene zijdelingsche uitzetting niet mogelijk is en de diepere lagen eene geleidelijk toenemende belasting te dragen krijgen, in het terrein op overeenkomstige wijze eene horizontale hoofdspanning $k_n \cdot \varrho_v$ moeten ontstaan, welke dus in het algemeen met de diepte toeneemt.

Dachten wij in het bovenstaande in de eerste plaats aan grofkorrelige gronden, voor fijnkorreligen grond wordt de toepassing van de laatst besproken methode bemoeilijkt, omdat een spontaan aan den dag tredende zijdelingsche samendrukking der korrelmassa bij het bereiken van een bepaalden zijdelingschen druk zich daarbij niet zoo gemakkelijk kan voordoen, aangezien daartoe poriënwater moet worden weggeperst. Er ontstaan dan overgangen, die zich minder scherp afteekenen, zoodat de waarde van den neutralen druk niet zoo duidelijk aan den dag treedt als dit bij zandmassa's het geval blijkt te zijn.

De eerstbesproken methode — mits zoo langzaam uitgevoerd, dat de hydrodynamische spanningen verwaarloosd kunnen worden — kan daarvoor beter dienen; in § 75 kwam deze werkwijze, zij het dan met eenige wijziging, reeds aan de orde.

Immers werd bij de langzame celproef nagegaan, welk verschil het in den steundruk zou maken of men bij een fijnkorrelige grondsoort eene geringe zijdelingsche uitzetting dan wel eene kleine zijdelingsche samendrukking teweeg bracht. De neutrale druk zal dan natuurlijk tusschen de verkregen uitkomsten in moeten liggen.

Het bleek toen, dat, in tegenstelling tot hetgeen bij grofkorreligen grond het geval is, de steundruk althans bij de onderzochte grondsoorten door een en ander niet noemenswaard wordt beïnvloed; zelfs zouden de minimale en de neutrale druk van zulk een grondsoort nagenoeg samenvallen.

Zou zich bij den laagsgewijzen opbouw van een terrein iets overeenkomstigs voordoen, dan zou in zulke grondsoorten als neutrale druk ongeveer de minimale druk komen te heerschen.

Of dit ook in den regel het geval is, zal nog nader aan de hand van laboratorium-onderzoek en vooral van metingen in het terrein dienen te worden nagegaan.

§ 90. *Spanningstoestanden rondom verticale cilindrische holten.*

In een horizontaal terrein, waarvoor de verticale en horizontale korrelhoofdspanningen op de verschillende diepten bekend worden verondersteld, wordt een verticale cilindrische holte gemaakt; op de binnenwand daarvan worde eene zekere normale korrelsteunspanning uitgeoefend. Zij op zekere diepte de oorspronkelijke verticale korrelhoofdspanning ϱ_v en de horizontale bijv. $\varrho_h = k_a \cdot \varrho_v$, waarin k_a de minimale k-waarde voorstelt. Is nu de uitgeoefende steunspanning $\varrho_i < k_a \varrho_v$, dan rijst de vraag of een evenwichtstoestand kan ontstaan en hoe daarbij het verloop der spanningen in de omgeving van de holte zal zijn. Wij beschouwen allereerst de spanningen in verticale vlakjes en beginnen met aan te nemen, dat om voor de hand liggende redenen zoowel radiale als tangentieele vlakjes van rondom de holte beschreven cilinders hoofdvlakken van den spanningstoestand zullen zijn.

Daar aan de evenwichtsvoorwaarden moet worden voldaan, moet voor de grondhoeveelheid, besloten tusschen twee horizontale vlakken op afstand dz en tusschen twee halve cilinders op afstand dr (zie fig. 134)

$$2(r + dr)(\varrho_r + d\varrho_r) = 2 dr \cdot \varrho_t + 2r \cdot \varrho_r \text{ of}$$

$$r \cdot d\varrho_r + \varrho_r dr = dr \cdot \varrho_t \text{ zoodat } \frac{dr}{r} = \frac{d\varrho_r}{\varrho_t - \varrho_r}$$

Aangezien $\varrho_i < k_a \cdot \varrho_v$ moeten rondom de holte evenwichtverstoringen in de korrelmassa optreden; daarbij moet zich een overgangsgebied ontwikkelen, waarin overal de ten aanzien van het evenwicht uiterst mogelijke hoofdspanningsverhoudingen worden bereikt.

Bij een geheel cohesieloos materiaal zal binnen dit gebied steeds $\varrho_r = k_a \cdot \varrho_t$ zijn. Voeren wij dit in de reeds gevonden differentiaalvergelijking in, dan gaat deze over in $\dfrac{dr}{r} = \dfrac{d\varrho_r}{\varrho_r\left(\dfrac{I}{k_a} - I\right)}$ waarin $k_a < I$ is

Bij integratie geeft dit $lg\ r = \dfrac{k_a}{I - k_a}\ lg\ \varrho_r + C.$

Voor de binnenwand der holte is dan

$$lg\ r_i = \dfrac{k_a}{I - k_a} lg\ \varrho_i + C.$$

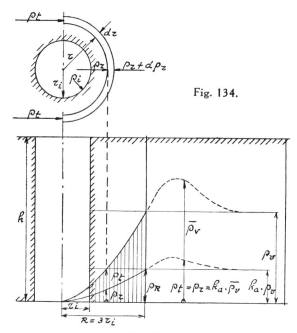

Fig. 134.

Fig. 137.

Trekken we beide gelijkheden van elkaar af, dan is

$$lg\ \dfrac{r}{r_i} = \dfrac{k_a}{I - k_a}\ lg\ \dfrac{\varrho_r}{\varrho_i}\ \text{waaruit volgt:}$$

$$\left(\dfrac{r}{r_i}\right)^{\frac{1-k_a}{k_a}} = \dfrac{\varrho_r}{\varrho_i}\ \text{dus dat}\ \varrho_r = \varrho_i\left(\dfrac{r}{r_i}\right)^{\frac{1-k_a}{k_a}}$$

Voor $k_a = {}^1\!/_2$ resp. $^1\!/_3$ resp. $^1\!/_4$ verloopt ϱ_r, en dus ook ϱ_t, dus bij toe-nemende r-waarde als eene rechte, resp. als een tweedegraadsparabool, resp. als een derdegraadsparabool, zooals in fig. 135 is aangegeven.

De radiale spanning zal op zekeren afstand R uit de as van de holte de oorspronkelijke waarde $k_a \cdot \varrho_v$ kunnen behouden, namelijk zoodra $\varrho_r = k_a \cdot \varrho_v$

$$= \varrho_i \left(\frac{R}{r_i} \right)^{\frac{1-k_a}{k_a}} \text{ dus voor } R = r_i \left(\frac{k_a \cdot \varrho_v}{\varrho_i} \right)^{\frac{k_a}{1-k_a}}$$

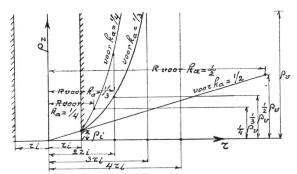

Fig. 135.

In fig. 135 zijn de waarden van R voor k_a resp. $= \tfrac{1}{2}$, $\tfrac{1}{3}$ en $\tfrac{1}{4}$ geteekend, voor het geval dat de steunspanning $\varrho_i = \dfrac{I}{I2} \varrho_v$ zou bedragen.

Voor het geval $k_a = \tfrac{1}{3}$, dat verder als voorbeeld zal worden gebruikt, zou dan het verloop van ϱ_r en ϱ_t kunnen zijn als in fig. 136 voorgesteld, waarbij voorts aangenomen werd, dat $\varrho_i = \tfrac{1}{9} \cdot k_a \cdot \varrho_v = \tfrac{1}{27} \varrho_v$. Dit substitueerende in $k_a \cdot \varrho_v = \varrho_i \left(\dfrac{R}{r_i} \right)^{\frac{1-k_a}{k_a}}$ krijgt men $\tfrac{1}{3} \cdot \varrho_v = \tfrac{1}{27} \varrho_r \left(\dfrac{R}{r_i} \right)^2$ waaruit $R = 3\,r_i$, zijnde de afstand, waarop ϱ_r de waarde der oorspronkelijke terreinspanning zou kunnen behouden.

Wat de verticale spanning op horizontale oppervlakte-elementjes in het overgangsgebied betreft, deze kan intusschen niet grooter zijn dan $\dfrac{\varrho_r}{k_a}$.

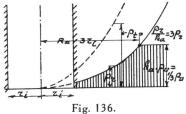

Fig. 136.

dus niet grooter dan ϱ_t. Slechts op een afstand $R = 3\,r_i$ zou in het geval van ons voorbeeld ($k_a = \tfrac{1}{3}$ en $\varrho_i = \tfrac{1}{9} k_a \cdot \varrho_v$) de verticale spanning dus de oorspronkelijke ϱ_v-waarde kunnen behouden; op meer binnenwaarts gelegen vlakjes zou dit uitgesloten zijn.

Het gewicht van den grond vlak rondom het gat kan dan dus niet door deze horizontale vlakjes worden opgenomen, doch zou door schuifspanningen in tangentiëele verticale vlakjes naar verder weg liggende lagen moeten worden overgebracht.

In die verdere omgeving zouden dus grootere verticale drukken ϱ_v moeten optreden, zooals in fig. 137 schetsmatig is aangegeven.

Het zou ons te ver voeren hierop diep in te gaan.

Wel willen wij in dit verband nog het volgende opmerken.

De genoemde verticale vlakjes zullen onder deze omstandigheid géén hoofdvlakjes blijven en hetzelfde geldt voor de horizontale vlakjes waarin immers eveneens schuifspanningen optreden.

Beschouwen wij den hollen grondcilinder (fig. 137) met den uitwendigen straal $R = 3\,r_i$ en den inwendigen straal r_i en de hoogte tot terreinoppervlak $h = \dfrac{\varrho_v}{\gamma}$.

Het gewicht hiervan is dan $8 \cdot \pi \cdot r_i^2 \cdot \dfrac{\varrho_v}{\gamma} \cdot \gamma = 8\,\pi \cdot r_i^2 \cdot \varrho_v$.

Dit gewicht is dan te dragen door de gezamenlijke gearceerde verticale spanningen, wier som bij benadering gelijk is aan den inhoud, besloten tusschen den cilinder en de omwentelingsparaboloïde of gelijk aan $^1/_2\,\pi\,R^2\,\varrho_v = {}^9/_2\,\pi\,r_i^2\,\varrho_v$, terwijl verder meedragen de bedoelde verticale schuifspanningen over het cilindervlak met straal $R = 3\,r_i$ en hoogte $h = \dfrac{\varrho_v}{\gamma}$. Stelt men de gemiddelde schuifspanning τ dan is hare resultante

$$2\,\pi \cdot 3\,r_i \cdot \frac{\varrho_v}{\gamma} \cdot \tau.$$

Voor den hollen grondcilinder geldt nu de evenwichtsvergelijking:

$$8\,\pi\,r_i^2\,\varrho_v = {}^9/_2\,\pi\,r_i^2\,\varrho_v + 6\,\pi\,r_i\ \frac{\varrho_v}{\gamma}\ \cdot \tau$$

$$\text{of}\quad \tau = \frac{7}{12}\,r_i \cdot \gamma.$$

Denken wij ons de τ's van het terrein-oppervlak naar beneden van o af lineair aan te groeien (omdat dit ook met ϱ 't geval is), dan is de schuifspanning op de diepte h gelijk aan $\dfrac{7}{6}\,r_i \cdot \gamma$.

De radiale of normale druk op een elementje van het cilindervlak is op die diepte $\varrho_r = k_a \cdot \varrho_v = k_a \cdot h \cdot \gamma$.

Neemt men verder nog aan eene wrijvingscoëfficiënt f, dan is eene voorwaarde, opdat het gedachte evenwicht mogelijk zal zijn:

$$k_a \cdot h \cdot \gamma \cdot f \geqq \frac{7}{6}\,r_i \cdot \gamma \quad \text{of}\quad k_a \cdot h \cdot f \geqq \frac{7}{6}\,r_i.$$

Deze voorwaarde leidt, bij $k_a = {}^1/_3$ en $f = 0,6$ tot $h \geqq \dfrac{35}{6}\,r_i$, waaraan dus bij kleine r_i reeds op geringe diepte wordt voldaan.

Bij andere getallenwaarden van k_a en ϱ_i zullen op overeenkomstige wijze andere resultaten worden verkregen; ook andere doorsneden dienen onderzocht.

Hoofdzaak is, dat steeds zal blijken, dat, ook indien tegen den wand eener verticale holte slechts geringe steunspanningen worden uitgeoefend, een evenwicht veelal mogelijk blijkt ingevolge het tot ontwikkeling komen van een gebied met hooge tangentiëele of ringspanningen.

De steunspanningen kunnen worden uitgeoefend door eene zoogenaamde dikspoeling (klei met watergehalte boven de vloeigrens) welke tegelijkertijd het boorgat of de mijnschacht van eene slecht doorlatende binnenhuid voorziet, zoodat de overdruk der zware vloeistof ten opzichte van het omgevende grondwater op de korrelmassa overgebracht wordt.

Bovendien zal het niveau der zware vloeistof boven het terrein kunnen liggen, hetgeen het evenwicht der hoogere lagen ten goede komt.

Bij het spuiten van gaten in zand ten behoeve van het inbrengen van palen kan zich een hiermee vergelijkbare toestand voordoen, indien fijne deeltjes worden omhoog gevoerd en het water in het gat een overdruk bezit ten opzichte van den grondwaterstand.

Ook kunnen — in het capillaire gebied — steunspanningen van capillairen aard optreden.

De gegeven theoretische beschouwingen zijn niet alleen van nut om begrijpelijk te maken de wijze waarop rondom holten in grond het evenwicht kan gehandhaafd blijven, doch brengt tevens het inzicht, dat in korrelmassa's bepaalde — b.v. meer samendrukbare — korrelpartijen automatisch aan lagere spanningen kunnen zijn blootgesteld, ten nadeele van de spanningen in de meer weerstand biedende gedeelten.

Wij willen thans nog eenige aandacht besteden aan de spanningsverdeeling rondom een verticale cilindrische holte, indien de grondsoort slecht doorlatend en sterk samendrukbaar zou zijn.

Ware de holte in een tijdsbestek o tot stand gebracht, dan zou onmiddellijk na het gereedkomen de omliggende grond elastisch willen gaan uitzetten, waartoe dan water-aanzuiging noodig is. Bevindt zich geen water in de holte, dan zou in met water verzadigden grond een horizontale capillaire korrelspanning ontstaan, gelijk aan de oorspronkelijke korrelspanning in het terrein, indien althans de capillaire eigenschappen van den grond dit mogelijk maken. Er verandert dan dus aanvankelijk weinig aan den spanningstoestand. Wèl zal spoedig uit de omgeving water toestroomen en zal indien de verdamping geen gelijken tred houdt met den watertoevoer, de onderdruk in het water en dus ook de steunspanning afnemen en zal zwelling van den grond optreden, waarbij uiteindelijk een nieuw evenwicht zal worden nagestreefd, dat echter niet altijd mogelijk zal blijken.

Bij in klei gegraven tunnels wordt deze zwelling duidelijk waargenomen.

Is er wèl water in de holte, dan zou weer kortstondig de door de elastische uitzetting der korrelmassa uitgelokte stroomingsdruk de oorspronkelijke horizontale korrelspanningen kunnen handhaven, doch na verloop van korten tijd zal dan een zwellingsproces beginnen, waarbij uiteindelijk de waterspanningen hydrostatische waarden zullen aannemen.

Nemen wij veiligheidshalve aan, dat er dan van de oorspronkelijke schuifweerstand van den grond op den duur niet veel méér overblijft dan met het product van normale druk en wrijvingscoëfficiënt overeenkomt, dan zou in vele gevallen het evenwicht op overeenkomstige wijze moeten ontstaan als hierboven voor grofkorrelig materiaal werd uiteengezet.

De grootheden k_a zouden daarbij uit den aard der zaak minder gunstige waarden hebben dan voor zand.

Eene andere ongunstige omstandigheid voor de fijnkorrelige, slecht doorlatende gronden is — indien capillaire werkingen uitgesloten zijn — dat het moeilijker is daarop door middel van dikspoeling steunspanningen uit te oefenen. De slechte doorlatendheid van de omgeving der holte bemoeilijkt namelijk de ontwikkeling van een grooten stroomingsdruk ter plaatse van den wand der holte, zooals deze bij grofkorreligen grond en de daarop afgezette dichte huid gemakkelijk tot stand komt.

Ook is bij sterk samendrukbaren grond de zwelling van de omgeving eener holte ingevolge afnemende drukspanningen veel belangrijker dan bij grofkorreligen grond, welke immers eene groote A-waarde bezit in vergelijking met de kleine A-waarde van sterk samendrukbaren slecht doorlatenden grond.

Holten in klei vereischen op grond van een en ander dan ook dikwijls eene steungevende bekleeding.

Het ligt niet in de bedoeling hier verder op de vele mogelijkheden in te gaan, die zich bij het steunen van de wanden van holten in grof- en fijnkorreligen grond kunnen voordoen.

De daartoe in het oog te houden gezichtspunten zijn intusschen in het bovenstaande vervat en kunnen van geval tot geval nader worden uitgewerkt.

Tot nog toe veronderstelden wij een oorspronkelijke horizontale terreinspanning $k_a \cdot \varrho_v$. Aldus hadden alle vervormingen onder invloed van plaatselijke drukvermindering onder grenstoestanden van het evenwicht plaats en behoefde slechts met spanningen, doch niet met vervormingen rekening te worden gehouden.

Anders wordt dit, indien de oorspronkelijke horizontale terreinspanning $k_n \cdot \varrho_v > k_a \cdot \varrho_v$ zou zijn.

Rekenen wij ditmaal van af den cilindermantel gesteund door een druk $\varrho_i = k_a \cdot \varrho_v$, zooals deze zich op den afstand R vanaf de as van de holte ontwikkelt, op de in het voorafgaande beschreven wijze.

Buiten dezen cilindermantel volgt dan een niet-plastisch gebied, waarin de overgang tusschen de horizontale spanningen $k_a \cdot \varrho_v$ en $k_n \cdot \varrho_v$ zich voltrekt, doch waarin de spanningen nu door de vormveranderingseigenschappen der korrelmassa worden bepaald in stede van door de evenwichtseigenschappen daarvan, zooals dit binnen dezen mantel het geval was.

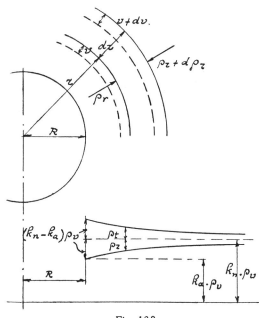

De behandeling van dit geval moge hier plaats vinden, ten einde te doen zien, dat ook — zonder dat grenstoestanden van het evenwicht optreden — rondom gebieden met lagere spanningen de ontwikkeling van verhoogde ringspanningen en verlaagde radiale spanningen (of omgekeerd) zal plaats vinden.

Ten aanzien der vervormingswetten nemen wij in eerste benadering aan, dat binnen het gebied der hier aan de orde komende spanningswijzigingen de wet van Hooke wordt gevolgd.

Fig. 138.

Zij v de binnenwaartsche verplaatsing van den grond in een punt op afstand r, dan is, zooals uit fig. 138 volgt, de specifieke radiale samendrukking $\varepsilon_v = \dfrac{dv}{dr}$ en dus bij evenredigheid van spanning en vervorming en

$m = \infty$, $\varrho_r = E \dfrac{dv}{dr}$ waarin ϱ_r de druktoename ten opzichte van den oorspronkelijken druk voorstelt.

De specifieke tangentieële samendrukking is $\varepsilon_t =$

$$\frac{2\pi r - 2\pi(r - v)}{2\pi r} = \frac{v}{r}$$

zoodat $\varrho_t = E \dfrac{v}{r}$ de druktoename in tangentieëlen zin voorstelt. Is aldus met de eischen van samenhang en met de materiaaleigenschappen rekening gehouden, er moet bovendien ook door de spanningswijzigingen ϱ_r en ϱ_t afzonderlijk worden voldaan aan de reeds vroeger opgestelde evenwichtsvoorwaarden voor een half ringvormig strookje dik dr en met straal r, welke eischen, dat (zie § 90):

$$r \frac{d\varrho_r}{dr} + \varrho_r - \varrho_t = 0.$$

Hierin de waarden van ϱ_r en ϱ_t substitueerend, krijgen we de differentiaalvergelijking:

$$r \, E \, \frac{d^2v}{dr^2} + E \frac{dv}{dr} - E \frac{v}{r} = 0, \text{ waaruit } E \text{ wegvalt.}$$

Aan deze differentiaalvergelijking wordt voldaan door $v = \dfrac{c}{r}$ aangezien

$$r \, \frac{2c}{r^3} - \frac{c}{r^2} - \frac{c}{r^2} = 0$$

c is hierin eene nader te bepalen constante.

Nu wordt $\varrho_r = E \dfrac{dv}{dr} = - E \cdot \dfrac{c}{r^2}$ en $\varrho_t = E \dfrac{c}{r^2}$, zooals in fig. 138 is aangegeven. Ter plaatse van de grens R tusschen het plastische en het elastische gebied is de druktoename $\varrho_r = - (k_n - k_a) \, \varrho_v$ en dus is

$$- (k_n - k_a) \, \varrho_v = - E \frac{c}{R^2}$$

zoodat:

$$c = \frac{R^2}{E} \, (k_n - k_a) \, \varrho_v$$

en dus:

$$v = \frac{R^2}{E} \cdot \frac{k_n - k_a}{r} \cdot \varrho_v.$$

Wij vinden dan $\varrho_t = E \dfrac{r}{v} = \dfrac{R^2}{r^2}(k_n - k_a) \, \varrho_v$ en $\varrho_r = - \dfrac{R^2}{r^2} (k_n - k_a) \, \varrho_v$ en zijn nu in staat het verloop der hoofdspanningen ook in het elastisch gebied aan te geven.

In figuur 138 is het verloop van ϱ_t en ϱ_r aangegeven voor de waarden $k_a = \frac{1}{3}$ en $k_n = \frac{1}{2}$.

Met behulp van de gegeven formule voor v is het nu ook mogelijk de te verwachten binnenwaartsche verplaatsing te berekenen, als E bekend is.

Het aanvaarden van de wet van HOOKE vereenvoudigde de gegeven theoretische behandeling.

Mocht men intusschen aan de hand van ingestelde onderzoekingen voor een bepaalden ondergrond nauwkeuriger willen tewerk gaan, dan kan men ook voor andere vervormingswetten tot exacte oplossingen geraken of langs benaderenden weg spanningsverdeelingen zoeken, die aan de voorwaarden van samenhang, vervorming en evenwicht voldoen, evenals dit bij de thans besproken oplossing het geval is.

§ 91. *Silo-werking.*

Bij de berekening van den druk, welke door in silo's opgeslagen korrelmassa's op de wanden wordt uitgeoefend, gaat men er van uit, dat het opgeslagen materiaal op gezette tijden door aftapping aan de onderzijde in neerwaartsche beweging komt, waarbij de wanden opwaarts gerichte wrijvingskrachten uitoefenen en tevens, dat deze ook in den rusttoestand gehandhaafd blijven.

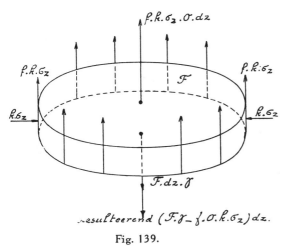

Fig. 139.

Zij de in de schijf van het opgeslagen materiaal, met oppervlak F, omtrek O en hoogte dz, heerschende verticale druk σ_z dan zal deze over eene diepte dz nog toenemen met (zie fig. 139):

$$d\sigma_z = (F \cdot \gamma - f \cdot O \cdot k \cdot \sigma_z) \, dz : F.$$

Hierin is γ het volumegewicht van het materiaal, f de wrijvingscoëfficient tusschen materiaal en wand en k de verhouding tusschen horizontale en verticale druk in de massa.

Uit bovenstaande vergelijking volgt:

$$\frac{d\sigma_z}{\left(\gamma - \dfrac{f \cdot O \cdot k}{F} \sigma_z\right)} = dz$$

of bij integratie $lg\ C\ \left(\gamma - \dfrac{f \cdot O \cdot k}{F} \cdot \sigma_z\right) = -\dfrac{f \cdot O \cdot k}{F} \cdot z$, waarbij de constante C volgt uit de omstandigheid, dat voor $z = o$ ook $\sigma_z = o$ is, dus

$$lg\ C \cdot \gamma = o \text{ of } C \cdot \gamma = I \text{ of } C = \frac{I}{\gamma} \text{ zoodat}$$

$$lg\ \left(I - \frac{f \cdot O \cdot k}{\gamma \cdot F} \cdot \sigma_z\right) = - \frac{f \cdot O \cdot k}{F} \cdot z$$

$$\text{dus} \quad \sigma_z = \frac{\gamma \cdot F}{f \cdot O \cdot k} \quad \left(I - e^{-\frac{f \cdot O \cdot k}{F} \cdot z}\right)$$

Deze formule brengt het inzicht dat op grootere diepte σ_z asymptotisch nadert tot $\dfrac{\gamma \cdot F}{f \cdot O \cdot k}$, hetgeen ook onmiddellijk kan worden ingezien door te overwegen dat de druk bij toenemende diepte niet meer stijgt, zoodra de daaruit voortvloeiende wrijvingskracht over zekere hoogte aan het gewicht der massa over dezelfde hoogte gelijk geworden is en dus

$$f \cdot k \cdot \sigma_{lim} \cdot O \cdot dz = F \cdot \gamma \cdot dz \quad \text{zoodat} \quad \sigma_{lim} = \frac{F \cdot \gamma}{f \cdot O \cdot k}$$

De horizontale druk $k \cdot \sigma_z$ tegen de wand heeft dus tot limietwaarde $\dfrac{F \cdot \gamma}{f \cdot O}$ terwijl de limietwaarde van $\sigma_z = \dfrac{F \cdot \gamma}{f \cdot O \cdot k}$.

$$\text{Uit} \quad \frac{d\,\sigma_z}{d\,z} = \frac{\gamma \cdot F}{f \cdot O \cdot k} \left(e^{-\frac{f \cdot O \cdot k}{F} \cdot z}\right) \cdot \frac{f \cdot O \cdot k}{F}$$

volgt voor $z = o$ $\dfrac{d\,\sigma_z}{d\,z} = \gamma$; het diagram der horizontale spanningen, dat in fig. 140 is afgebeeld, bezit dus eene beginhelling $k \cdot \gamma$, terwijl de asymptoot loopt op $\dfrac{\gamma \cdot F}{f \cdot O}$ evenwijdig met de verticale as, zoodat het snijpunt met de raaklijn in de oorsprong ligt op $z = \dfrac{F}{f \cdot O \cdot k}$ beneden den bovenkant der silovulling.

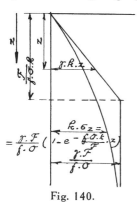

Fig. 140.

In vele gevallen wordt gemakshalve met de bepaling van raaklijn en asymptoot volstaan.

Bestaat er aanleiding om behalve eene wrijvingscoëfficient f bovendien nog echte cohesie c in rekening te brengen, dan zal langs den omtrek van F eene opwaartsche kracht $c \cdot O$ per eenheid van laagdikte zijn in rekening te brengen.

Het valt gemakkelijk in te zien, dat dit overeenkomt met de uitwerking van eene vermindering van het volume-gewicht van de korrelmassa ten bedrage van $\dfrac{c \cdot F}{O}$, zoodat door in de gevonden formules in plaats van γ

in te voeren $\gamma' = \gamma - \dfrac{c \cdot F}{O}$ met den invloed van cohesie op eenvoudige

wijze zou kunnen worden rekening gehouden.

Indien de gemiddelde druk op een horizontaal vlak gezocht wordt, zoo kan deze gevonden worden door de boven dit vlak aanwezige gewichten te verminderen met de wrijvingskrachten, die bij een bekend σ_z-verloop uit dit verloop kunnen worden afgeleid.

Zooals uit het bovenstaande volgt, zijn de wandvlakken, die als glijd-vlakken optreden, uit den aard der zaak geen hoofdvlakken; evenmin geldt dit voor horizontale vlakjes nabij den wand, waarin de schuifspanningen immers evengroot moeten zijn als in de wandvlakjes. Voorgesteld met de spanningscirkels van MOHR, vinden wij de spanningen in wandvlakjes en horizontale vlakjes nabij den wand in de punten V_w en V_z weergegeven (zie fig. 141).

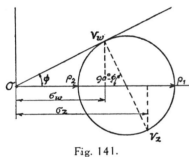

Fig. 141.

In de theorie der silo-berekeningen is het intusschen gebruikelijk om voor de verhouding k tusschen σ_w en σ_z aan te houden $k = tg^2\left(45° - \dfrac{\varphi}{2}\right)$ alsof het hier eene verhouding tusschen twee uiterste hoofdspanningen betrof.

Feitelijk zou men in rekening moeten brengen de grootere verhouding tusschen de normale spanningen σ_w en σ_z, welke uit de figuur volgt en welke $(1 - sin^2 . \varphi) : (1 + sin^2 \varphi)$ bedraagt.

Bij $\varphi = 30°$ wordt de laatstgenoemde verhouding 0,6 tegen de eerst-genoemde 0,333.

Een blik op de gevonden uitkomsten doet intusschen zien, dat eene andere k-waarde de horizontale σ_{lim}-waarde niet zou verminderen en dus niet tot andere berekende wanddrukken zou leiden, behalve boven aan den wand, maar wel tot kleinere drukken op horizontale vlakjes of bodem-vlakken.

Eene tweede bijzonderheid der gebruikelijke silo-berekeningen is deze, dat de φ-waarden voor de betrokken korrelmassa's niet in cel-apparaten worden bepaald, hoe eenvoudig dit overigens ook zou zijn.

Hiertegenover staat, dat vele wanddrukmetingen zijn gedaan en men de theorie aldus aan waarnemingen heeft getoetst; zou men daarbij als verhouding van horizontale tot verticale spanning $(1 - sin^2 \varphi) : (1 + sin^2 \varphi)$

bezigen dan zouden deze waarnemigen nog beter de theorie bevestigen *).
Het verloop der hoofdspanningstrajectoriën in de massa is tot slot in fig.
142 schetsmatig voorgesteld; de wanden zijn glijdvlakken en de trajectoriën
der grootste hoofdspanningen maken daarmee hoeken van $45° - \dfrac{\varphi}{2}$.

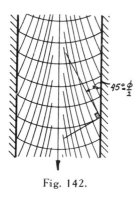

Fig. 142.

Het spreekt vanzelf dat silo-werking en de daaruit voortvloeiende lage spanningen in het vul-
materiaal kunnen optreden bij de vulling met
grond van door vaste wanden omsloten holle
ruimten als kademuur-caissons, doosvormige
bruglandhoofden en dergelijke, waarbij telkens
dient te worden nagegaan of op het voortduren
der wrijvingskrachten kan worden staat gemaakt.

Voor massa's, die besloten zijn in eene ruimte
zonder bodem en op samendrukbaren ondergrond
rusten, zijn in dit opzicht de omstandigheden het
gunstigst.

Intusschen is het voor het totstandkomen van silo-werking volstrekt geen
vereischte, dat de massa door volledige wanden wordt omgeven en is het
duidelijk, dat ook de eene massa doorsnijdende verticale stijlen, palen, schot-
ten enz. eene op overeenkomstige wijze in rekening te brengen invloed
kunnen uitoefenen.

De verticale wrijvingskrachten, die deze constructie-deelen eventueel op
de massa uitoefenen, kunnen zoowel het gevolg zijn van de samendrukbaarheid der vulmassa of van de ondersteuning daarvan en de daarmee samenhangende neerwaartsche beweging der massa als van het zijdelings uitwijken
van constructie-deelen, die hoofdzakelijk in verticalen zin weerstand bieden.

Ook kan, om silo-werking te doen optreden, de vulmassa reeds ter plaatse
aanwezig zijn, vóór de verticale steun-elementen worden aangebracht, zooals
dit het geval is bij een door palen en damwanden doorsneden ondergrond.
Slechts moet aannemelijk zijn, dat de grondmassa tot eene neerwaartsche
beweging ten opzichte van de palen en damwanden neigt.

Verdichting na verkneding, de uitbuiging van palen of damwanden, of
de samendrukking van diepere lagen kan daartoe leiden.

Het is vooral ingevolge het optreden van silo-werking in de laatstbedoelde
gevallen, dat de druk tegen damwanden, welke van palen doorsneden grondmassa's zijdelings opsluiten, gunstiger uitvalt, dan dit bij met de diepte
eenvoudig lineair toenemende korrelspanningen het geval zou zijn.

---

*) Vergelijk: LUFFT, Druckverhältnisse in Silozellen.

Tal van gevallen zijn bekend zoowel hier te lande als elders *), waarin
damwanden, die berekend volgens laatstbedoelde aanname tot boven de
breukspanning zouden moeten zijn belast, in feite geene bijzondere verschijnselen vertoonen.

Ditzelfde geldt dan tevens voor den passieven grondweerstand van de
massa's, die den voet van deze damwanden steunen en waarop in veel mindere mate een beroep wordt gedaan dan men bij verwaarloozing der silo-
werking zou moeten aannemen.

Ontstaat aldus ingevolge de aanwezigheid van tegen verticale grondver-
plaatsing weerstand biedende verticale prismatische voorwerpen eene wijziging in den gelijkmatigen spanningstoestand, in nog sterker mate is dit
natuurlijk het geval, indien de grondmassa zich tusschen de op elkaar
rustende blokken eener blokstapeling bevindt.

Alles te samen genomen blijkt uit dit hoofdstuk wel, dat ingevolge allerlei
omstandigheden de berekening der beneden een horizontaal terreinoppervlak
aanwezige korrelspanningen niet altijd een eenvoudig probleem oplevert.

*) Dr. H. Ehlers, Ein Beitrag zur statischen Berechnung von Spundwänden. Dissertatie
Braunschweig 1910.

HOOFDSTUK VIII.

DRAAGVERMOGEN VAN EEN FUNDEERINGSGRONDSLAG.

§ 92. *Inleiding. Evenwichts- en vervormingsdraagvermogen.*

In Hoofdstuk VI werd aandacht besteed aan de spanningsverhoogingen, die in den ondergrond tengevolge van het aanbrengen van uitwendige belastingen zullen optreden.

Van de te voren reeds aanwezige spanningsverdeeling zijn voorts in een horizontaal terrein de verticale hoofdspanningen meestal gemakkelijk te bepalen; voor de horizontale bleek dit reeds moeilijker. (Hoofdstuk VII).

Nemen wij aan, dat de oorspronkelijke horizontale hoofdspanningen een bepaald breukdeel zouden zijn van de verticale, dan zouden door combinatie dezer spanningen met die ingevolge bovenbelasting, richting en grootte der resulteerende hoofdspanningen bepaald kunnen worden, zooals dit bij wijze van voorbeeld in fig. 143 voor een punt van den ondergrond is geschied.

Met behulp van dergelijke becijferingen — ook voor andere veronderstellingen inzake de spanningsverdeeling — zou kunnen worden nagegaan of zich op bepaalde plaatsen in de massa voor het evenwicht kritieke hoofdspanningscombinaties voordoen, of deze te dicht zouden genaderd worden.

Plaatselijke evenwichtsverstoring in den ondergrond met dito glijdvlakvorming zou daarvan eventueel het gevolg zijn.

Bij verdere lastverhooging zou dan de drukverhooging in den ondergrond zich meer gaan richten op meer weerstand biedende punten. De spanningsverdeeling zal zich dan wijzigen en zal bij toenemende belasting daarmee doorgaan, totdat de verdere evenwichtsmogelijkheden uitgeput zijn en dóórgaande glijdzônes zich hebben ontwikkeld.

Het aanvankelijk statisch onbepaalde vraagstuk der spanningsverdeeling zou bij den dan optredenden grenstoestand van het evenwicht ten slotte in een statisch bepaald vraagstuk zijn overgegaan.

Er vallen dus drie stadia van belasting te onderscheiden:

1°. Bij zeer kleine belastingen, waaronder nergens plaatselijke evenwichtsverstoring en ook zelfs niet de daartoe inleidende beweging optreedt, heerscht eene op samendrukbaarheid zonder zijdelings uitwijken gebaseerde spanningsverdeeling (Stadium I).

2°. Een overgangsstadium, waarin plaatselijk meegeven in bepaalde punten een rol speelt en de meegevende plaatsen eenigszins worden ontlast ten nadeele van meer weerstand biedende (Stadium II).

3°. Het stadium aan de grens van het evenwichtsdraagvermogen, waarbij de spanningsverdeeling eene zoodanige is geworden, dat de ondergrond den uiterst mogelijken weerstand biedt.

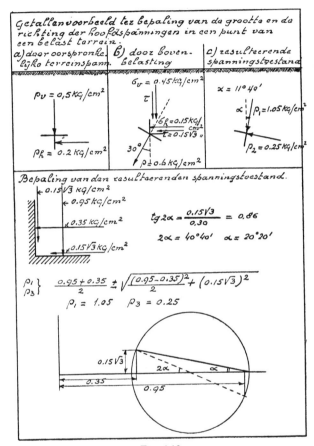

Fig. 143.

De vormveranderingseigenschappen kunnen dan hun invloed op de spanningsverdeeling volkomen hebben verloren, zoodat deze door de spanningsverhoudingen in den grenstoestand van het evenwicht wordt bepaald (Stadium III).

Uit de gegeven beschouwing volgt alreeds, dat bij toenemende belasting de spanningsverdeeling onder een fundament aan voortdurende verandering onderhevig zal zijn.

Dit dient vooral bij het interpreteeren van de uitkomsten van proef-nemingen te worden bedacht.

Bij de vaste bouwconstructies kent men overeenkomstige stadia. Nadat men daarbij langen tijd had aangenomen, dat de toegelaten belastingen deze constructies in alle punten in een met Stadium I vergelijkbaren toe-stand brachten, heeft men later ingezien, dat in feite een stadium in den trant van Stadium II zich daarbij dikwijls moet hebben ontwikkeld en ont-stond aldus eene steeds toenemende belangstelling voor de kennis van het met Stadium III overeenkomende grensdraagvermogen, waarvan men dan in ieder geval slechts een gedeelte zou willen toelaten.

Door sommige schrijvers wordt thans bij grondmassa's het intreden van het Stadium II beschouwd als de grens van hetgeen nog juist toelaatbaar is.

Berekeningen als in fig. 143 waarmede men plaatselijke evenwichts-verstoringen op het spoor kan komen, worden dan van beteekenis.

Aangezien bij constructies, die zonder ingraving op het terreinoppervlak zijn geplaatst (kaaimuurcaissons, reservoirs e.d.), dit stadium aan den om-trek echter reeds bij de kleinste belastingen intreedt (zie § 102), zouden deze constructies volgens genoemde zienswijze ontoelaatbaar zijn, hoe ver stadium III daarbij ook moge zijn verwijderd.

Juist bij korrelmassa's bestaat intusschen tegen plaatselijk hoog oploo-pende spanningen minder bedenking dan dit bij sommige vaste bouw-constructies het geval is, zoodat er alle aanleiding bestaat om daarbij aan stadium III — de grens van het evenwichtsdraagvermogen — alle aandacht te besteden.

Blijft de in werkelijkheid toegelaten belasting ver genoeg daarvan ver-wijderd, dan zou men daarvoor met stadium I of een dit stadium nabij-komende phase van stadium II te maken kunnen hebben.

Naarmate de belasting op den ondergrond toeneemt en daarmede de span-ningen grooter worden, zal daarmee tevens eene toenemende vervorming van den ondergrond gepaard gaan.

Bij zandgronden zou deze vrijwel onmiddellijk en bij klei- en veengronden eerst na verloop van tijd tot eene eindwaarde naderen. Nu zal men eenige zetting van een fundament wel steeds als onvermijdelijk aanvaarden, doch in den regel tevens eischen, dat deze zetting of — indien het om meerdere fundamenten gaat — de zettingsverschillen bepaalde waarden niet te boven gaan.

Bij vrijstaande lichamen (watertorens, brugpijlers en dergelijke) zal men grooter zettingen willen toelaten dan bij gebouwen, waarbij ongelijke zetting der steunpunten beschadiging en hinder van verschillenden aard zouden teweegbrengen.

Het spreekt dus wel vanzelf, dat aard en samenstelling van een bouwwerk grooten invloed zullen hebben op hetgeen men daarvoor, ten aanzien van de fundeeringszettingen zelve of van de onderlinge verschillen daartusschen, nog toelaatbaar acht. Wij zouden, zooals wij vroeger zagen, deze zettingen kunnen ramen aan de hand van de spanningsverdeeling in den ondergrond en van de vervormingseigenschappen, welke door middel van bodemonderzoek daarvoor worden vastgesteld.

Die belasting van den ondergrond, waarbij nog juist toelaatbare zettingen of zettingsverschillen worden verwacht, zou dan het vervormingsdraagvermogen van de fundeering (p_v) kunnen worden genoemd (fig. 144).

Opgemerkt zij dat zoowel p_e (de fundamentsbelasting aan den grens van het evenwichtsvermogen) als p_v en dus ook $\dfrac{1}{n} p_e = p_e{}^{\iota}$, indien uitgedrukt in

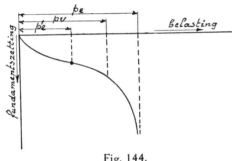

Fig. 144.

kg per cm², in den regel afhankelijk zullen blijken te zijn van de afmetingen der fundamenten en dat deze grootheden door naburige fundamenten kunnen worden beïnvloed.

De grenswaarde p_e dient uit overwegingen van veiligheid, zooals wij die ook bij vaste bouwconstructies doen gelden, in allen gevalle te worden vermeden. Afhankelijk van de nauwkeurigheid, waarmede de grootste belastingen, welke ooit op het fundament kunnen worden verwacht, kunnen worden geschat eenerzijds en de graad van nauwkeurigheid waarmede wij de eigenschappen van den ondergrond kunnen aangeven, de belangrijkheid der fundeering en nog tal van andere overwegingen anderzijds, zal men slechts een breukdeel $\dfrac{1}{n} \cdot p_e$ op het fundament durven toelaten.

Noemen wij dit breukdeel het veilige evenwichtsdraagvermogen, dan zullen wij hebben na te gaan of dit ook uit zettingsoogpunt toelaatbaar is en zullen wij, indien dit niet het geval blijkt te zijn, dus indien $p_v < \dfrac{1}{n} p_e$, zelfs nog minder belasting toelaten.

Wij zullen dus de kleinste der waarden $\dfrac{1}{n} \cdot p_e$ en p_v als de toelaatbare fundeeringsbelasting beschouwen.

Juist omdat bij de belasting $\frac{I}{n}$. p_e en nog in meerdere mate bij geringere belasting, de bewegingen die latere evenwichtsverstoringen inleiden nog slechts beperkten omvang kunnen hebben bereikt, zullen de vroeger besproken spanningsverdeelingen — die eigenlijk ook nergens maar de geringste evenwichtsstoring veronderstellen — mede in verband met den benaderenden aard der berekening veelal kunnen worden aangehouden ter berekening van de daarbij te verwachten zettingen (Stadium I).

Het verdient voor het overige niet alleen bij het bepalen van het draagvermogen van fundeeringen, doch ook in meer algemeenen zin aanbeveling om bij de verschillende vraagstukken, het draagvermogen betreffende, te trachten zooveel mogelijk het principiëele verschil tusschen evenwichts- en vervormingsdraagvermogen in het oog te houden: het eerste berust op de vastheids (wrijvings-) eigenschappen, het tweede op de vervormingseigenschappen van den ondergrond.

Wij zullen dan ook trachten beide steeds zooveel mogelijk gescheiden te behandelen.

§ 93. *Vervormingsdraagvermogen in Stadium I.*

In Hoofdstuk IV werd reeds aangegeven welke zetting een gegeven fundament op een bekenden ondergrond onmiddellijk na de belasting, dan wel op den duur zal ondergaan.

Daaraan zullen thans nog worden toegevoegd enkele beschouwingen van vergelijkenden aard, die bij de vroegere behandeling nog niet te berde werden gebracht.

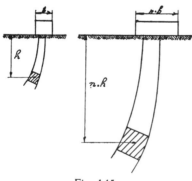

Fig. 145.

Vergelijken wij de zetting van twee gelijkvormige fundamenten met gelijke gemiddelde belasting per eenheid van grondvlak en is de samendrukbaarheidsmodulus onafhankelijk van de diepte, dan zullen zich onder die omstandigheden gelijkvormige spanningsvelden moeten ontwikkelen. Beschouwen wij nu twee gelijkstandige, gelijkvormige elementjes van den ondergrond (fig. 145), dan zullen zich daarin door de belastingen gelijke spanningstoestanden ontwikkelen en zullen de verhoudingen der vervormingen, en dus ook die der fundeeringszettingen, evenredig moeten zijn aan de verhouding der fundamentsafmetingen.

Bij gelijke gemiddelde belastingen per eenheid van grondslag zullen dus op zulk een ondergrond zettingen optreden, evenredig aan de lineaire afmetingen der fundamenten.

Wij vonden dit reeds op andere wijze in § 82.

Zou men voor verschillende fundamenten van eenzelfde bouwwerk gelijke zettingen nastreven, dan zou men in dat geval ongelijke belastingen per eenheid tot uitgangspunt dienen te nemen.

De lineaire afmetingen zouden dan bij gelijkvormige fundamenten evenredig moeten worden gekozen aan de aangrijpende totale belastingen, zooals uit eene eenvoudige becijfering volgt; wederzijdsche beïnvloeding der fundamentsbelastingen zou intusschen nog wijziging van deze eenvoudige uitkomst kunnen vereischen.

Ook gelaagdheid van het terrein zou dit resultaat nog beïnvloeden.

Indien fundamenten met lineaire afmetingen b en $n \cdot b$ en belastingen per eenheid p en $n \cdot p$ geplaatst worden op een terrein met lineair met de diepte toenemende samendrukbaarheidsmodulus, zouden de spanningsvelden weer gelijkvormig zijn.

In gelijkstandige elementjes zouden dan de spanningen zich verhouden als $1 : n$.

De specifieke samendrukkingen zouden dan voor deze elementjes gelijk zijn, omdat de samendrukkingsmoduli evenredig zijn met de diepte en zich dus ook verhouden als $1 : n$.

Dan zouden de zettingsbijdragen van gelijkstandige, gelijkvormige blokjes zich als de lengten daarvan verhouden; zij zouden volkomen tegen elkaar blijven sluiten en men zou — in tegenstelling tot de vorige uitkomst — bij deze n-voudige belasting eene n-voudige zetting vinden en dus bij gelijke belasting eene gelijke zetting, onafhankelijk van de fundeeringsafmetingen.

Tusschen belasting per eenheid en zetting zou dan eene vaste verhouding, de zoogenaamde bodemconstante, bestaan, welke dikwijls als grondslag voor berekeningen werd genomen.

Ook hier zou wederzijdsche beïnvloeding van fundamenten de eenvoudige uitkomst kunnen wijzigen.

Intusschen werden deze vergelijkende beschouwingen voor enkele uiterste veronderstellingen slechts gevoerd, om nog eens op andere wijze dan dit vroeger geschiedde de aandacht te vestigen op het verband, dat in het algemeen zal bestaan tusschen de zetting en de grootte van het belaste oppervlak en waarvan men zich in een concreet geval rekenschap zal dienen te geven.

Meestal zal in verband met gelaagdheid van den ondergrond telkens afzonderlijke bepaling noodig zijn; de eenvoudige regeltjes vervallen dan!

Ook bij het pogen om door het uitvoeren van belastingsproeven op kleine proeffundamenten zich een inzicht te verschaffen in het van grootere fundamenten te verwachten gedrag, ware met den invloed der afmetingen terdege rekening te houden.

Wat het vervormingsdraagvermogen betreft, geven zij op grond van het bovenstaande veelal te gunstige resultaten; hierbij komt nog, dat op een werkelijken grondslag de spanningsvelden van groote fundamenten dieper zullen reiken dan die van kleine proefblokken en dat, indien misschien gemakkelijker samendrukbare lagen op grootere diepte voorkomen, het werkelijke fundament ook uit dien hoofde eene grootere zetting zal kunnen vertoonen dan het kleinere.

Ook zal bij het meestal korte tijdsverloop, dat voor de proefbelasting van fundamenten beschikbaar is, de met den tijd toenemende zetting van samendrukbare, slecht doorlatende lagen veelal niet tot haar recht komen.

Wat het evenwichtsdraagvermogen betreft, zouden aan kleine proeffundamenten weer andere bezwaren kleven, die in de volgende paragraaf ter sprake komen.

Hoe van geval tot geval de zetting van bepaalde fundamenten op een bepaalden ondergrond kan worden berekend, werd, het zij hier herhaald, in Hoofdstuk IV uitvoerig nagegaan.

Met de berekening van zulke zettingen en daarmede van de wijze, waarop het vervormingsdraagvermogen kan worden nagegaan is het onderwerp van het vervormingsdraagvermogen feitelijk als afgehandeld te beschouwen. Voor het goede verband werd het hier nogmaals ter sprake gebracht, terwijl eenige beschouwingen daaraan werden toegevoegd.

§ 94. *Evenwichtsdraagvermogen (Stadium III).*

Alvorens tot eene analytische, respectievelijk grafische bepaling daarvan over te gaan, zullen ook ten aanzien van het evenwichtsdraagvermogen eenige vergelijkende beschouwingen in den trant van de bovenstaande worden gevoerd.

Wij plaatsen op een grondslag twee strookvormige elementen met lineaire afmetingen, die zich verhouden als $b : n . b$, Hoe zullen nu de evenwichtsdraagvermogens zich verhouden?

Hebben in beide gevallen de op de fundamenten aangrijpende verticale lasten zoodanige waarden bereikt, dat voor beide juist de grens van het evenwichtsdraagvermogen is bereikt (fig. 146), dan ligt het voor de hand, dat bij grond zonder cohesie gelijkvormige spanningsbeelden zich zullen ontwikkelen en dat ook gelijkvormige glijdvlakken zullen ontstaan, die de hoofdspanningstrajectoriën der grootste hoofdspanning zullen snijden onder hoeken ($45°—\varphi/2$). Zou zich een wrijvingscoëfficiënt $tg\,\varphi$ ontwikkelen dan zouden de grenzen van het evenwicht gekenmerkt worden door overeenkomstige krachten (o.a. de gewichten der tot verschuiving gebrachte grondmassa's), welke zich verhouden als $1 : n^2$. Deze krachten zouden in den grenstoestand van het evenwicht voor beide gevallen tot gesloten krachtenveelhoeken moeten leiden, die met elkaar gelijkvormig zijn.

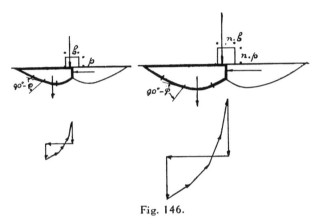

Fig. 146.

Opdat de verticale lasten zich zullen verhouden als $1 : n^2$ dienen de gemiddelde belastingen per eenheid van oppervlak van den grondslag zich te verhouden als $1 : n$.

Op een ondergrond met alléén wrijving zouden dus de gemiddelde belastingen per eenheid van grondslag aan den grens van het evenwicht zich verhouden als $1 : n$; grootere fundamenten zouden dus per eenheid van oppervlak méér belasting verdragen dan kleinere. Bij fundamenten op zandgronden zou dit geval zich b.v. kunnen voordoen.

Zou de ondergrond zeer samendrukbaar en slecht doorlatend zijn, dan zou de schuifweerstand bij snelle belasting onafhankelijk kunnen zijn van de opgebrachte belasting; ware de oorspronkelijke schuifvastheid evenredig aan de diepte, dan ware de uitkomst analoog aan de vorige wat de verhouding der grenslasten betreft, alhoewel niet ten aanzien van de grootte.

Alle met elkaar evenwicht makende krachten waren dan nog steeds evenredig aan n^2.

Zou ten slotte een overal gelijke schuifvastheid optreden, dan zouden de grensbelastingen onafhankelijk zijn van de afmetingen, hetgeen het best uit de in de volgende paragraaf gegeven mathematische behandeling volgt. De met elkaar evenwicht makende krachten zijn dan slechts evenredig aan n, daar de grondgewichten, die dan den schuifweerstand niet zouden beïnvloeden, buiten beschouwing blijven.

Zijn de fundamenten niet strookvormig, dan zou een evenwichtsonderzoek in de ruimte aan de beschouwingen dienen te worden ten grondslag gelegd. Dit zou dan echter ten aanzien van de relatieve grootten der grenslasten op overeenkomstige wijze tot gelijke uitkomsten leiden.

Uit de bovenstaande eenvoudige vergelijkende beschouwingen blijkt ten aanzien van kleine proeffundamenten, dat deze een gering evenwichts draagvermogen zullen moeten bezitten en dus ook uit dien hoofde, bij verkeerde interpretatie der proefnemingen, kunnen leiden tot gevolgtrekkingen, die geen juist inzicht geven ten aanzien van het draagvermogen van grootere fundamenten.

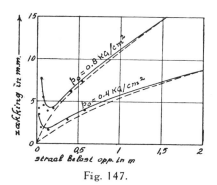

Fig. 147.

Van de in figuur 147 afgebeelde proefnemingsresultaten zijn de groote verplaatsingen der zeer kleine proeffundamenten welke links zijn afgebeeld aan een tekort aan evenwichts draagvermogen toe te schrijven, terwijl in het diagram het rechtergedeelte den indruk geeft van vervormingen zonder evenwichtsverstoring. *)

§ 95. *Analytische bepaling van het evenwichts draagvermogen.* (Stadium III).

In § 92 zetten wij uiteen, dat bij toenemende belasting op een fundament eerst op één, daarna op meerdere plaatsen eene verstoring van het inwendig evenwicht in den ondergrond zal plaats grijpen en dat ten slotte zich een doorgaand gebied van evenwichtsverstoring (glijdvlak of glijdzône) zal moeten ontwikkelen voor en aleer een fundamentsinzinking zal optreden, welke buiten verhouding groot is ten opzichte van verdere betrekkelijk kleine belastingstoenamen. Wij achten dan de grenswaarde van het evenwichtsdraagvermogen p_e bereikt.

Gelijksoortige omstandigheden doen zich voor, indien een stempel in een vloeistalen lichaam wordt ingedrukt en als zoodanig is aan dit vraagstuk reeds veel aandacht gewijd. Ten einde de anders te groote moeilijkheden bij de analytische behandeling te ontgaan, wordt in verband met de groote waarden, welke de plastische vervormingen bereiken in vergelijking tot de vervorming op plaatsen waar de plastische toestand nog niet is ingetreden, deze laatste verwaarloosd ten opzichte van de eerste. Wij zullen voor grond-

---

*) KÖGLER-SCHEIDIG. Baugrund und Bauwerk, blz. 119.

lichamen dan ook denzelfden weg inslaan, waarbij dient opgemerkt, dat de verwaarloosde vervormingen daarbij ten deele elastisch, ten deele blijvend zijn. Toch zal bij grondmassa's op meer factoren gelet moeten worden dan bij plastische metalen; bij deze laatste kan men het gewicht der tot plastische verschuiving gebrachte massa in verhouding tot de zeer hooge materiaalspanningen gevoeglijk verwaarloozen; gezien de groote grondmassa's, welke bij de belasting van fundamenten in beweging moeten worden gebracht en de omstandigheid, dat de mede daardoor veroorzaakte wrijvingskrachten een belangrijke rol spelen, zou daarbij verwaarloozing van het grondgewicht in bepaalde gevallen tot veel te lage uitkomsten kunnen leiden.

Ook kan op het in beweging komende oppervlak bij grondmassa's eene eveneens niet te verwaarloozen bovenbelasting rusten, hetzij van capillairen aard, hetzij ingevolge het gewicht van erop rustende grondlagen.

Met zulk eene bovenbelasting zal bij onze behandeling van het vraagstuk van het evenwichtsdraagvermogen rekening moeten worden gehouden.

Wij zullen er naar streven een zoodanig verloop van het glijdvlak te vinden, dat daarbij langs dat glijdvlak en tegelijkertijd in alle deelen der in beweging komende massa juist eene grenstoestand van evenwicht wordt bereikt.

Zouden er verschillende van deze glijdvlakken zijn aan te wijzen, dan zouden wij, veiligheidshalve, nog moeten kiezen dát glijdvlak, dat tot de kleinste grensbelasting zou leiden, daar dan immers bij het optreden daarvan reeds evenwichtsverstoring zou kunnen optreden.

Intusschen is het natuurlijk niet uitgesloten, dat — daar wij de vormveranderingen vóór de evenwichtsverstoring, ook voor de omgevende massa buiten beschouwing laten — het uit evenwichtsoogpunt gevaarlijkste vlak uit vormveranderingsoogpunt niet tot ontwikkeling kan komen; onze evenwichtsoplossing met de kleinste grensbelasting zou dan nog aan den veiligen kant zijn!

Gaan wij thans over tot de analytische bepaling van het evenwichtsdraagvermogen met inachtneming van de bovenbelasting, doch voorloopig onder verwaarloozing van het gewicht der op te persen grondmassa.

Met eenige uitbreiding eener door PRANDTL gegeven theoretische behandeling, kan het volgende worden overwogen:

De belastende stempel AB (fig. 148) zij oneindig lang (strookvormig fundament).

De wrijvingseigenschappen zijn afhankelijk van φ en c in dier voege dat de wrijvingsweerstand in een punt van een glijdvlak kan worden voorgesteld door $\sigma_k \cdot tg\ \varphi + c$, waarin de invloed van de hoofdspanning, lood-

220

recht op het vlak van teekening (zie § 70), door de wijze van bepaling moet zijn verdisconteerd.

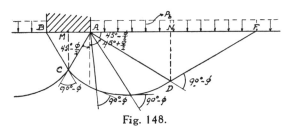

Fig. 148.

Bij groote verticale belasting op AB kan men zich voorstellen, dat de zich onmiddellijk daaronder bevindende grondmassa door den omringenden grond gesteund wordt. Deze steun is beperkt door den weerstand, dien het belaste terrein tegen opstuiking kan bieden. Wordt een wig ADF opgeperst, dan zullen de verticale hoofdspanningen in het prisma onder A—B dit tot afschuiving brengen. Aldus schijnen glijdvlakken als $BCDF$ denkbaar. Wij trachten nu overal spanningstoestanden aan den grens van het evenwicht te verwezenlijken.

Zoo zou de wig BAC in evenwicht zijn onder invloed van onderling gelijke verticale hoofdspanningen $\varrho_{AC\ vert.}$ in AB, AC en BC en onderling gelijke horizontale hoofdspanningen $\varrho_{AC\ hor.}$, welke in den grenstoestand van het gewicht in een vast verband tot elkaar staan, waarbij (zie § 88).

$$\varrho_{AC\ vert.} = \varrho_{AC\ hor.} \cdot tg^2 \left(45° + \frac{\varphi}{2}\right) + 2\ c\ tg \left(45° + \frac{\varphi}{2}\right)$$

De wig ADF zou in een grenstoestand van evenwicht verkeeren onder den invloed van de verticale hoofdspanning in de punten AD en DF gelijk aan de bovenbelasting p_b (daar wij den invloed van het grondgewicht eerst nog willen verwaarloozen) en de grootere horizontale hoofdspanning in de punten van die vlakken, indien deze laatste bedraagt:

$$\varrho_{AD\ hor.} = p_b \cdot tg^2 \left(45° + \frac{\varphi}{2}\right) + 2\ c\ tg \left(45° + \frac{\varphi}{2}\right)$$

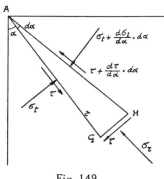

Fig. 149.

Zijn van de van A uitgaande vlakken AC en AD reeds als glijdvlakken aangenomen, dan staat daarmee tevens vast de richting der andere glijdvlakken der punten van AC en AD, welke immers hoeken 90° — φ met de eerstgenoemde moeten insluiten.

Het beloop van de glijdvlakken in den sector ACD dient dan echter nog te worden vastgesteld.

Wij beschouwen daartoe *), zie fig. 149, het evenwicht van een elementaire wig

*) Volgens L. Prandtl, Zeitschrift für Angewandte Mathematik und Mechanik, 1921, nr. 1.

AGH, met den top in A en verder begrensd door platte vlakken door A, en nemen aan, dat ook over deze vlakken de spanningsverdeeling eene gelijkmatige zal zijn, zoowel wat de schuifspanningen als de normale spanningen betreft. Daar wij het eigengewicht nog verwaarloozen, is het eenvoudig om de evenwichtsvoorwaarden, waaraan de op de wig aangrijpende krachten moeten voldoen, op te stellen.

Het evenwicht volgens de voerstraalrichting AG eischt dat:

$$r \cdot \frac{d\,\tau}{d\,a} \cdot d\,a + r \cdot d\,a \cdot \sigma_r - r\,\sigma_t \cdot d\,a = o$$

$$\text{zoodat} \quad \frac{d\,\tau}{d\,a} = \sigma_t - \sigma_r$$

Het evenwicht der koppels ten opzichte van het punt A levert verder de voorwaarde:

$$r \cdot \frac{d\,\sigma_t}{d\,a} \cdot d\,a \cdot \frac{r}{2} + r \cdot d\,a \cdot \tau \cdot r = o$$

$$\text{zoodat} \quad \frac{d\,\sigma_t}{d\,a} = -\,2\,\tau.$$

Deelen wij de beide gevonden uitkomsten op elkaar, dan blijkt dat

$$\frac{d\,\tau}{d\,\sigma_t} = -\,\frac{\sigma_t - \sigma_r}{2\,\tau}$$

Indien het vlak AG een glijdvlak is, evenals de vlakken AC en AD van fig. 148 dit zijn, dan moeten de hoofdspanningen in dit vlak aanleiding

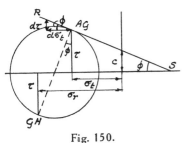

Fig. 150.

geven tot een spanningscirkel volgens MOHR (fig. 150), waarvan het raakpunt aan de rechte SR, bepaald door c en φ, de spanningen in het vlakje AG voorstelt, terwijl voorts de spanningen in het vlakje GH, dat loodrecht op AG staat, daaruit kunnen worden afgelezen. De juiste plaats van dezen spanningscirkel, d.w.z. de grootten der hoofdspanningen, zijn intusschen nog nader te bepalen.

Uit fig. 150 kunnen wij tevens de strekking begrijpen van den gestelden eisch:

$$\frac{d\,\tau}{d\,\sigma_t} = -\,\frac{\sigma_t - \sigma_r}{2\,\tau}$$

Het quotient van het tweede lid blijkt te zijn de tangens van een hoek, die volgens fig. 150 identiek is met de hoek φ.

Wanneer wij dus a laten varieeren, zullen alle vlakken volgens de voer-stralen door A glijdvlakken kunnen zijn, waarvan de bijbehoorende spanningscirkels de lijn RS tot gemeenschappelijke raaklijn zullen hebben.

Ook de spanningscirkel voor den spanningstoestand in vlak AD zal raken aan die lijn; deze laatste der cirkels is dus onmiddellijk in de teekening aan te geven (fig. 151), aangezien de verticale hoofdspanning p_b daarvoor gegeven is; σ_{AD} en τ_{AD} worden daardoor bekend.

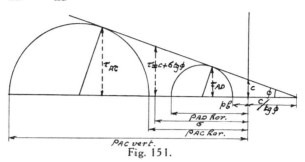
Fig. 151.

Rest nog slechts na te gaan waar de eveneens rakende spanningscirkel voor den spanningstoestand van de punten van vlak AC gelegen is. Nu volgt uit de vergelijking $\dfrac{d\,\tau}{d\,a} = \sigma_t - \sigma_r$ en uit $tg\,\varphi = -\dfrac{\sigma_t - \sigma_r}{2\,\tau}$ dat $\dfrac{d\,\tau}{d\,a} = -2\,\tau\,tg\,\varphi$ of $\dfrac{d\,\tau}{\tau} = -2\,tg\,\varphi\,.\,d\,a.$

Bij integratie blijkt dan, dat $lg^e\ \tau = -2\,tg\,\varphi\,.\,a +$ constante.

Trekken wij de uitkomsten voor $a = 45° + \dfrac{\varphi}{2}$ (vlak AD) en voor $a = -(45° - \dfrac{\varphi}{2})$ (vlak AC) van elkaar af, dan moet

$$lg^e\ \frac{\tau_{AC}}{\tau_{AD}} = 2\,tg\,\varphi\,.\,\frac{\pi}{2} = \pi\,tg\,\varphi$$

zoodat $\quad \tau_{AC} = \tau_{AD}\ .\,e^{\pi\ tg\ \varphi.}$

Aldus is nu ook de plaats van den hoofdspanningscirkel, behoorende bij de punten van vlak $AC,$ in de grafiek van fig. 151 bepaald.

Uit de figuur blijkt verder op eenvoudige wijze dat

$$\tau_{AC} : \tau_{AD} = e^{\pi\ tg\ \varphi} = (\frac{c}{tg\,\varphi} + \varrho_{AC\ vert.}) : (\frac{c}{tg\,\varphi} + \varrho_{AD\ hor.})$$

zoodat, de vroeger gevonden waarde voor ϱ_{AD} invoerende,

$$\varrho_{AC\,vert.} = p_b \left\{ e^{\pi\,tg\,\varphi} \cdot tg^2\,(45 + \frac{\varphi}{2})\right\} +$$

$$+ c \cdot \left\{ e^{\pi\,tg\,\varphi} \cdot tg^2\,(45 + \frac{\varphi}{2}) - 1\right\} cotg \cdot \varphi$$

en daarmee in bekende grootheden is uitgedrukt.

De aan de afleiding van deze uitdrukking ten grondslag liggende spanningsverdeeling voldoet aan de eischen van het evenwicht.

Of niet ongunstiger spanningsverdeelingen denkbaar of gunstiger verdeelingen aannemelijk zijn, is daarmede echter niet komen vast te staan. Proefnemingen zullen moeten aantoonen of het gedachte glijdvlakverloop inderdaad optreedt.

Kortheidshalve kunnen wij bovenstaande uitdrukking schrijven:

$$\varrho_{AB\,vert.} = \varrho_{AC\,vert.} = p_b \cdot V_b + c \cdot V_c.$$

De beide factoren V_b en V_c voor verschillende φ-waarden zijn in de tabel van fig. 152 verzameld; p_b is de bovenbelasting en c de cohesie.

TABEL

φ	V_c	V_b
0	5,14	1
10	8,35	2,5
20	14,80	6,4
30	30	18,3
30½°	31,25	20
31	32,50	21,5
32	35,75	23,3
35	45,4	33
40	75,5	64
45	134	135

Fig. 152.

Ook het verloop van het glijdvlak CD in fig. 148 is nu gemakkelijk aan te geven, daar het overal een constante hoek $\frac{\pi}{2} - \varphi$ moet maken met de radiale glijdvlakken door A. Blijkens fig. 153 bestaat dan de betrekking

$$dr = r \cdot d\beta \cdot tg\,\varphi \text{ of } \frac{dr}{r} = tg\,\varphi \cdot d\beta$$

zoodat $lg^e\,r = tg\,\varphi \cdot \beta + C_1$.

Voor $\beta = 0$ is $r = AC$ zoodat $C_1 = \ln AC$.

Bijgevolg is $\lg^e \dfrac{r}{AC} = \beta . tg\, \varphi$ en dus $r = AC . e^{\beta\, tg\, \varphi}$.

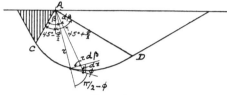

Fig. 153.

De lijn CD is dus eene logarithmische spiraal en in de laatste formule

$\beta = \dfrac{\pi}{2}$ stellende, vindt men $AD = AC . e^{\frac{\pi}{2}\, tg\, \varphi}$.

Een overzicht der glijdvlakken en het verloop der hoofdspanningstrajectoriën, zooals een en ander uit het voorafgaande volgt, is in fig. 154 gegeven.

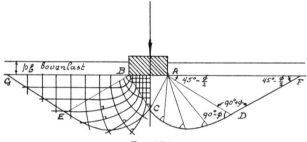

Fig. 154.

Uit de gevonden uitkomsten (zie fig. 152) blijkt wel ten duidelijkste de toenemende gunstige invloed eener bovenbelasting naast een fundament en eener cohesie-weerstand bij grootere φ-waarden.

Bij zanden zal de c-waarde in den regel onbeteekenend zijn en zal dus de factor V_c vrijwel geen beteekenis hebben en zal alleen V_b en daarmede in hooge mate de invloed der bovenbelasting van belang zijn.

Voor kleigronden zal men soms niet op de ontwikkeling eener φ-waarde tijdens de fundamentsbelasting (den bouw) durven rekenen en eventueel slechts de in den ondergrond reeds aanwezige schuifvastheid of de waarde, die deze na vervorming zal bezitten in de berekening willen invoeren (§ 78).

In dat laatste geval zou de grensbelasting slechts 5.14 maal die schuifvastheid bedragen plus bovendien $1 . p_b$, zooals uit de formule en uit de tabel van fig. 152 volgt. Uit tal van „snelle" proeven op kleimonsters blijkt, dat inderdaad een weerstand wordt gevonden van een 6-tal malen de op andere wijze bepaalde schuifweerstand.

Wij merken bij dit alles op, dat — nu wij het gewicht van den ondergrond verwaarloosden — de breedte van het fundament blijkbaar op de waarde der grensspanning, die in dit geval bovendien gelijkmatig verdeeld zou zijn, geen invloed heeft. De invloed van bovenbelasting en cohesie zou dan, onafhankelijk van de grootte van het belaste oppervlak, in kg/cm² kunnen worden uitgedrukt.

Getallenvoorbeeld: Een strookvormig fundament, dat 1 m diep in 1 ton/m³ wegende slappe terreinlagen zou zijn ingegraven en op zand met $\varphi = 30°$ zou rusten, zou bij $c = o$ blijkens de gevonden uitkomsten de grens van het draagvermogen bereiken voor 18,3 × 1 ton/m² of 1,83 kg/cm² (onder verwaarloozing van het gewicht van den op te persen zandgrond).

Een dergelijk fundament rustend op klei met een schuifweerstand van 2 ton/m² en $\varphi'' = o$ zou bezwijken bij 5,14 × 2 + 1 × 1 = 11,28 ton/m² of 1,128 kg/cm².

Opgemerkt worde en vooral voor dit laatste fundament, dat dit ook ten aanzien van de te verwachten zetting zou dienen te worden onderzocht.

Alvorens verder te gaan, dient allereerst nog nagegaan in hoeverre een glijdvlak als het veronderstelde, en dat, zooals eerder werd opgemerkt, een der statische mogelijkheden voorstelt, ook werkelijk zal optreden, daar slechts in dit laatste geval de uitkomst practische beteekenis zou hebben.

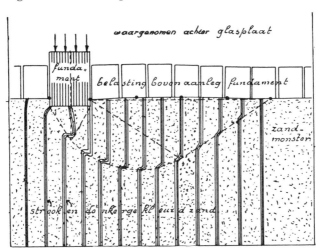

Fig. 155.

Daar het theoretisch onderzoek vele moeilijkheden oplevert en, afgezien daarvan, in allen gevalle nog bevestiging door proefneming dient te worden gezocht, is in fig. 155 een waargenomen glijdvlak weergegeven.

Onder verwijzing naar fig. 148 merken wij op, dat het scherpst de plaats F is waar te nemen, waar het glijdvlak het terrein snijdt. Uit laatstgenoemde figuur blijkt voorts, dat

$$AF = 2\ AN, \text{ terwijl } AN : CM = AD : AC = e^{\frac{\pi}{2}\ tg\ \varphi.}$$

Dus is
$$AF = 2 \cdot CM \cdot e^{\frac{\pi}{2}\ tg\ \varphi.}$$

en daar
$$AM = CM\ tg\ \left(45° - \frac{\varphi}{2}\right)$$

wordt
$$AF = \frac{\frac{1}{2}AB}{tg\ \left(45° - \frac{\varphi}{2}\right)} \cdot 2 \cdot e^{\frac{\pi}{2}\ tg\ \varphi} = AB\ \frac{e^{\frac{\pi}{2}\ tg\ \varphi}}{tg\ \left(45° - \frac{\varphi}{2}\right)}$$

en dus
$$\frac{AF}{AB} = \frac{e^{\frac{\pi}{2}\ tg\ \varphi}}{tg\ \left(45° - \frac{\varphi}{2}\right)}.$$

Voor $\varphi = 30°$ wordt deze verhouding 4,8.

Bij de proef van fig. 155 is deze verhouding 4,45, waarbij dient opgemerkt, dat de invloed der wandwrijvingen der met vet besmeerde glaswanden, waarachter het grondmonster was besloten, op het resultaat ongunstig moet hebben ingewerkt.

Het bij de theoretische afleiding als richtlijn genomen gebeuren (fig. 154) blijkt in groote trekken bij de proefneming te worden waargenomen.

Alvorens over te gaan tot bestudeering van den gunstigen invloed van het gewicht van de tot oppersing te brengen grondmassa zelve op het evenwichtsdraagvermogen, zij eerst een onderwerp in behandeling genomen, waarbij deze invloed van geringe beteekenis mag worden geacht: de weerstand van zóó kleine fundamenten als de punten van palen feitelijk zijn. Hierbij is in het fundeeringsvlak eene groote bovenbelasting aanwezig ingevolge het gewicht der daarboven liggende grondlagen.

Daarna zal dan het draagvermogen van grootere fundamenten, waarbij het gewicht van de oppersende grond van niet te verwaarloozen beteekenis is, in behandeling worden genomen.

§ 96. *De weerstand van paalpunten in zand.*

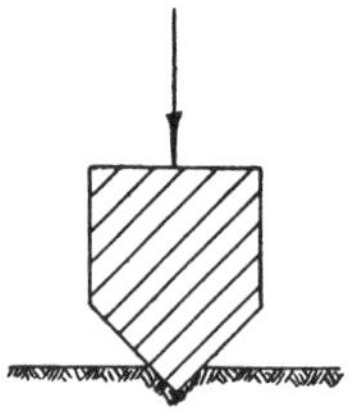

Indien een stempel van de in fig. 156 aangegeven doorsnede in een grondmassa wordt ingedrukt, zijn er twee uiterste mogelijkheden denkbaar: de stempel wordt in de massa ingedrukt òf uitsluitend doordat de massa sterk

Fig. 156.

samendrukbaar is en de stempel dientengevolge ruimte vindt óf uitsluitend doordat de massa zijdelings uitwijkt en opperst. Bij een slecht doorlatende, met water verzadigde plastische massa en indien de belasting snel wordt aangebracht, bestaat alleen deze laatste mogelijkheid. Bij een goed doorlatende zandmassa kunnen in beginsel beide uiterste mogelijkheden zich voordoen, doch is de kans zeer groot op een tusschenliggend geval, waarbij de stempelindrukking ten deele uit oppersing en ten deele uit verdichting voorvloeit. Naarmate het zand van nature of door voorafgaande bewerkingen meer is verdicht of misschien zelfs, bijv. door het inheien van palen aan groote horizontale voorspanningen onderworpen is, zal het oppersingsgeval meer op den voorgrond treden.

De vraag rijst, welke waarde de stempelweerstand kan bereiken in die gevallen, waarin deze inderdaad door oppersing wordt bepaald. Dezen „evenwichts"-stempelweerstand duiden wij algemeen aan met p_e; is de stempel een kegel, dan met p_{ke}, bij een wig met p_{we}.

Voor de p_{we}-waarde beschikken wij reeds over de in § 95 afgeleide formule

$$\varrho_{AB\,vert.} \qquad \text{of ook} \qquad p_{we} = V_b . p_b + V_c . c;$$

de V_b en V_c waarden werden in de tabel van fig. 152 vereenigd en komen ook voor op de grafiek van fig. 174.

Voor de weerstand p_{ke} die een kegelpunt of paalpunt zou ondervinden stuit theoretische afleiding voorloopig op groote moeilijkheden.

Wij onderzoeken dan ook allereerst wat waarnemingen in het laboratorium ons kunnen leeren en zullen daarbij tevens nagaan of de reeds gevonden theoretische uitkomsten daarbij tot op zekere hoogte bevestiging vinden.

§ 97. Proefnemingen in het laboratorium.

Aangezien hieruit veel leering valt te trekken, ook ten aanzien der practische fundeeringsvraagstukken, wordt hier vrij gedetailleerd op het laboratoriumonderzoek ingegaan.

Het is duidelijk, dat het bij een proefneming vervangen van het gedeelte der massa BCA van fig. 154 waarin geen verschuivingen optreden, door tot den stempel behoorend vast materiaal, dat grooteren schuifweerstand bezit dan de grondmassa, de uitkomst niet kan beïnvloeden. Hiertoe is uiteraard noodig, dat in het grensvlak tusschen stempel en grond zeker geen kleineren schuifweerstand aanwezig is, dan door de naastgelegen gronddoorsnede kan worden geleverd. Een zoo ruw mogelijk stempeloppervlak is daartoe gunstig. Verder zou, indien de wrijvingshoek φ van het materiaal eens nul zou zijn, de stempel een tophoek van $90° — \varphi = 90°$ moeten bezitten, om ook in

228

dat uiterste geval niet storend te werken op de glijdvlakvorming. Op grond van deze overweging wordt in het laboratorium met een tophoek van 90° gewerkt.

Bij zand zal het stempeloppervlak dan dus wel niet een schuifvlak zijn, daar de wig *BCA* dan een tophoek van ca. 60° krijgt en behoeft dus zelfs bij eenig achterblijven van den schuifweerstand in het aanrakingsvlak tusschen stempel en zand, bij dien tusschen zand en zand, nog niet aan een achteruitgang van den weerstand der massa gedacht te worden.

Bij zand kon dan ook door vergelijkende proefnemingen worden aangetoond, dat het verschil der uitkomsten voor tophoeken van 90° en 60° onbeteekenend is.

Vanzelf rijst de vraag, welke voordeelen de wig- of de kegelpunten voor ons doel eigenlijk bieden boven den vlakken stempel. Het voordeel der eerstgenoemde vormen is, dat daarbij onder iedere belasting, hoe klein ook, indringing moet optreden, en dat men aldus bij aangroeiende belasting een serie waarnemingen verkrijgt door bij iedere belasting het steunoppervlak te bepalen, waarbij evenwicht werd bereikt, terwijl bovendien de figuur der hoofdspanningstrajectoriën steeds aan zichzelf gelijkvormig blijft, en als het ware slechts van schaal verandert. Dat dit inderdaad het geval is, volgt ook uit de waarnemingen, welke leeren, dat de inzinking steeds zóólang plaats vindt, totdat de last, gedeeld door het oppervlak der gemaakte indrukking, een voor het onderzochte monster constante waarde bereikt, die dus de afmeting van een spanning heeft en welke grenswaarde door ons de

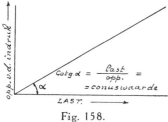

Fig. 158.

„conusweerstand" wordt genoemd (fig. 158). Dit is in overeenstemming met de afgeleide formule, die ook leidt tot een vaste waarde voor den weerstand per eenheid van oppervlak. Deze overeenstemming van het last/oppervlakdiagram met de uitkomsten der behandelde plasticiteitstheorie, volgens welke dit diagram rechtlijnig moet verloopen, wordt niet alleen gevonden voor zand onder verschillende bovenbelastingen, doch ook bij snelle proeven op monsters van veen, klei en gemengde grondsoorten. Fig. 159 geeft de samenstelling van een conus-apparaat aan, dat tot het doen van dergelijke waarnemingen geschikt is, terwijl eene meer vervolmaakte constructie is voorgesteld in fig. 160.

Als verder voordeel van den kegel- of wigvormigen stempel moge nog worden vermeld, dat het in vast materiaal uitvoeren van het meergenoemde deel *BCA* de samendrukking daarvan elimineert en ook de kans op eenzijdig oppersen en de daaraan verbonden ongelijkmatigheden vermindert.

De Zweden gebruikten reeds een kegelspits bij hun onderzoek der klei-
soorten in verband met de plaatsgevonden taludverschuivingen van spoor-
wegdammen *). Zij lieten een belasten kegel los, wanneer de punt het te
onderzoeken monster juist aanraakte. Er komen dan massakrachten in het
spel, zooals VON TERZAGHI uiteenzette, toen hij een meer geleidelijke belasting aanbeval. Deze wees ook reeds op het vrijwel lineaire diagram, dat
dan ontstaat.

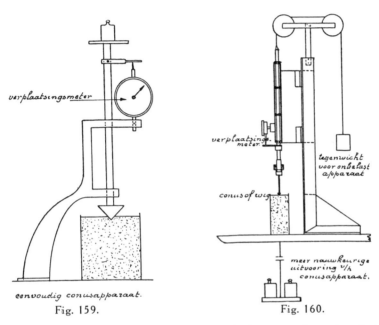

eenvoudig conusapparaat.

Fig. 159.   Fig. 160.

De wig is theoretisch (afgezien van de einden) eenvoudiger dan de kegel-
stempel, voor welke laatste nog geen theoretische oplossing mogelijk schijnt
doch is in het practische gebruik dikwijls minder doelmatig.

Voor de bestudeering van den puntweerstand van palen is natuurlijk de
kegel het meest aangewezen.

Teneinde nu na te gaan in hoeverre de gegeven theorie ten aanzien van
de daaruit voortvloeiende hooge waarden voor den weerstand door proefnemingen wordt bevestigd, zijn proeven genomen zoowel met wiggen met
90° tophoek en wisselende lengte, als met kegels met 90° tophoek. Wel
werd het weerstandscijfer in kg/cm² hierdoor beïnvloed en wel in dien zin
dat p_{ke} veelal iets grooter uitvalt dan p_{we}, al valt ingevolge de strooiing
der proefuitkomsten het bepalen der verhouding $p_{ke} : p_{we}$ niet gemakkelijk.

In plaats van de verhoudingsgetallen V_c en V_b zullen daarom voor kegel-

*) Zie voetnoot in § 6.

punten verhoudingsgetallen V'_c en V'_b worden ingevoerd, zoodat de evenwichtskegelweerstand dan geschreven zal worden in den vorm $p_{ke} = V'_c . c + V'_b . p_b$.

Men kan steeds V'_c en V'_b proefondervindelijk bepalen voor een te onderzoeken grondsoort en de te bezigen bovenbelasting. Alsdan gaat het er om na te gaan in hoeverre bij bepaling van den evenwichts kegelweerstand inderdaad gevonden wordt:

$$p_{ke} = V'_c . \text{cohaesie} + V'_b . \text{bovenbelasting,}$$

hetgeen vereischt, dat een kegelweerstand-bovenbelasting-diagram een rechtlijnig beloop zou moeten vertoonen, dat niet door den oorsprong van het assenstelsel gaat. (fig. 161)

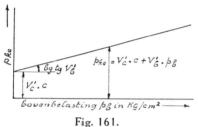

Fig. 161.

Het is moeilijk om in het laboratorium aan een zandmassa van den aanvang af een even groote horizontale terreinspanning te geven als die, welke door het inheien van palen ontstaat en die aanwezig is, wanneer een ingeheide paal later wordt belast. Deze horizontale spanning zal in de bovenlagen van een zandlaag op groote diepte bij samendrukbare hoogere lagen tot tg^2 ($45°$ + $\varphi/_2$) maal de verticale terreinbelasting kunnen bedragen, bij welke spanning opheiing plaats vindt. Op grootere diepte zou deze plaatselijk nog hooger kunnen oploopen omdat ook de verticale druk plaatselijk wel boven de waarde bij gelijkmatige spanningsverdeeling kan uitgaan. Bij een kegelproef op zand, dat niet al te losgepakt is, zal nadat de conus over zekere diepte — afhankelijk van de dichtheid der massa — is ingezonken, de horizontale spanning inderdaad ook tot deze waarde stijgen, waarna dan oppersing plaats vindt en aldus de omstandigheden verwezenlijkt zijn, die aan de afleiding der formule ten grondslag liggen. Wij zullen hieronder zien, dat het intreden van deze omstandigheid zich in de beproevingsresultaten duidelijk afteekent.

De bovenlast wordt bij de laboratoriumproef op verschillende wijzen verwezenlijkt, afhankelijk van het te onderzoeken materiaal. Is dit zeer dicht (leem, klei of veengrond) dan wordt de lucht in de ruimte boven het monster op den gewenschten druk gebracht, terwijl de ruimte daaronder in vrije verbinding staat met de buitenlucht; het bovenvlak wordt door fijn poeder, waarover vaseline of lanoline, gedicht. Bij doorlatend zand wordt, om kleine drukverschillen te verwezenlijken, het zand verzadigd gehouden met capillair water waarvan de druk ter hoogte van het zandoppervlak een nauwkeurig bekend aantal g/cm² beneden den atmosferischen druk ligt, terwijl dan verder in de vrije lucht wordt gewerkt. Uiteraard zijn dan slechts bovenbelastingen van enkele tientallen grammen per cm² mogelijk (fig. 162). Dekt men het zand nog met een laagje zeer fijn materiaal af, dan kan men reeds grootere bovenbelastingen nabootsen.

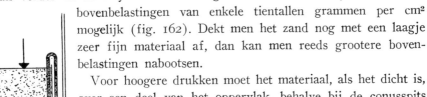

Voor hoogere drukken moet het materiaal, als het dicht is, over een deel van het oppervlak, behalve bij de conusspits en als het doorlatend is zooals zand, zelfs over het geheele oppervlak, met een uiterst dun rubbervlies worden bedekt, met daarboven een kunstmatig onder druk gebrachte beproevingsruimte, terwijl onder dit vlies de atmosferische druk blijft heerschen.

Fig. 162.

Een schema van deze opstelling wordt in fig. 163 gegeven.

Nu willen wij, zooals reeds in den aanvang gezegd, den conusweerstand

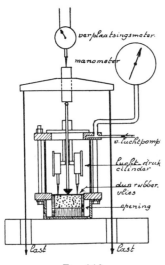

Fig. 163.

bepalen, die zoo min mogelijk door de samendrukbaarheid wordt beïnvloed en zoo mogelijk geheel door oppersingsverschijnselen wordt beheerscht.

Wij moeten dan zorgen, dat de samendrukking van het te onderzoeken materiaal reeds zooveel mogelijk heeft plaats gevonden vóórdat de eigenlijke proef begint, hetgeen bereikt kan worden door te werken met een conus met constante belasting (een aantal kg), die eerst tijdens groote bovenbelasting (luchtdruk) geleidelijk is opgebracht en daarbij eenige conus-indrukking heeft teweeggebracht. Indien aldus de last reeds zijn verdichtende uitwerking heeft uitgeoefend, is in het verdere verloop der proefneming nog slechts in hoofdzaak oppersings-inzinking te verwachten.

Daarna wordt dan ook met de eigenlijke proef begonnen, welke daarin bestaat, dat de bovenbelasting (luchtoverdruk) geleidelijk wordt verminderd waarbij dan de conus telkens dieper inzinkt en aldus een grooter steunoppervlak zoekt. Bij een bovenbelasting van capillairen aard kan men iets dergelijks doen door met een groote onderspanning in het water te beginnen en die daarna geleidelijk te verminderen. Bij iedere bovenbelasting en bijbehoorende indringing kan nu een kegelweerstand worden becijferd. Aldus ontstaat een serie waarnemingen voor den kegelweerstand.

Alvorens deze waarnemingen te bespreken, zij er op gewezen, dat ook de voorafgaande aangroeiende conusbelasting onder constante bovenbelasting (vóórproef) een diagram oplevert, dat nagenoeg lineair is en waaruit dus een conuswaarde voor de betreffende (grootste) bovenbelasting volgt. Fig. 164 geeft zulk een diagram.

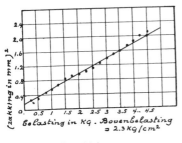

Fig. 164.

Voor de goede orde wordt hier opgemerkt, dat steeds zoowel de bewegingen van den belastenden conus als die van de belaste massa door meethorloges kunnen worden waargenomen (fig. 163), daar het hier immers gaat om de bewegingen van den conus t.o.v. het „terrein"-oppervlak. Deze laatste meethorloges verraden eventueel ook de mate van indringing, waarbij de oppersing den ring bereikt door tusschenkomst waarvan de meethorloges het grondmonster aanraken.

Nu is typisch voor alle genomen proeven, dat de conuswaarde van de „voorproef" lager is dan die, welke bij het later gemeten vrijwel rechtlijnige diagram zou behooren. Dit is gemakkelijk te begrijpen. De conus is bij de voorproef steeds iets te diep weggezonken, daar de grootst mogelijke zijdelingsche terreinspanning zich daarbij nog niet voldoende had ontwikkeld en ook verdichting tot de inzinking bijdroeg.

Bij de voorproef heeft aldus de samendrukking de uitkomst mede beïnvloed en dit moet dus tot een lager weerstandscijfer leiden.

De aanvankelijke inzinking is dus grooter dan uit oppersing alleen zou zijn voortgevloeid en daarmede is de becijferde conuswaarde uit de voorproef lager dan p_{ke} zoodat bij afnemende bovenbelasting er in den beginne bijna geen verdere inzinking meer noodig is om het evenwicht te kunnen blijven handhaven.

Dat intusschen ook voor het nog niet tot oppersens toe horizontaal verdichte zand een nagenoeg lineair lastoppervlakdiagram (fig. 164) en dus een p_k-weerstand of p_w-weerstand wordt gevonden, al wordt daarbij nog niet de optimale p_{ke}- of p_{we}-waarde bereikt, die in het gunstigste geval mogelijk is, is van zeer groot practisch belang, alleen al, omdat ook dan p-waarden metterdaad blijken te bestaan, die *onafhankelijk zijn van de afmetingen van het oppervlak van de gemaakte indrukking*. Ook voor grootere objecten als paalpunten en kleine fundamenten kunnen deze weerstandscijfers dan voor de eenheid van horizontale doorsnede blijven gelden, evenals dit bij de theoretische afleiding voor p_{we} werd gevonden.

Ook bij de belasting van een vooraf ingeheiden paal is de bovenbelasting reeds aanwezig, doch bovendien willicht een grootere horizontale grondspanning dan wij bij onze proef in den aanvang hebben en daarbij eerst tijdens den duur der proef kan stijgen.

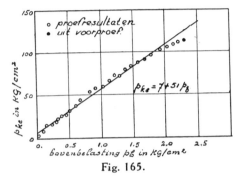

Fig. 165.

Keeren wij thans tot de eigenlijke proefneming terug, dan merkten wij reeds op, dat bij de afnemende bovenbelasting de conuswaarde (last: oppervlak) eerst langzaam of in het geheel niet daalt en eerst na eenige daling der bovenbelasting vrijwel lineair gaat afnemen. De inzakking gaat dan intusschen, zooals bij alle verschijnselen, die met het schoksgewijze verplaatsen van zand langs glijdvlakken samenhangen, eenigszins ongelijkmatig (fig. 165), doch het kost weinig moeite het resultaat der waarnemingen door een rechtlijnig verloop te benaderen, dat nagenoeg door den oorsprong gaat. Dit is overigens geheel in overeenstemming met de formule voor den wigweerstand p_{we}, die immers bestaat uit een van de cohaesie en φ afhankelijken constanten term, plus een constant aantal malen de bovenbelasting.

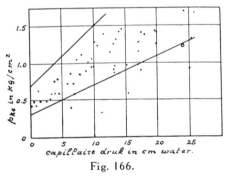

Fig. 166.

Voor duinzand zijn in het Laboratorium te Delft zeer vele p-waarden bepaald zoowel uit „voorproeven" als uit proefnemingen, onder afnemende (capillaire) bovenbelasting. Deze laatste zijn verzameld in fig. 166. Men vindt daaruit conuswaarden van gemiddeld 0,5 kg/cm² plus 50 maal de bovenbelasting. De bovenbelasting was hier uiteraard gering.

Ook zijn vele diagrammen bepaald, uit de „voor"proeven en de direct daarop volgende proefnemingen onder afnemende grootere bovenbelastingen. In fig. 167 is nog een daarvoor typisch resultaat vermeld, waarbij het cijfer uit de „voorproef" afzonderlijk is aageduid. Voor verschillende gevallen treedt een vrij belangrijke spreiding in de uitkomsten op, hoewel in iedere proefneming op zichzelve het linaire verloop duidelijk voor den dag komt. Gezien den grooten invloed, dien een kleine variatie van φ heeft, blijkens tabel fig. 152, is deze spreiding verklaarbaar.

Door voor zand aan te nemen een geringe cohaesie van enkele tientallen grammen per cm², vroeger (zie § 63) haakweerstand genoemd, kan de grootte van de constante term echter niet geheel worden verklaard.

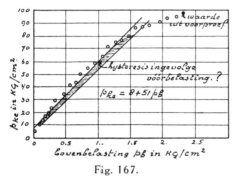

Fig. 167.

Het eenigszins kromlijnige verloop van het diagram der weerstanden bij afnemende bovenbelasting, resp. de groote constante term, kan wél worden toegeschreven aan de bij de wrijvingseigenschappen van zand ter sprake gekomen hysteresis van den schuifweerstand bij afnemende normale spanningen. In zooverre zouden de bij afnemende bovenbelasting bepaalde weerstanden dus eenigszins aan den hoogen kant zijn, in vergelijking met die bij toenemende bovenbelasting.

§ 98. *Grens van verdichtingsdraagvermogen.*

Kan nu ook langs theoretischen weg een indruk gekregen worden inzake den weerstand die een kegelpunt zou ondervinden indien van oppersing in het geheel geen sprake was en de kegel slechts door de verdichting der daardoor belaste massa tot indringing zou komen? Kan dus naast de tot nogtoe besproken verdringingsweerstand ook een verdichtingsweerstand worden bepaald, voor het uiterste geval, dat enkel en alleen van verdichting sprake zou kunnen zijn?

Deze zou zich dus voordoen, als op het bovenvlak van een onbeperkt uitgebreide grondlaag, hetzij een conus, hetzij een paalpunt werd geplaatst en de inzinking daarvan enkel en alleen aan verdichting van den ondergrond te wijten zou moeten zijn. Bepalen wij deze „samendrukkingsgrenswaarde" dan blijkt ook deze in hoofdzaak onafhankelijk van de afmetingen te kunnen zijn.

Het geval, dat de samendrukbaarheidsmodulus in globalen zin lineair met de diepte zou toenemen, komt voor die diepe punten in het terrein practisch niet in aanmerking, daar over de geringe betrokken hoogte de samendrukbaarheid nagenoeg constant zal zijn.

In grond met een constante samendrukbaarheidsmodulus E is — indien van geenerlei zijdelingsch uitwijken sprake is — de daling van een belastende zeer kleine halve bol met straal r_0 (zie § 82) te vinden als de som van de samendrukkingen van oneindig vele laagjes en gelijk aan

$$\int_{\infty}^{r_0} \frac{3\,P}{2\,\pi\,r^2} \cdot \frac{d\,r}{E}.$$

Daalt nu deze kleine bol weder over den zeer kleinen afstand $\delta \varDelta$ en nadert deze aldus iets dichter tot de diepere laagjes, dan nemen de spanningen in de verschillende laagjes daardoor toe met $3 \dfrac{P}{\pi r^3} . \delta \varDelta$ en neemt dientengevolge de totale samendrukking toe met

$$\int\limits_{\infty}^{r_0} \frac{3\,P}{\pi\,r^3\,E} \; . \, dr \, . \, \delta \varDelta = \delta \varDelta \, . \, \frac{3\,P}{2\,\pi\,r_0{}^2\,E} \, .$$

In het bijzondere geval, dat de aldus teweeggebrachte extra zetting, gelijk aan of grooter zou zijn dan $\delta \varDelta$, zou de last voortdurend blijven wegzinken onder verdichting der grondlagen.

Daartoe zou

$$\delta \varDelta \leqq \delta \varDelta \, . \, \frac{3\,P}{2\,\pi\,r_0{}^2\,E} \quad , \text{of} \quad \frac{3}{2} \, \frac{P}{\pi\,r_0{}^2} \geqq E$$

moeten zijn en de daartoe vereischte gemiddelde belasting p_{kv} zou dan $\geqq {}^2/_3\,E$ moeten zijn, hetgeen onafhankelijk blijkt van de afmetingen van het belastende lichaam.

Het is duidelijk, dat noch voor een conus noch voor een paal de evenwichtsconusweerstand p_{ke} kan worden bereikt, indien $p_{kv} < p_{ke}$. Deze p_{kv} stelt dus een bovengrens aan de mogelijke weerstanden.

Natuurlijk zijn er vele tusschengevallen tusschen het optreden van zuivere evenwichtsweerstand en zuivere verdichtingsweerstand. Daar beide van de afmetingen onafhankelijk zijn, kan men dit voorloopig ook voor de tusschengevallen aannemen.

Door de laboratoriumproeven welke ook bij het gelijktijdig optreden van verdichting en oppersing een constante p_k-waarde opleveren, wordt dit bevestigd (§ 97).

Natuurlijk zouden wij, ter becijfering van p_{kv}, nog andere veronderstellingen kunnen doen, zoowel inzake de spanningsverdeeling als inzake het verloop van den samendrukbaarheidsmodulus. Wat deze laatste betreft, komt over het kleine betrokken gebied, zooals reeds opgemerkt de veronderstelling ook met een toename met de diepte rekening te houden practisch niet in aanmerking, doch wel zou de uitgeoefende druk zelve daarop van invloed zijn.

Het veronderstellen van een grootere spanningsconcentratie zou p_{kv} nog doen dalen, doch het stijgen van den samendrukbaarheidsmodulus door de drukverhooging zelve (§ 38) zou een omgekeerd effect hebben. Hoofdzaak is, dat de verdichtings weerstand een (orde van) grootte bezit, die — mede doordat onvermijdelijke oppersingsbewegingen zelfs van geringen omvang

de waarde daarvan nog zullen doen dalen — bij zand den evenwichtsweerstand zeer nabij komt, zoodat in bepaalde gevallen daardoor aan den weerstand een grens zal worden gesteld.

Immers $\dfrac{2}{3} E = \dfrac{2}{3} C \cdot p_b$ leidt voor zand met C-waarden van 45 tot 450
tot p_{kv}-waarden van 30 tot 300 p_b, hetgeen de uitkomsten voor p_{ke} overtreft.

In eene terreinophooging, bestaande uit pendulair los gepakt zand
($n = 47\%$) werd een conusweerstand gevonden van $16 \cdot p_b$. De samendrukbaarheidsmodulus van zulk zand ligt in de buurt van 30 p; de theoretisch bepaalde p_{kv} waarde $= {}^2/_3 E$ zou dus daarvoor bedragen 20 p_b.

De evenwichtsweerstand p_{ke}, indien deze zich had kunnen ontwikkelen,
zou bij $\varphi = 30°$, 25 p_b bedragen.

Het is aannemelijk, dat hier de verdichtingsverschijnselen zich hebben
doen gelden. In ieder geval liggen de p_{ke} en p_{kv} blijkbaar niet zeer ver uiteen
en ligt de werkelijk optredende p_k lager.

In de fig. 167 voorgestelde voorproef, werd een weerstandscijfer van 42 p_b
gevonden, terwijl toen daarna alleen oppersingen den weerstand beheerschten,
het cijfer $p_{ke} = 56$ p_b bleek te bedragen.

Het verdichtingsweerstandscijfer zou daarbij zeker veel hooger hebben
gelegen. Wel is er invloed der verdichting merkbaar in de lagere uitkomsten
van de voorproef.

Bij klei en veen — mits zóó langzaam belast, dat de hydrodynamische
spanningen te verwaarloozen zijn en de volle wrijving zich ontwikkelt —
zou de evenwichtsweerstand weinig bij dien van zand behoeven achter te
staan. De lage C-waarden hebben dan echter tot gevolg dat de kleinere
verdichtingsweerstand de maatgevende factor wordt. Bij snelle proeven is
dat anders, doch komt in hoofdzaak slechts het evenwichtsdraagvermogen,
echter beheerscht door den geringen te voren aanwezigen schuifweerstand,
aan den dag.

Aangezien men in een gegeven geval, en vooral in de overgangsgevallen,
niet weet of men met een verdichtings- dan wel met een oppersingsweerstand te maken heeft, blijft van practisch belang het inzicht, dat niet alleen
de oppersingsweerstand, doch ook de verdichtingsweerstand of de weerstand in een tusschengeval eene waarde bezit onafhankelijk van de afmetingen van het belastende lichaam en dus als eene constante voor den ondergrond kan worden opgevat.

Bovendien is van practisch belang, dat zoowel bij proeven op zand als
bij snelle proeven op klei enz. de grootten der weerstandscijfers de theoretische, bepaald met het oog op den oppersingsweerstand, blijken nabij te
komen.

§ 99. *Cijfers uit de practijk, vergeleken met theoretische en laboratorium-resultaten.*

Zien wij uit het bovenstaande, dat op een plaats, waar de verticale ondergrondsche „terrein"-belasting 2 kg/cm² bedraagt, de weerstand, dien een paalpunt ondervindt alvorens weg te zinken, op grond van de laboratorium-proeven gemakkelijk 100 kg/cm² zou kunnen bedragen, (V_b' dus 50), en op grond van de theoretische afleiding (voor $\varphi = 40°$) $1,25 . 2 . 64 = 160$ kg/cm², dan rijst de vraag of men deze of hoogere waarden voor den punt-weerstand in de zandlagen van onzen bodem ook in de werkelijkheid bevestigd vindt. Teineinde deze cijfers proefondervindelijk te kunnen afleiden uit eene proefbelasting, is in de eerste plaats noodig het bepalen van den totalen puntweerstand uit een druk- en een trekproef op een paal *). Men vindt dan in fijne bovenzandlagen voor den coëfficiënt V_b' waarden 20 (als uitzonderlijk lage waarde) tot 30 à 35, waartegenover wij wenschen te stellen het theoretische cijfer voor V'_b voor losgepakt zand met korrels als duinzand ($\varphi = 30° \ 30'$) ten bedrage van 20, resp. 25 ($V'_b = V_b$ resp. $1,25 \ V_b$), voor zand met $\varphi = 32°$ van 23 resp. 29 en voor zand met $\varphi = 35°$ van 33 resp. 41 en ten slotte voor zand met $\varphi = 40°$ van 64 resp. 80, terwijl wij bij de laboratoriumproeven 30 à 40 à 50 vonden, voor de duidelijk door oppersing beheerschte waarden en van eenigszins geringere waarden uit de „voor"proeven, waarbij de inzinking ook ten deele door verdichting tot stand kwam. Naar „orde van grootheid" is de overeenstemming dus bevredigend te noemen.

§ 100. *Paalpunten in leem en klei.*

Volledigheidshalve moge er op worden gewezen, dat door middel van een snelle conusproef ook — en dan liefst voor ongeroerde monsters — voor leem- en kleilagen de conusweerstand kan worden bepaald, voor zoover deze door het oppersingsgevaar wordt beheerscht.

De zakking van een paalpunt door verdichting kan dan nog afzonderlijk worden bepaald. Dit is een verschijnsel, dat bij slecht doorlatende grondsoorten eerst in verloop van tijd tot stand komt en zeker niet mag worden voorbij gezien.

De geringe doorlatendheid brengt tegelijkertijd mede, dat zulk een massa slechts langzaam op drukvermindering reageert en dus slechts langzaam — en niet vrijwel onmiddellijk als bij doorlatend zand het geval is — haar schuifweerstand kan wijzigen.

Fig. 168 geeft hiervan een voorbeeld.

---

*) Ir. C. FRANX. De Ingenieur 1933. Polytechn. Weekblad 1934. Ir. G. C. BOONSTRA. Proceedings Int. Confèrence on soil mechanics. Cambridge 1936.

Het bepalen van een p_k-bovenbelasting-diagram wordt dus bemoeilijkt, eenerzijds door de met den tijd toenemende verdichting en anderzijds door de op andere punten slechts langzaam met den tijd dalende schuifvastheid bij afnemende bovenbelasting.

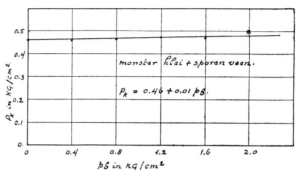

Fig. 168.

Voor klei- en leemlagen is dus de voorkeur te geven aan de snelle bepaling der conuswaarden bij een gelijkblijvende bovenbelasting, gelijk aan den oorspronkelijken terreinlast. Het resultaat zal meestal — misschien tegen verwachting — laag en dus teleurstellend zijn ten aanzien van het draagvermogen.

De door verdichting op den langen duur te verwachten zetting van den paal moet dan bovendien nog afzonderlijk worden bepaald en kan eveneens teleurstellen.

§ 101. *Toestel ter bepaling van den puntweerstand in het terrein. (Diepsondeerapparaat).*

Hoe nuttig en inzichtgevend theoretische beschouwingen en laboratoriumresultaten ook zijn, voor onmiddellijke practische toepassing, leveren de aan het verkrijgen van ongeroerde grondmonsters verbonden moeilijkheden meestal teveel bezwaren op. Voor leem- en kleilagen — indien men mocht overwegen daarin palen te doen steunen — zijn de bezwaren verbonden aan het verkrijgen van nagenoeg ongeroerde monsters veel geringer.

Intusschen is in ons land een methode van diepsondeering tot ontwikkeling gekomen, waarmede de puntweerstanden in het natuurlijke terrein onmiddellijk worden bepaald en welke reeds vele honderden malen toepassing vond.

Men bepaalt daarbij den weerstand van den ondergrond door een dikwandige buis met conische punt in den bodem in te drukken en daarbij op

verschillende diepten, deze punt door middel van een zich in de buis bevindende stang, afzonderlijk omlaag te bewegen. De daartoe telkenmale be-

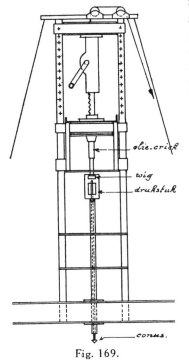

Fig. 169.

noodigde krachten worden dan gemeten,
zoodat men over de geheele dikte der onderzochte lagen den puntweerstand en desgewenscht ook de mantelwrijving kan leeren
kennen. Buis en stang worden daartoe telkens met stukken van 1 m' verlengd.

De kegel bezit een tophoek van 60° en
een grondvlak van rond 10 cm² en is bevestigd aan een ronde ijzeren staaf met een
diameter van 15 mm. Deze staaf, die telkens
met stukken van 1 m lengte wordt verlengd,
vindt geleiding in de buis met buitendiameter
van rond 3,5 cm. Door een nok wordt de
onderste stang belet om over meer dan 10
cm uit de onderste buis gedrukt te worden.
De buizen worden boven het terrein geleid
in een ijzeren raamwerk, dat tegen opdruk-
ken voorzien is van een houten platform
(onder den grond) voor het aanbrengen
van de benoodigde ballast. Aan het boveneinde van de buis is een drukstuk bevestigd
waarop door middel van een tegen het ijze-
ren raamwerk steunende dommekracht en door tusschenkomst van een
hydraulische vijzel de druk wordt uitgeoefend. Dit drukstuk is zoodanig
ingericht, dat de druk naar verkiezing op de buis dan wel de kegelstang
kan worden aangebracht. De voor het indrukken van het geheel of van de
punt alleen benoodigde kracht wordt afgelezen op een manometer, die aan
de hydraulische vijzel is bevestigd. Een schets van het apparaat is in fig.
169 gegeven.

Eenige met behulp van dit apparaat bepaalde conusweerstandsdiagrammen
zijn in fig. 170 gegeven.

De door middel van proefbelastingen op tot de aangegeven diepte ingeheide gewapend betonpalen bepaalde puntweerstanden *) (grenslast bij
indrukking verminderd met grenslast bij het uittrekken, gedeeld door de
puntdoorsneden) zijn door middel van een dikke stip daarin opgenomen.
Aldus kunnen de uitkomsten van sondeeringen met die van proefbelastingen

---

*) Proefnemingen van den Rijkswaterstaat (zie „De Ingenieur", 1939, voordracht ir. G. C.
BOONSTRA).

vergeleken worden, hetgeen wel gewenscht is, aangezien het overbrengen van de met den kleinen kegel van het diepsondeerapparaat bepaalde weerstanden per eenheid van grondvlak, op de door palen met veel grooter puntoppervlak te ondervinden weerstanden berust op de in vroegere paragrafen behandelde overwegingen.

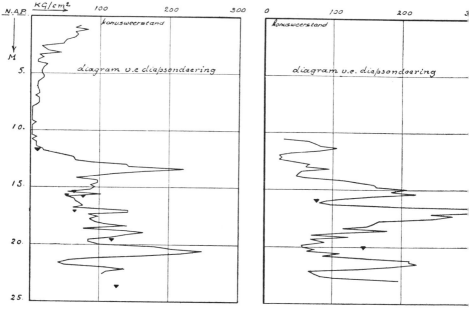

Fig. 170.

Bij in verticalen zin opeenvolgende grondlagen, welke ongelijkmatig zijn van samenstelling, zal zich de omstandigheid voordoen, dat onmiddellijke vergelijking der voor conuspunt en paalpunt gevonden uitkomsten wordt bemoeilijkt, doordat de kleine conuspunt in sterkere mate plaatselijke wisselingen zal weergeven dan de groote paalpunt, die steeds met lagen op verder uiteenliggende hoogten in aanraking is en aldus minder gevoelig is voor plaatselijke afwijkingen. Ook zal de groote paalpunt, zoowel wat evenwichtskansen, als verdichting van den ondergrond betreft een grootere invloedssfeer bezitten en b.v. op een bepaald niveau reeds onder den invloed staan van diepere samendrukbare lagen, terwijl de conus op datzelfde niveau daarvan den invloed nog ternauwernood ondervindt.

Bij de overbrenging der door het diepsondeerapparaat ondervonden weerstanden op paalpunten dient dan ook met zeer vele overwegingen met betrekking tot evenwicht en vervorming rekening te worden gehouden, vooral bij in eigenschappen sterk wisselende grondlagen.

Zoo dient er op gewezen, dat, indien de puntweerstand bepaald is, hetzij uit het oogpunt van evenwicht of wel uit dat van vormverandering, dien zekere ondergrond kan bieden, nog nagegaan moet worden of, indien door vele palen lasten op den ondergrond worden uitgeoefend, die elk voor zich kleiner zijn, toch misschien nog beteekenende samendrukking van dieper gelegen lagen kan optreden. Vooral indien die lagen sterker samendrukbaar zijn dan de grondmassa, waarin de paalpunten zelve steun vinden, dient dit steeds te worden onderzocht.

Wij bewegen ons dan weer op het gebied van het vervormingsdraagvermogen!

§ 102. *Evenwichtsdraagvermogen van fundamenten met groot grondvlak.*

De onderscheiding tusschen kleine en groote fundamenten wordt hier gemaakt, naar gelang van de belangrijkheid van het gedeelte van het evenwichtsdraagvermogen, dat berust op het eigengewicht van de bij de oppersing in beweging te brengen grondmassa beneden het grondvlak. Bij een conusproef is de invloed daarvan uiterst gering; bij een paalpunt kunnen wij van deze bijdrage afzien, omdat deze in vergelijking tot den invloed van het op het gewicht der bovenlagen berustende draagvermogen onbeteekenend is; bij een normaal fundament, dat dikwijls nabij het terreinoppervlak steun vindt, levert echter het eigen gewicht der beneden het fundeeringsniveau bij oppersing in beweging te brengen massa veelal een niet te verwaarloozen bijdrage tot het evenwichtsdraagvermogen.

Een fundament waarbij dat het geval is, beschouwen wij als een groot fundament.

Ten einde na te gaan, hoe groot de bedoelde extra weerstand zal zijn, laten wij aanvankelijk alle bovenbelasting weg, welke boven het fundeeringsvlak aanwezig is.

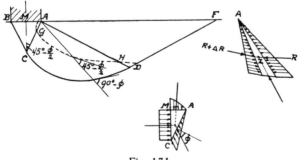

Fig. 171.

Het glijdvlak dat dan in den ondergrond bij oppersing optreedt, zal weer evenals het vroeger besprokene (§ 95) kunnen bestaan uit twee horizontaal liggende cilindrische gedeelten die een logarithmische spiraal tot normale doorsnede hebben, en twee daaraan rakende platte vlakken. In het prisma ABC van fig. 171 zouden in de punten van de vlakken AC en BC de grootste hoofdspanningen verticaal kunnen zijn en de kleinste horizontaal; in prisma ADF zouden de grootste hoofdspanningen horizontaal zijn en de kleinste verticaal. Een hoofdspanningstrajectorie der grootste hoofdspanning zou een beloop hebben als in de figuur gestippeld is aangegeven en tusschen G en H bestaan uit een gedeelte eener logarithmische spiraal, dat alle door A gaande glijdvlakken onder een hoek van $45° — φ/2$ snijdt.

Dat dit verloop der glijdvlakken met de eischen van het inwendig evenwicht in overeenstemming is, volgt ten aanzien van het in doorsnede driehoekige gedeelte ADF uit de vroeger gevonden ligging der gevaarlijkste glijdvlakken. Voor het uit wigvormige gedeelten opgebouwde deel der massa, geldt voor ieder willekeurig wigvormig elementje, dat alle daarop uitwendig aangrijpende krachten, die met de normaal op de begrenzingsvlakken een hoek $φ$ maken, door het zwaartepunt van den grondwig gaan, mits de spanning langs de rechte begrenzingsvlakken driehoekig verloopt. Gelukkig is dit ook voor het gedachte inwendig evenwicht van het grondprisma ADF vereischt, immers ook daarin zullen de spanningen in punten van de lijn AD evenredig met de diepte toenemen en dit zal ook gelden voor de verticale en horizontale hoofdspanningen in alle punten van het prisma ADF, nu slechts het eigen gewicht der massa in rekening wordt gebracht. Aangezien de driehoekig verloopende spanningsverdeeling dan ten slotte ook voor de punten van AC en BC zal moeten aanwezig zijn, zal het drukverloop tusschen fundament en ondergrond van A naar M en van B naar M driehoekig, parabolisch of op nog ingewikkelder wijze moeten toenemen. Indien in alle punten van MC de horizontale hoofdspanning nagenoeg constante waarde zou moeten hebben, zou het evenwicht van AMC slechts denkbaar zijn, indien volgens de fundeeringszool binnenwaarts gerichte schuifspanningen zouden worden uitgeoefend, zooals deze ook proefondervindelijk kunnen worden aangetoond. De spanningsverdeeling in BAC is dus minder eenvoudig dan die in ADF; dit alles, indien de grenstoestand van het evenwicht op de gedachte wijze zou intreden.

De figuren zouden dan dezelfde zijn, als die welke vroeger bij de bestudeering van den grenstoestand van het evenwicht bij aanwezigheid eener verticale bovenbelasting werden aangehouden. Slechts zouden de spanningen langs de platte glijdvlakken thans driehoekig verloopen en niet meer gelijkmatig verdeeld zijn zooals vroeger verondersteld.

Voor de bepaling nu van het thans aan de orde zijnde evenwichtsdraagvermogen kan het eenvoudigst grafisch worden te werk gegaan, op de wijze zooals dit in figuur 172. bij wijze van voorbeeld voor zand met een hoek van inwendige wrijving $\varphi = 35°$ is geschied. Het evenwichtsdraagvermogen blijkt daaruit, bij een aanlegbreedte b en een volumegewicht γ, te bedragen per eenheid van grondvlak 34,40 γ b, en dus recht evenredig te zijn aan de

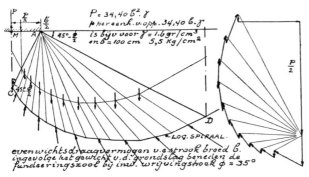

Fig. 172.

aanlegbreedte van het fundament, zooals vroeger (§ 94) reeds in algemeenen zin werd betoogd, dat het geval zou moeten zijn. Wij noemen den coëfficiënt van $\gamma . b$ voortaan V_g.

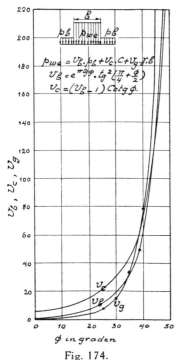

Fig. 174.

De op overeenkomstige wijze voor verschillende wrijvingshoeken verkregen uitkomsten zijn in het diagram van fig. 174 verzameld.

Intusschen is het alweer niet geoorloofd te concludeeren, dat aangezien het veronderstelde verloop der glijdvlakken in hoofdzaak in overeenstemming blijkt te zijn met de eischen van evenwicht, dit ook het eenig mogelijke zou zijn en dus onvermijdelijk moet optreden.

Voor het werkelijk optreden eener bepaalde spanningsverdeeling is immers uit de theorie der statisch onbepaalde vraagstukken bekend, dat deze ook met de vervorming der betrokken massa in overeenstemming moet zijn.

Daar de glijdvlakken zich bij al te groote fundamentsbelasting slechts geleidelijk zullen ontwikkelen en een glijdvlak dat eenmaal ontstaan is, in verband met het daarbij dalen van den schuifweerstand, neiging heeft zich te blijven handhaven, moet beïnvloeding van het glijdoppervlak door de vervormingseigenschappen der massa allerminst uitgesloten worden geacht.

Het is dan ook van groot praktisch belang na te gaan of proefnemingen inderdaad leiden tot eene glijdvlakvorming in den trant van hetgeen werd verondersteld en of de gemeten waarden van het evenwichtsdraagvermogen grooter of kleiner zijn dan de hier gegevene.

Omvangrijk zijn de in deze ter beschikking staande gegevens niet.

Fig. 155 gaf reeds een van eene fotografische opname gereproduceerd glijdvlak, dat in hoofdzaak een beloop als het veronderstelde volgt en waarbij behalve bovenbelasting ook het eigen gewicht van den grond een rol speelde. Andere proefnemingen geven getallen-uitkomsten van waargenomen waarden van het grensdraagvermogen.

FELLENIUS (Jordstatiska Beräkninger, Norrköping 1929) vond voor zand zonder bovenbelasting als evenwichtsdraagvermogen in kg/cm² $0,07b$ (b in cm!) voor een groot aantal proeflichamen, hetgeen voor $\gamma = 0,0016$ kg/cm³ met een φ-waarde van $36°30'$ zou overeenkomen, indien onze theorie geheel opging. Hij vond door deze uitkomst de evenredigheid tusschen de kleinste aanlegbreedte b en het grensdraagvermogen bevestigd. Verder vond hij, dat bij bepaalde vormen van het grondvlak, voor grond met enkel wrijving, het ruimtevraagstuk van het evenwicht tot geen andere uitkomst zou leiden dan bij bestudeering van het evenwicht volgens een plat vlak zou worden gevonden. Ook gebruikmaking der redeneering van § 94 leidt hiertoe.

Aangezien bij deze vraagstukken toch aanzienlijke veiligheidsmarges zullen moeten worden in acht genomen, kan men op grond van een en ander de gevonden uitkomsten als een bruikbare aanwijzing aanhouden. Indien nauwkeuriger methoden tot ontwikkeling komen en door waarnemingen worden bevestigd, zullen de veiligheidscoëfficiënten lager kunnen worden genomen.

Indien wij nu het evenwichtsdraagvermogen ingevolge het eigengewicht van de beneden den fundeeringsgrondslag aanwezige massa, tellen bij dat ingevolge de daarop aanwezige bovenbelasting, dan is men daarbij in zooverre aan den veiligen kant, dat bij het *gelijktijdig* in rekening brengen van bovenbelasting en eigengewicht, naar een onderzoek leert, een grootere totale weerstand zou worden gevonden. Bij de onzekerheid welke intusschen ten aanzien van het optreden der besproken glijdvlakken nog bestaat, schijnt het geboden vooralsnog te volstaan met op deze bijkomstige omstandigheid even de aandacht te vestigen.

Indien thans het aldus opgebouwde evenwichtsdraagvermogen wordt in formule gebracht, vindt men

$$p_{we} = V_b \cdot p_b + V_c \cdot c + V_g \cdot b \cdot \gamma,$$

waartoe de gegevens aan de grafiek van fig. 174 kunnen worden ontleend.

Raadpleging van het in § 78 over de wrijvingsgrootheden bij langzame en plotselinge belasting opgemerkte, zal intusschen noodig zijn, alvorens in een bepaald geval een keuze inzake de in te voeren constanten te doen.

Ook dient van geval tot geval te worden beoordeeld in hoeverre in verband met mogelijke ontgravingen, van het uit p_b voortvloeiende gedeelte van het evenwichtsdraagvermogen veiligheidshalve dient te worden afgezien.

Tot slot moge het navolgende getallenvoorbeeld ter verduidelijking dienen:

Een fundeeringssloof, breed 2 m, is 1,20 m diep ingegraven. Gerekend wordt, dat de grondwaterstand tot maaiveldshoogte kan stijgen. Het volume gewicht van den met water verzadigden grond zij 1825 kg/m³, zoodat de verticale korrelspanning op 1,2 m diepte slechts 1,2 (1825 — 1000) = 990 kg/m² bedraagt of 0,099 kg/cm².

Het evenwichtsdraagvermogen in kg/cm² wordt nu aan de hand van de tabel, indien $\varphi = 30°$ en $c = 0$ wordt gesteld:

$$p_{we} = 18,3 \cdot 0,099 + 15 \cdot 200 \cdot 0,000825 =$$
$$= 1,81 + 2,475 \text{ kg/cm}^2 = \infty\ 4 \text{ kg/cm}^2.$$

§ 103. Grens van het evenwichtsdraagvermogen ingevolge de wegpersing van slappe lagen.

Het in § 102 aan de bepaling van het evengewichtsdraagvermogen ten grondslag gelegde glijdvlakbeloop benadert het werkelijk optredende slechts dan in voldoende mate, indien de grondslag is opgebouwd uit lagen, welke ten aanzien van den schuifweerstand weinig uiteenloopen.

In afwijkende gevallen zal steeds gezocht dienen te worden naar de glijdvlakken, die het kleinste draagvermogen zullen opleveren en waardoor uit den aard der zaak de minder weerstand biedende lagen zoolang mogelijk zullen worden gevolgd.

Een uiterste geval van ongelijksoortige grondlagen zal zich voordoen, indien een slappe laag B (fig. 175) zich bevindt tusschen veel grooteren weerstand biedende lagen A en C. Hierbij vraagt een nog niet eerder genoemde mogelijkheid onze aandacht.

Het evenwichtsdraagvermogen kan namelijk onder deze omstandigheden worden beperkt door het gevaar voor zijdelingsche wegpersing van de slappe laag onder den druk van het fundament, welke dan met een wegzakking daarvan gepaard gaat.

Wij denken ons een lange fundeeringsstrook met aanlegbreedte b; de gemiddelde grenswaarde der op de slappe laag uitgeoefende druk, veroorzaakt door het gewicht van het fundament met belasting en het gewicht van het daaronder aanwezige gedeelte van de vaste laag A, bedrage p_g; p_b

stelt de belasting voor, die op de slappe laag naast het fundament aanwezig is.

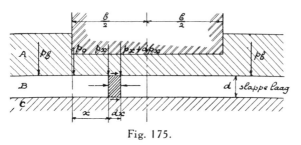

Fig. 175.

Bij de hier veronderstelde geringe dikte van de slappe laag laten wij het eigengewicht daarvan, en dus ook de verandering der korrelspanningen over de laagdikte, eenvoudigheidshalve buiten beschouwing. De wrijvingseigenschappen van de slappe laag, waarop bij het beoogde tempo van belastingstoename te rekenen valt, worden weergegeven door bepaalde c- *) en φ-waarden.

Bevindt nu de slappe laag onder het fundament zich ingevolge de totale erop uitgeoefende druk in een grenstoestand van evenwicht t.a.v. zijdelingsche wegpersing, dan zal de horizontale weerstand in verticale vlakken onmiddellijk naast het fundament, zijn maximum waarde hebben bereikt, welke de waarde heeft (zie § 69):

$$p_b : k_a + 2 . c . tg \left(45° + \frac{\varphi}{2}\right),$$

waarin:
$$k_a = tg^2 \left(45° - \frac{\varphi}{2}\right).$$

De verticale fundeeringsdruk p_0 ter plaatse $x = 0$ zal dan bedragen, aangezien deze met de juist genoemde horizontale drukking weder tot een grenstoestand van evenwicht moet leiden,

$$p_0 = \frac{1}{k_a} \cdot \left\{ \frac{p_b}{k_a} + 2 . c . tg \left(45° + \frac{\varphi}{2}\right)\right\} + 2 c . tg \left(45° + \frac{\varphi}{2}\right).$$

Voor $\varphi = 0$ gaat deze druk over in $p_b + 4 c$ en

voor $c = 0$ in $\qquad p_b : k_a^2 = p_b : tg^4 \left(45° - \frac{\varphi}{2}\right) = p_b . tg^4 \left(45° + \frac{\varphi}{2}\right).$

Meer binnenwaarts zullen de horizontale en dus ook de verticale drukken nog toenemen; immers de zich tegen de buitenwaartsche beweging van de slappe laag verzettende schuifweerstand tusschen de slappe laag en de vastere lagen maakt naar het midden toe toenemende drukkingen mogelijk.

Zij de door het fundament op een afstand x vanaf den rand uitgeoefende verticale druk gestegen tot p_x en op een afstand $x + dx$ gestegen tot $p_x + dp_x$, dan volgt, indien als benadering de in het midden der laag aanwezige horizontale druk over de volle laagdikte wordt aanwezig verondersteld, de

---

*) Voor c zou men in overeenstemming met het slot van § 78 in deze paragraaf dienen te lezen c''.

differentiaal vergelijking, die het vraagstuk beheerscht uit de evenwichtsvoorwaarde voor een strook ter breedte d_x en ter dikte d en welke luidt:

$$d \left\{ p_x \cdot k_a + 2 \cdot c \cdot tg \left(45 + \frac{\varphi}{2} \right) \right\} + 2 \cdot dx \cdot (c + p_x \cdot tg \, \varphi) =$$

$$= d \left\{ (p_x + dp_x) \cdot k_a + 2 \cdot c \cdot tg \left(45 + \frac{\varphi}{2} \right) \right\},$$

zoodat:

$$2 \cdot dx \cdot (c + p_x \cdot tg \, \varphi) = d \cdot dp_x \cdot k_a$$

en dus:

$$\frac{2 \cdot tg \, \varphi}{d \cdot k_a} \cdot dx = \frac{tg \, \varphi \cdot dp_x}{(c + p_x \cdot tg \, \varphi)},$$

hetgeen na integratie oplevert:

$$\frac{2 \cdot tg \, \varphi}{d \cdot k_a} \cdot x = lg^e \, (c + p_x \cdot tg \, \varphi) - lg^e \, (c + p_o \cdot tg \, \varphi).$$

De integratie constante is hierbij bepaald geworden uit de voorwaarde,
dat voor $x = 0$, $p_x = p_o$ moet worden.

Wordt nu p_x opgelost dan volgt daarvoor

$$p_x = p_o \cdot e^{\frac{2 \, tg \, \varphi}{k_a \cdot d} \cdot x} + \frac{c}{tg \, \varphi} \left(e^{\frac{2 \, tg \, \varphi}{k_a \cdot d} \cdot x} - 1 \right)$$

waardoor dus het drukverloop bekend is.

Vindt men in een bepaald geval — bij in vergelijking tot den voor het
toenemen der korrelspanningen vereischten tijd snelle belasting bijv. —
aanleiding $\varphi = 0$ te stellen en voor c de oorspronkelijk aanwezige schuifvastheid aan te houden, dan wordt:

$$p_x = p_o + c \cdot \frac{2 \, x}{d},$$

zooals grafisch voorgesteld in fig. 176, en dus de gemiddelde grensbelasting

$$p_g = p_o + c \, \frac{b}{2 \, d},$$

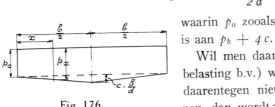

Fig. 176.

waarin p_o zooals hierboven gevonden gelijk
is aan $p_b + 4 \, c$.

Wil men daarentegen (bij zeer langzame
belasting b.v.) wel met eene φ-waarde, doch
daarentegen niet met eene c-waarde rekenen, dan wordt:

$$p_x = p_o \cdot e^{\frac{2 \, tg \, \varphi}{k_a \cdot d} \cdot x} \quad \text{(zie fig. 177)}$$

en de gemiddelde waarde:

$$p_g = \frac{2}{b} \int_0^{b/2} p_0 . e^{\frac{2\,tg\,\varphi\,.\,x}{k_a\,.\,d}} . dx = p_0\, \frac{k_a\,.\,d}{b\,.\,tg\,\varphi} \left(e^{\frac{b\,tg\,\varphi}{k_a\,.\,d}} -- I \right),$$

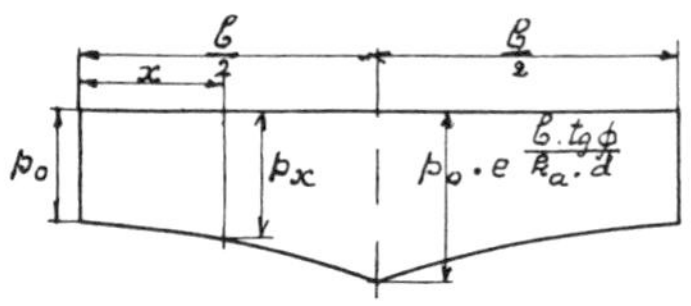

Fig. 177.

waarin $p_0 = p_b . tg^4 \left(45 + \dfrac{\varphi}{2} \right).$

Berekenen wij ten slotte p_g voor het geval zoowel met φ als met c zou worden gerekend, dan wordt:

$$p_g = \frac{d\,.\,k_a}{b\,.\,tg\,\varphi} \left(\frac{c}{tg\,\varphi} + p_0 \right) \left(e^{\frac{b\,tg\,\varphi}{d\,.\,k_a}} - I \right) - \frac{c}{tg\,\varphi},$$

waarin:

$$p_0 = \frac{I}{k_a} \left\{ \frac{p_b}{k_a} + 2\,.\,c\,.\,tg \left(45 + \frac{\varphi}{2} \right) \right\} + 2\,.\,c\,.\,tg \left(45 + \frac{\varphi}{2} \right).$$

Getallen voorbeeld. Zij $p_b = 2$ ton/m², $d = 0,5$ m', dan volgt uit de gegeven formules voor de grenswaarden:

bij $b = 4$ m'

    voor $tg\,\varphi = \frac{1}{4}$ en $c = 0$, daar $p_0 = $ 5,4 , voor $p_g = $ 43 ton/m²
    voor $tg\,\varphi = 0$ en $c = 1$ ton/m², daar $p_0 = $ 6,0 , voor $p_g = $ 10 ton/m²
    voor $tg\,\varphi = \frac{1}{4}$ en $c = 1$ ton/m²; daar $p_0 = $ 10,67, voor $p_g = $ 112 ton/m²

bij $b = 1$ m'

    voor $tg\,\varphi = \frac{1}{4}$ en $c = 0$, daar $p_0 = $ 5,4 , voor $p_g = $ 8,3 ton/m²
    voor $tg\,\varphi = 0$ en $c = 1$ ton/m², daar $p_0 = $ 6,0 „ voor $p_g = $ 7,0 ton/m²
    voor $tg\,\varphi = \frac{1}{4}$ en $c = 1$ ton/m², daar $p_0 = $ 10,67, voor $p_g = $ 18,5 ton/m²

Uit de gevonden formules volgt, dat, zooals te voorzien was, het evenwichtsdraagvermogen toeneemt bij grootere aanlegbreedte en kleinere dikte van de slappe laag. Steeds zal dan ook moeten worden nagegaan of in een bepaald geval de vroeger besproken wijze van evenwichtsverstoring niet tot lagere uitkomsten zou leiden.

Voorts dient opgemerkt, dat, aangezien de neiging tot zijdelingsch uitwijken aan de bovenzijde van de slappe laag door het fundament wordt tegengegaan, daarin een trekkracht optreedt, die gemakkelijk uit de door het fundament uitgeoefende schuifweerstanden kan worden berekend.

Zou in een bepaald geval de belastende constructie de vereischte schuifweerstanden niet kunnen uitoefenen, omdat de bedoelde trekkracht daardoor niet kan worden opgenomen, en ook de weerstand der naast het fundament liggende bovenlagen niet toereikend is om de schuifweerstanden tot ontwikkeling te brengen, dan kan noch de berekende spanningsverdeeling zich ontwikkelen, noch ook het gevonden draagvermogen tot stand komen. Dit punt wordt dikwijls over het hoofd gezien.

Rust op de veronderstelde slappe grondlaag niet een stijf fundament, doch een massa zonder eigen stijfheid (b.v. een weglichaam), dan kan niet worden geprofiteerd van het eventueel naar het midden toe toenemende evenwichtsdraagvermogen, aangezien de kleinere waarde daarvan, nabij de randen, dan maatgevend zal zijn; dijkslichamen, die hun grootste gewicht nabij het midden van hun aanlegbreedte hebben, verkeeren in dit opzicht in gunstiger conditie. De omstandigheid of in de gevallen van wegen en dijken tegen de uitpersing van slappe lagen wordt gewaakt door het toepassen, aan de bovenzijde daarvan, van geschikte wapeningslagen, speelt uit den aard der zaak een belangrijke rol.

Is ten slotte onder omstandigheden als de hier bedoelde het evenwichtsdraagvermogen bepaald, dan dient — als steeds — afzonderlijk te worden nagegaan, welk breukdeel van dit draagvermogen kan worden benut, hetzij uit veiligheidsoverwegingen, hetzij met het oog op de toelaatbaar geachte zettingen.

§ 104. *Kan men voor een bepaalden grondslag in algemeenen zin een toelaatbare belasting in kg/cm² aangeven?*

Zooals in § 92 werd besproken zal soms een veilig geacht gedeelte van het evenwichtsdraagvermogen, soms het vervormingsdraagvermogen maatgevend zijn bij de vaststelling van de in een bepaald geval toelaatbaar te achten belasting van den ondergrond.

Aangezien, zooals uit de vorige paragrafen van dit hoofdstuk volgt, beide draagvermogens op zeer uiteenloopende wijze van de fundeeringsafmetingen afhankelijk zijn, zal het dus niet mogelijk zijn om voor een bepaalden grondslag in het algemeen vast te stellen, welke belasting in kg/cm² men daarop zal mogen toelaten.

Voor groote fundamenten zou dit uit evenwichtsoogpunt zeer veilig, doch uit zettingsoogpunt te veel kunnen zijn; voor kleine fundamenten zou het omgekeerde geval zich kunnen voordoen.

Ook moet, zooals werd besproken, de aard van het bouwwerk een belangrijken invloed hebben op ons oordeel.

Dat desniettemin bij het maken van ontwerpen en in ambtelijke voorschriften een in kg/cm² aangegeven toelaatbaar draagvermogen gaarne wordt gebezigd, is historisch te verklaren, door te bedenken, dat men aanvankelijk zich op het standpunt stelde, dat men voor den ondergrond, zooals voor ieder bouwmateriaal, toelaatbare spanningen zou kunnen aangeven. Voorts is dit in de bouwwereld ingeburgerde gebruik te billijken, indien het in zijn toepassingen beperkt blijft tot bouwwerken van gelijk karakter, wat gewicht, gewichtsverdeeling en samenstelling betreft, voor een bepaald gebied met weinig wisselenden ondergrond en de gekozen waarde in de daarmede opgedane ervaringen rechtvaardiging vindt.

Voor gevallen, afwijkende van den norm, welke op ervaring is gebaseerd, zou men echter zijne opvattingen kunnen richten naar de verschillende in dit hoofdstuk vervatte gezichtspunten.

§ 105. *Excentrisch belaste fundamenten.*

Ook ten aanzien hiervan zijn in vroeger jaren denkwijzen in zwang gekomen, die ontleend zijn aan de spanningsberekeningen voor vaste bouwmaterialen en het voordeel bezitten van grooten eenvoud.

Ter bepaling van de spanningsverdeeling in het scheidingsvlak tusschen fundament en ondergrond wordt namelijk veelal uitgegaan van een rechtlijnig verloopend spanningsdiagram, zooals dit wordt gevonden voor een staaf waarvan het materiaal de Wet van HOOKE volgt. Ook wordt dan tevens de grootste aldus gevonden drukspanning (fig. 178) met een voor den betrokken ondergrond toelaatbaar geachte waarde vergeleken.

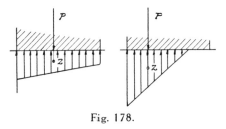

Fig. 178.

Uit de omtrent het evenwichtsdraagvermogen gevoerde beschouwingen is intusschen wel duidelijk geworden, dat aan de randen van een fundament de spanningen bepaalde grenswaarden niet zullen kunnen overschrijden, aangezien vooral bij kleine bovenbelasting al spoedig een begin van evenwichtsverstoring zal intreden. De uiterste spanningen zullen, voor zoover door het eigengewicht van den grond mogelijk geworden, vanaf den rand geleidelijk aangroeien (§ 102). Voor zoover ingevolge bovenbelasting zullen zij gelijkmatig zijn (§ 95). Op zekeren afstand van den rand van het fundament zal dan een overgang plaats vinden naar het binnenwaarts gelegen deel van het diagram, dat door de vervormingseigenschappen van den ondergrond (§ 86) wordt beheerscht, aangezien bij een practisch onvervormbaar fundament het spanningsverloop moet voldoen aan de voorwaarde, dat de op den ondergrond uitgeoefende drukkingen tot een lineair verloopende fundamentsinzinking moeten leiden. Bovendien moet natuurlijk voldaan worden aan de eischen van het evenwicht: de inhoud van het diagram der normale spanningen in den fundamentszool moet gelijk zijn aan den totalen normalen druk daarin, terwijl het zwaartepunt van dit diagram in de verticaal door het krachtspunt moet liggen.

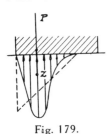

Fig. 179.

De spanningsverdeeling in den trant van fig. 179 is dus meer aannemelijk dan die van fig. 178.

In een geval, waarin bovendien horizontale krachten op het fundament worden uitgeoefend, moet natuurlijk bovendien een met den normalen druk vereenigbaren verschuivingsweerstand niet worden te boven gegaan. Opgemerkt dient, dat dan de evenwichtsgrensspanningen en de tot een lineaire vervorming leidende krachtsverdeeling meer binnenwaarts tevens wijziging zullen ondergaan. Immers tegen schuin gerichte spanningen zal op andere wijze weerstand worden geboden dan tegen normaal of misschien zelfs binnenwaarts gerichte!

Daar op het gebied dezer beschouwingen ieder geval afzonderlijk dient te worden onderzocht, moge met de aangegeven richtlijnen worden volstaan, met behulp waarvan men van geval tot geval zou kunnen pogen tot eene oplossing te geraken.

Het zal duidelijk zijn, dat ook in dit geval de afmetingen der fundamenten een belangrijke rol zullen kunnen spelen en dat ook hier van toepassing is, hetgeen aan het slot van de vorige paragraaf werd opgemerkt ten aanzien van de normale gevallen, waarvoor ervaringsresultaten ter beschikking staan, zoodat de op zichzelf onjuiste rekenwijze dan desondanks tot goede resultaten kan leiden.

Voor de afwijkende gevallen zal dienen te worden nagegaan in hoeverre het volgen van eene andere rekenwijze gewenscht is.

HOOFDSTUK IX.

NEUTRALE GRONDDRUK; ACTIEVE GRONDDRUK; GROND-WEERSTAND; WERKELIJKE GRONDDRUK.

§ 106. *Inleiding.*

Indien een grondmassa door een muur of wand wordt begrensd, zal deze wand, naar gelang van de erop aangrijpende krachten, óf tegen den grond worden opgedrongen, óf eenigermate wijken, óf in het geheel geen verplaatsing ondergaan. Het is duidelijk, dat de tusschen wand en grond heerschende druk voor al deze gevallen verschillend zal zijn. In het geval van den opdringenden wand zal de druk grooter, en in het geval van den wijkenden wand kleiner zijn dan die, welke in het tusschenliggende geval van den neutralen druk optreedt.

Voor de kleinst mogelijke waarde, dien de gronddruk bij wijkenden wand kan bereiken en bij het optreden waarvan in de gekeerde massa een evenwichtsverstoring dreigt, wordt de benaming actieve gronddruk gebruikt.

Voor de grootst mogelijke waarde van den gronddruk bij opdringenden wand spreekt men van passieven gronddruk of — duidelijker — van grondweerstand.

In deel I en deel II *) werd op de bepaling van den actieven en de passieven gronddruk voor grond zonder cohaesie reeds uitvoerig ingegaan.

Onder herhaling van eenige hoofdzaken moge daaraan hier nog een en ander worden toegevoegd.

§ 107. *Neutrale gronddruk.*

Na hetgeen hieromtrent in § 89 is gezegd ten aanzien der spanningen in een onbegrensd horizontaal terrein, zou indien de hoofdspanningsverhouding wordt bepaald, welke leidt tot eene zijdelingsche lineaire vervorming nul, daaruit tevens de grootte der hoofdspanningen in een uit de betrokken lagen opgebouwd terrein en dus desgewenscht ook de in een vlak van willekeurige richting heerschende drukking kunnen worden bepaald.

Het geval van den niet wijkenden wand wordt in de praktijk met goede benadering verwezenlijkt door stijf aan een zwaren bodemplaat verbonden sluis- of dokmuren, duiker en tunnellichamen en zal voorts kunnen gelden voor de aanvullingen binnen landhoofden van bruggen, voor aanaardingen op bogen en gewelven e.d.m. Meestal zal in deze gevallen in verband met

---

*) Prof. KLOPPER: Toegepaste Mechanica.

de voor den bouw vereischte voorafgegane ontgraving, een aanaarding te keeren zijn. Wordt deze aanaarding laagsgewijze aangebracht, in horizontale lagen, dan zouden de omstandigheden die tot de neutrale druk leiden, behoudens wellicht eenige beïnvloeding door silowerking (§ 91), te naastenbij vervuld kunnen zijn. Slechts in een geval waarin een deel van den ondergrond, zonder van plaats te veranderen, door kunstmatige versteening in een keerenden wand zou worden omgezet, zou de ideale omstandigheid voor het optreden van den neutralen gronddruk geheel verwezenlijkt zijn.

Onder verwijzing naar § 89 wordt nog opgemerkt, dat het bepalen van de grootte van den neutralen druk voor de betrokken grondsoorten slechts op grond van de uitkomsten van proefnemingen kan geschieden. Waarnemingen bij uitgevoerde werken zullen daarbij noodig zijn ten einde de langs dezen weg gevonden uitkomsten aan de werkelijkheid te kunnen toetsen.

Damwanden zullen over het algemeen in horizontalen zin niet zóó onwrikbaar worden gesteund, dat daarbij het geval van den neutralen druk zou kunnen optreden, temeer omdat daarbij behalve eenige verplaatsing ook doorbuiging meestal onvermijdelijk is. Aangezien de gronddruk zich dientengevolge zal wijzigen in den zin van dien van den lageren druk tegen een wijkenden wand, is deze omstandigheid van gunstigen invloed op de grootte van de op een damwandconstructie aangrijpende krachten. Dit brengt ons als van zelf tot het volgende onderwerp.

§ 108. *Druk tegen een in zijn geheel wijkenden muur.*

Indien bij het wijken van den muur, die een grondmassa keert en nadat de verplaatsing een zekere waarde heeft bereikt, een zelfden spanningstoestand ontstaat als vroeger voor het gestrekte terrein werd beschreven (§ 88), biedt het beantwoorden van de vraag naar de waarde van den actieven gronddruk geen moeilijkheden meer.

Bij een horizontaal terrein zou de minimale horizontale hoofdspanning zooals wij vroeger zagen, dan bedragen:

$$\varrho_h = \varrho_v \, tg^2 \, (45 - \varphi/2) - 2\,C \, . \, tg \, (45 - \varphi/2)$$

waaruit, in combinatie met de waarde van ϱ_v, de spanning op ieder vlakje — hoe ook gericht — kan worden afgeleid. Voor een verticaal vlakje wordt dit ϱ_h zelf.

Ter toelichting zijn in de fig. 180 en 181 voor een tweetal gevallen het verloop der verticale en der daaruit berekende horizontale korrelhoofdspanningen aangegeven.

In fig. 180 is gedacht aan het geval van een met 3 ton/m² belast terrein,

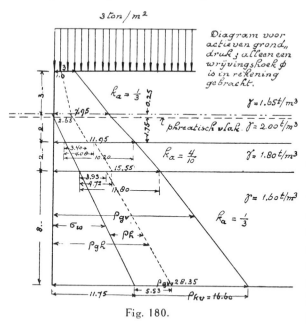

dat zich 3,25 m¹ boven het phreatische vlak ter plaatse verheft. Gerekend is met een gesloten capillair gebied dat zich slechts tot 25 cm¹ boven het phreatische vlak uitstrekt. Daar boven worden geen capillaire korrelspanningen meer aanwezig verondersteld. Zoowel de waterspanningen als de verticale korrelspanningen op horizontale vlakjes zijn in de figuur aangegeven. Uit deze laatste zijn onder toepassing der aangegeven

Fig. 180.

coëfficiënten k de korrelspanningen op verticale vlakjes bepaald. Voegt men daarbij weer de waterspanningen, dan ontstaat het diagram der horizontale grondspanningen tegen den wand.

De figuur spreekt overigens voor zichzelf.

In fig. 181 is verder een geval voorgesteld, waarin de capillaire spanningen in den gekeerden grond van meer beteekenis zijn dan in het vorige voorbeeld. Ook hier zijn de waterspanningen, de verticale en de horizontale korrelspanningen afzonderlijk aangegeven; c en φ zijn beide in rekening gebracht. Boven het phreatische

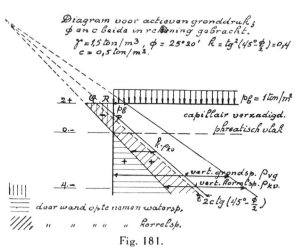

Fig. 181.

vlak is een positief korrelspanningsdiagram aanwezig, doch uit den aard der zaak een negatief waterspanningsdiagram. Ter hoogte P worden de horizontale korrelspanningen juist gelijk aan de negatieve waterspanningen, zoodat op hooger gelegen punten de grond geen druk meer op den wand uitoefent.

Indien het capillaire water ook tusschen grond en wand zou opstijgen, zou zelfs van een op den wand uitgeoefenden horizontalen druk naar rechts sprake kunnen zijn, doch het is veiliger (te wijde tusschenruimte; regen!) daarop niet te rekenen.

Het diagram der naar links gerichte drukkingen vindt dan zijn top in P, terwijl het diagram PQR der op den wand naar rechts gerichte drukkingen buiten beschouwing blijft.

In beide gevallen zijn slechts de spanningen bekeken welke voortvloeien uit de aan één zijde van den wand aanwezigen grond. Met wijziging der korrelspanningen door regen, verdamping of verticale stroomingsdruk zou desgewenscht op de vroeger aangegeven wijze kunnen worden rekening gehouden. Hierop wordt thans niet nader ingegaan.

Bij de zoo juist gegeven oplossing van het vraagstuk gaat men ervan uit, dat voor ieder elementje van den wand afzonderlijk, de minimale druk voortvloeiende uit het gewicht eener tot het terrein reikende grondkolom, door wijking van het betreffende wandelement zou worden verwezenlijkt; verder werd er geen aandacht aan geschonken, dat het wijken van den muur tot eenig nazakken van den grond moet leiden, hetgeen het ontstaan van daaraan weerstand biedende wrijvingskrachten uitlokt en aldus de spanningsverdeeling wijzigt. Aan deze beide omstandigheden zal thans eenige aandacht worden besteed.

Maakt de keerende wand deel uit van een practisch onvervormbaar geheel, zooals dit bij keermuren het geval is, dan staat volstrekt niet à priori vast, dat bij het wijken van den wand in ieder elementair wandelementje de hier bedoelde grenstoestand van het evenwicht en de bijbehoorende minimale waarde der horizontale hoofdspanning zal bereikt zijn bij eene zoodanige uitwijking als waarbij dit wèl voor den totalen druk tusschen grond en wand het geval zal zijn.

Gaan wij eens na op welke wijze — behalve op de reeds besprokene — de druk van den grond tegen den wand, als één totaal kan worden bepaald, dan kunnen wij daartoe den reeds in deel I *) van dit leerboek behandelden gedachtengang van Coulomb volgen.

Hierbij worden alle denkbare glijdvlakken welke een gedacht afglijdend prisma in de gesteunde grondmassa begrenzen, onderzocht en daarlangs telkens de wrijvingsweerstanden tot hun grootst mogelijke waarde ingevoerd. Voor één dezer glijdvlakken zal dan de allerhoogste eisch aan het

---

*) Klopper: Toegepaste Mechanica.

weerstandbiedend vermogen van den wijkenden wand worden gesteld. Dit is dan het gevaarlijkste glijdvlak!

Vooral voor platte glijdvlakken verloopt dit onderzoek zoowel langs grafischen als langs analytischen weg op zeer eenvoudige wijze. In het geval van doorsneden van minder eenvoudigen vorm en bij gebroken en gebogen glijdvlakken biedt de grafische methode vele voordeelen en deze ontwikkelt bovendien beter het inzicht in het op te lossen vraagstuk.

Met den invloed eener bovenbelasting kan men het gemakkelijkst rekening houden door deze door een grondlaag van overeenkomstige dikte te vervangen.

Voor platte glijdvlakken en een vlak terrein is nu in fig. 182 voor een grondsoort met φ en c, voor een willekeurige glijdvlakhelling, zoowel graphisch als analytisch, de bepaling van den voor het evenwicht van den grondwig vereischten horizontalen steundruk D aangegeven.

Graphisch zou door telkens een andere α-waarde te bezigen ten slotte de grootste waarde van D kunnen worden bepaald.

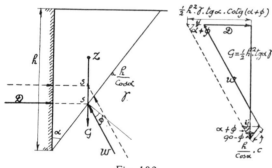

Fig. 182.

In plaats van dit probeerenderwijze te doen, kan men ook de in deel I *) behandelde verfijningen in toepassing brengen. Een nadeel dezer verfijningen is, dat men daardoor dikwijls uit het oog verliest hetgeen men bezig is te doen. In van den norm afwijkende gevallen kan men dan tot verkeerde uitkomsten besluiten.

Gaan wij analytisch te werk, dan blijkt uit de figuur dat:

$$D_a = \tfrac{1}{2} h^2 \cdot \gamma \cdot tg\, \alpha \cdot cotg\,(\alpha + \beta) - C \cdot h \cdot \frac{cos\,\varphi}{cos\,\alpha \cdot sin\,(\alpha + \varphi)}.$$

Deze uitdrukking blijkt indien α varieert, maximum te worden en dus tot de gevaarlijkste uitkomst te leiden als $\alpha = 45 - \varphi/2$; voor deze α waarde wordt dan

$$D_{(45 - \varphi/2)} = \tfrac{1}{2} \gamma\, h^2\, tg^2\,(45 - \varphi/2) - 2 \cdot c \cdot h \cdot tg\,(45 - \varphi/2).$$

Deze waarde stemt volkomen overeen met die welke volgt uit de uitkomsten der formules voor het inwendig evenwicht. Immers door invoering van $\varrho_v = \gamma \cdot z$. voor de verticale spanning op de diepte z en door integratie

---

*) Klopper: Toegepaste Mechanica.

der grootheden $\varrho_h \, . \, dz$ over de wandhoogte waarbij

$$\varrho_h = \varrho_v \, . \, tg^2 \, (45 - \varphi/2) - 2 \, c \, . \, tg \, (45 - \varphi/2)$$

(de afmeting loodrecht op het vlak van teekening is steeds gelijk aan een lengte-eenheid), zouden wij voor de resultante der horizontale spanningskrachtjes geheel dezelfde uitkomst hebben verkregen.

Toch is er dit verschil, dat het bij de thans gevolgde methode niet noodig was een bepaalde plaats van D of W aan te nemen. Slechts moeten beide krachten elkaar op de werklijn van het grondgewicht G snijden.

Het vraagstuk is dus feitelijk statisch onbepaald. Daar D verschillende hoogteliggingen kan aannemen, beteekent dit — aangezien D de resultante der door den wand uitgeoefende tegendrukken is — dat het verloop der drukkingen tusschen grond en wand, ook bij het bereiken van de hierboven berekende grenswaarde D, nog statisch onbepaald is.

Bovendien is het niet zeker, dat D horizontaal is, doch evenmin dat D de bij de ontwikkeling der volle wrijving tusschen wand en grond behoorende afwijking zal vertoonen. Het zou namelijk best kunnen zijn, dat reeds bij een veel kleinere afwijking van D van de horizontale richting de afschuivende grondwig in beweging zou komen, aangezien bij een kleinere afwijking een grootere D waarde behoort.

Uit een en ander volgt dus, dat niet alleen de pláàts van D (dus het verloop der normale spanningen tusschen grond en wand) doch ook de richting van D statisch onbepaald is en daarmede dus ook de schuifspanningen tusschen grond en wand!

Deze beschouwingen leiden er allereerst toe, na te gaan of uit waarnemingen ten aanzien van het verloop der drukkingen of van de plaats van D bij wijkende wanden, inderdaad blijkt, dat dit verloop onder verschillende omstandigheden zal uiteenloopen. Deze verschillende omstandigheden zullen dan, aangezien het een statisch onbepaald vraagstuk betreft, betrekking moeten hebben op de vervorming der grondmassa.

Uit de door v. TERZAGHI met zeer groote apparatuur gedane proefnemingen, blijkt allereerst, dat bij zand slechts een betrekkelijk geringe wijking van een steunwand noodig is, om de gronddruk tot de waarde van den druk bij wijkenden wand (actieven druk) te doen dalen *).

Indien de wand om een as nabij het ondereinde kantelt worden de op de reeds eerder aangegeven wijze bepaalde minimum waarden dan tegelijkertijd, punt voor punt van de wandhoogte, bereikt. Dit blijkt uit de uit de waarnemingen af te leiden plaats van den resulteerenden druk (in dit geval op $^1/_3$ der wandhoogte). Verplaatst de wand zich bij het wijken evenwijdig aan

---

*) v. TERZAGHI. Journal of the Boston Society of Civil Engineers. April 1936.

zichzelf of om een punt meer nabij het boveneinde, dan treedt bij vrijwel dezelfde maat voor de wijking in het midden, dezelfde minimumwaarde van den totalen druk op, doch is dit daarentegen punt voor punt beschouwend, eerst bij een grootere mate van wijking het geval, hetgeen blijkt doordat de resultante na eerst hooger gelegen te hebben, later naar $^1/_3$ daalt. Toch ontstaat ook in deze gevallen overal de bedoelde minimale druk, nog vóórdat het glijdvlak zich vormt.

Practisch blijft dus bij zand de wijze van wijking slechts in zooverre van belang, dat de vraag kan rijzen of de voor een en ander vereischte mate van wijking niet ontoelaatbaar groot zal blijken te zijn. De kennis van de waarde van den oorspronkelijken terreindruk, van den te bereiken minimalen druk en van de vervormingswet welke door den ondergrond wordt gevolgd, zal tot het antwoord moeten voeren.

Om de gedachten te bepalen diene intusschen, dat v. TERZAGHI vereischte bewegingen noemt van 1/2000 der wandhoogte bij dicht zand en kanteling om het wandbenedeneinde en vermeldt dat dit bij los zand méér zou moeten zijn.

§ 109. *Drukverloop tegen een ingevolge uitbuiging wijkenden wand.*

In vele gevallen wordt een wand aan het boveneinde beter tegen verplaatsing gesteund dan op lagere punten; dit doet zich b.v. voor indien tusschen twee aan het boveneinde tegen elkaar afgestempelde damwanden. de grond geleidelijk word ontgraven en naar gelang de ontgraving vordert, stempels worden bijgeplaatst. De grootste tegendruk van den wand zal zich dan meer nabij het boveneinde daarvan blijven concentreeren. Deze druk zal daarbij plaatselijk hoog kunnen oploopen, doch natuurlijk niet de door het inwendige evenwicht in den grond gestelde grenswaarde voor den druk

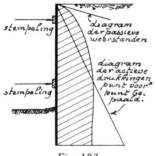

bij opdringenden wand (passieven gronddruk) kunnen teboven gaan. Aldus kan een verloop ontstaan in den trant van dat van fig. 183. Bij de uitvoering van belangrijke ontgravingen tusschen aldus gestempelde damwanden heeft men deze neiging der statisch onbepaalde spanningsverdeeling om zich, zooals de theorie dat trouwens doet verwachten, ter plaatse van de minder meegevende deelen te concentreeren,

Fig. 183.   door waarnemingen bevestigd gevonden.

Deze waarneming richt zich dan op de vervorming van stempels en gordingen, waaruit de grootte der krachtswerkingen kan worden afgeleid.

Hoewel de verdeeling der wanddrukken daarbij dan een andere blijkt te zijn, dan met het diagram der punt voor punt bepaalde minimumdrukkingen zou overeenkomen, behoeft — mits voldoende wijking mogelijk is — de totale waarde van den weerstand bij wijkenden wand, de actieve gronddruk, desondanks niet te worden overschreden.

Op het eerste gezicht — trouwens dit geldt ook voor de niet punt voor punt minimale spanningen uit de vorige paragraaf indien wèl de totale druk minimum is geworden — moge het onbegrijpelijk schijnen, dat indien een bepaald diagram als dat van fig. 183 punt voor punt de voor het evenwicht vereischte minimale drukkingen aangeeft, desondanks toch bij plaatselijk nòg lagere drukkingen een evenwicht mogelijk is. Dat deze plaatselijk nòg lagere drukkingen zouden moeten voorkomen volgt onvermijdelijk uit de omstandigheid, dat hier weliswaar van een op andere wijze verloopend diagram, doch met gelijkblijvend totaal oppervlak sprake zou moeten zijn. Figuur 183 verduidelijkt dit nader. In het ondergedeelte daarvan zou dit geval zich moeten voordoen.

De verklaring is intusschen te vinden in de reeds in § 90 besproken bestaanbaarheid eener spanningsverdeeling, waarbij bepaalde plaatsen in een grondmassa kunnen worden ontlast, ten nadeele van de spanningen op andere punten.

Weer een ander geval doet zich voor, indien de ondersteuning van den wand zelf uit een buigzaam constructiedeel bestaat en bepaalde gedeelten daarvan minder meegeven dan andere. Dit gebeurt b.v., indien door gronddruk belaste verticale damplanken steun vinden tegen buigzame horizontale gordingen, die zelf op bepaalde afstanden horizontaal zijn verankerd. De spanningsverdeeling in de gesteunde grondmassa zal dan een zoodanige zijn, dat de balkgedeelten nabij de ankers een grooter deel van den gronddruk op te nemen krijgen, dan de daartusschen gelegen uitbuigende gedeelten. Teneinde dit in te zien, behoeft men zich slechts gehalveerde verticale grondcilinders voor te stellen als bedoeld in § 90, met den verankeringsafstand tot diameter en met de verticale as vallend in het vlak van den damwand (fig. 184).

De damwand en dus ook de gording wordt dan slechts belast met de vroeger besproken tangentieele hoofdspanningen, welke in de as desnoods nul kunnen zijn en naar buiten toe volgens een parabool van den graad $(1/k_a - 1)$ toenemen. Bij $k_a = 1/4$ is dit een derdegraadsparabool; bij $k_a = 1/5$ een vierdegraadsparabool. Buiten tegen de halve cilinders drukt dan de radiale hoofdspanning ϱ_h.

In vergelijking met de buigende momenten, welke onder invloed van gelijkmatig verdeelde belastingen ϱ_h in de gordingen zouden ontstaan, zouden deze voor de parabolisch verloopende belastingen tot *2/5* resp. tot *1/3* worden gereduceerd voor het geval van in de steunpunten scharnierend opgelegde gordingen.

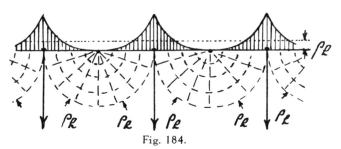

Fig. 184.

Wij dachten bij dit alles echter nog slechts aan de spanningen, vereischt in verband met de actieve horizontale drukken ϱ_h, doch nog niet aan de ingevolge het gewicht der grondcilinders zelve van den damwand geëischte tegendrukken. Inderdaad zal nog moeten worden nagegaan — evenals wij dit punt voor het in § 90 behandelde geval aan de orde stelden — hoe het in een concreet geval gesteld zal zijn met de horizontale drukken, die uit dien hoofde in verticale vlakjes vereischt zullen zijn, waarbij dan aan silowerking binnen door damwand en concentrische cilinders besloten grondmassa's kan worden gedacht, in den trant van § 91. De concentrische cilinders zijn echter dan geen hoofdvlakken meer en het onderzoek wordt gecompliceerd, indien getracht wordt ook daarmede rekening te houden.

Ook behoeft niet noodzakelijk aan volle halve cilinders te worden gedacht, doch kunnen ook cilindersegmenten tegen den damwand worden aanwezig verondersteld; daarmede moeten dan horizontaal gerichte schuifspanningen tusschen damwand en grond samengaan. De drukverdeeling ingevolge de spanningen ϱ_h wordt dan minder sterk bij de steunpunten gecentraliseerd, dus voor de gordingen ongunstiger. Daartegenover staat een grooter drukverminderende invloed der reeds genoemde silowerking.

Tenslotte behoeft ook niet uitsluitend aan cirkelvormig omloopende ringspanningen gedacht te worden, doch zijn ook andere beloopen denkbaar.

Ook bij een verticale damwand, die aan het boveneinde door een stijven kaaimuurbovenbouw of door een practisch genomen onbuigzame gording wordt ondersteund — en in het vorige voorbeeld tusschen de gordingen in — doet zich voor de damplanken een overeenkomstig verschijnsel voor. De uitbuiging der damplanken zal tot gevolg hebben, dat de daardoor geboden tegendruk zich meer nabij de steunpunten concentreert, hetgeen de buigende momenten doet afnemen in vergelijking met het geval eener lineair met de diepte toenemende drukverdeeling.

Men kan zich hier een, ditmaal liggend cilindrisch lichaam achter het doorbuigende damwanddeel denken (in het algemeen geen halve en ook geen cirkelcilinder) dat de in hoofdzaak horizontaal op den wand toeloopende hoofdspanningen van den actieven gronddruk ten deele opvangt op een stelsel van ringvormig verloopende tangentieele hoofdspanningen dat de druk naar de steunpunten afleidt. Ook hier zal het grondgewicht van dit cilindrische lichaam zelve de behandeling compliceeren; verticale wrijvingsweerstanden stellen zich daar weer tegenover. Voorloopig zal ook hier slechts een pogen tot oplossing, geval voor geval, in aanmerking komen.

Slaagt men er in een der besproken, of in overeenkomstige gevallen in, om voor den damwand gunstige spanningsverdeelingen aan te geven, dan beteekent dit natuurlijk nog allerminst, dat vaststaat welke daarvan nu inderdaad zal optreden. Slechts indien eene bepaalde spanningsverdeeling tevens zou leiden tot eene vervorming van de grondmassa welke nauwkeurig aansluit bij die van den doorbuigenden damwand zal dit de werkelijk optredende spanningsverdeeling zijn. Voorloopig zal het tot exacte oplossing brengen van dit vraagstuk wel niet mogelijk zijn, aangezien juist in het gebied nabij de grenzen van het inwendig evenwicht, daartoe van de vervormingswetten bij zich wijzigende hoofdspanningen nog te weinig bekend is.

Proefnemingen en metingen aan modellen en vooral aan uitgevoerde constructies zullen dan ook voorloopig, bij het bepalen van den vermoedelijken invloed der doorbuiging op de vermindering der buigende momenten, moeten dienst doen als voornaamste bron van kennis op dit gebied.

In de praktijk heeft men zeer belangrijke reducties van het buigend moment opgemerkt (Dr. EHLERS. Ein Beitrag zur statischen Berechnung von Spundwänden. Dissertatie Braunschweig 1910), welke zelfs reeds in voorloopige voorschriften zijn vastgelegd. (Bulletin de l'Association Internationale Permanente des Congrès de Navigation Januari 1929).

Men komt hierbij tot reducties tot omstreeks $^1/_3$, bij de bepaling waarvan eenigermate rekening wordt gehouden met de wrijvingseigenschappen van den grond, vertegenwoordigd door de φ-waarde en met de buigzaamheid van den wand vertegenwoordigd door de wanddikte en den elasticiteitsmodulus van het damwand materiaal. Het is duidelijk, dat grootere buigzaamheid van den wand en grootere stugheid der grondmassa (waarmede φ eenigermate parallel loopt) de afname der buigende momenten zullen begunstigen. In hoeverre in de voorgestelde formules reeds thans aan deze factoren het juiste gewicht wordt toegekend zal op grond van verdere theoretische en experimenteele resultaten moeten blijken.

§ 110. *Wrijving in het wandvlak.*

Wat de wrijving in het wandvlak betreft waarop reeds eerder de aandacht werd gevestigd, kan men zich een oordeel vormen omtrent de vermindering welke daardoor de horizontale ontbondene van den actieven gronddruk zou ondergaan, door eene constructie uit te voeren zooals in fig. 186 aangegeven

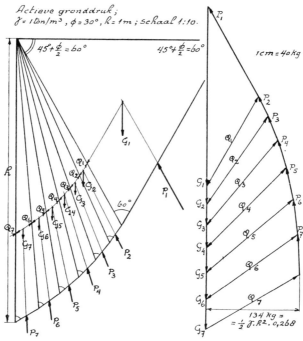

Fig. 186.

en waarbij in het wandvlak, dat als glijdvlak wordt beschouwd, de volle wrijving wordt verondersteld zich te hebben ontwikkeld. De daaraan ten grondslag liggende krachtsverdeeling voldoet aan de eischen van het evenwicht, terwijl een glijdvlak beloop is gekozen dat nauw verband houdt met dat, hetgeen reeds in het vorige hoofdstuk in beschouwing werd genomen. Het bestaat over het gedeelte van den neerdalenden grondwig over een rechtlijnig gedeelte, hellend onder een hoek van $(45 — \varphi/2)$ met de verticaal, dat met een overgang in den vorm van een logarithmische spiraal onder een hoek van $90 — \varphi$ aan het muurachtervlak aansluit, dat dus ook een glijdvlak is.

Dat het overigens eenigermate willekeurig gekozen beloop ook tot op zekere hoogte aan de door de vervorming gestelde eischen voldoet, blijkt uit de omstandigheid, dat waargenomen glijdvlakken aan hun benedeneinde de neiging tot vorming van een gebogen gedeelte vertoonen, dat zich echter in den regel niet zoo volledig ontwikkelt als in fig. 186 is verondersteld, aangezien bij het begin der afschuiving de wandwrijving nog niet hare volle waarde zal hebben ontwikkeld, zooals dit bij de constructie van deze figuur wèl wordt verondersteld.

Intusschen zijn practische gevallen denkbaar, waarin de wandwrijving niet slechts een secondair verschijnsel is, doch reeds bij de eerste beweging ten volle werkzaam kan zijn, b.v. indien de achteraanvulling van de grondkeerende constructie op zich geleidelijk samendrukkende lagen wordt gedeponeerd, terwijl de constructie zelve op goed ondersteunde palen is gefundeerd.

Voor $\varphi = 30°$ blijkt nu uit de uitgevoerde grafische constructie, dat de horizontale ontbondene van den gronddruk ongeveer $\frac{1}{2} \cdot 0,27 \cdot \gamma \cdot h^2$ bedraagt, tegenover eene waarde $\frac{1}{2} \cdot 0,333 \cdot \gamma \cdot h^2$ voor den gronddruk zonder het in rekening brengen van wrijving.

Volgens een streng theoretische behandeling van dit vraagstuk door v. Karman (Verhandelingen van het mechanica Congres te Zürich 1926) zou bij het door hem bepaalde beloop van het glijdvlak en onder volle wandwrijving de horizontale ontbondene van den gronddruk bij $\varphi = 30°$ eveneens bedragen $\frac{1}{2} \cdot 0,27 \cdot \gamma \cdot h^2$.

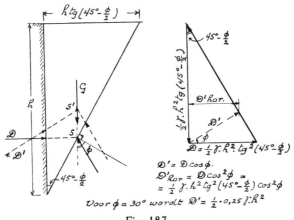

$$\mathscr{D} = \frac{1}{2} \gamma \cdot h^2 \cdot tg^2(45° - \frac{\phi}{2})$$

$$\mathscr{D}' = \mathscr{D} \cos \phi.$$
$$\mathscr{D}'_{hor} = \mathscr{D} \cos^2 \phi =$$
$$= \frac{1}{2} \gamma \cdot h^2 \cdot tg^2(45° - \frac{\phi}{2}) \cos^2 \phi$$

Voor $\phi = 30°$ wordt $\mathscr{D}' = \frac{1}{2} \cdot 0,25 \cdot \gamma \cdot h^2$

Fig. 187.

Zou men het platte glijdvlak aanhouden dat bij aanvankelijke wrijvings-looze wand zou optreden en zou men daarna tòch de ontwikkeling van een wrijvingshoek van 30° tusschen wand en achteraanvulling, veronderstellen, dan zou (zie fig. 187) $\frac{1}{2} \cdot 0,25 \cdot \gamma \cdot h^2$ gevonden worden. Bij dezen gedachtengang gaat men er van uit, dat een zich eenmaal ontwikkelend glijdvlak zich daarna moeilijk meer verplaatst, omdat dit tot een zwakke plaats in de massa is geworden, zoodat het eenmaal gevolgde beloop zich zal blijven handhaven.

De gegeven cijferuitkomsten geven een indruk van den invloed welke het al dan niet in rekening brengen van de wandwrijving op de grootte der krachten heeft.

Meestal zal men het in practische gevallen, tenzij deze geen twijfel over-laten, niet goed aandurven om, anders dan ter beoordeeling der in een be-paald geval aanwezige veiligheidsmarge, eene veronderstelling te doen ten aanzien van de mate waarin wrijvingskrachten zich in het achtervlak eener grondkeerende constructie zullen ontwikkelen en op den duur handhaven.

De verschillende veronderstellingen welke daaruit ten aanzien der actieve drukken voortvloeien leiden niet tot zóó groote verschillen, als die welke b.v. het gevolg zouden zijn van uiteenloopende opvattingen, ten aanzien van de vraag of in bepaalde gevallen met maximale, dan wel met uiteindelijke schuifweerstanden zal dienen te worden gerekend. Vooral in ongeroerden grond vormt dit een belangrijk punt.

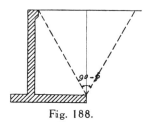

Fig. 188.

In gevallen waarin aan modellen van muren in L-vorm een voorwaartsche uitwijking werd gegeven, bleek een grondwig, conform de theorie van het gestrekte terrein (§ 88), ten opzichte van den naastliggenden grond in beweging te komen (fig. 188). De druk in het verticale symmetrie-vlak moet dan wel horizontaal zijn, zoodat in zulk een geval van wrijvingskrachten, welke van gun-stigen invloed zouden zijn op den actieven gronddruk, weinig sprake kan zijn. (MÖRSCH, Beton und Eisen, 1925, blz. 327—339).

§ 111. *Passieve gronddruk of grondweerstand.*

Zou een opdringende wand daarbij eene zoo-danige beweging uitvoeren, dat door ieder af-zonderlijk wandelementje den uiterst mogelij-ken weerstand zou worden ondervonden, dan zou dit bij horizontaal terrein leiden tot hori-zontale hoofdspanningen bedragend:

$$\varrho_h = \varrho_v \cdot tg^2 (45 + \varphi/2) + 2\,C \cdot tg (45 + \varphi/2).$$

Tegen een verticalen wand zou de weerstand dan het in fig. 189 geschetste verloop verkrij-gen, indien zoowel een c- als een φ-waarde in rekening wordt gebracht.

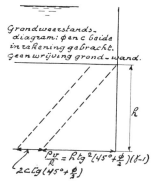

Fig. 189.

De weerstand over een wandhoogte h wordt dan (zie § 88):

$$\tfrac{1}{2} h^2 . tg^2 (45 + \varphi/2) (\gamma - 1) + 2 . h . c . tg (45 + \varphi/2).$$

In deze formule wordt ervan uitgegaan, dat voor zich onder water bevindende grond, de verticale korrelspanningen verkregen worden door in te voeren $(\gamma - 1)$ voor het volume gewicht van den geheel met water verzadigden grond verminderd met de opdrijving. Bij een verticaal gerichte stroomingsdruk of — voor grond boven water — bij beïnvloeding der korreldrukkingen door capillair vocht, regen of verdamping dienen de verticale en horizontale korrelspanningen op de vroeger besproken wijze te worden bepaald.

Bij snelle ontwikkeling der krachten dient bij het toepassen der formule — dit geldt vooral voor sterk samendrukbaren slecht doorlatenden grond — terdege te worden overwogen op welke (schijnbare) φ en c waarden daarbij kan worden staat gemaakt.

Evenals dit voor het geval van den actieven gronddruk werd opgemerkt is de spanningsverdeeling tusschen den opdringenden wand en het daardoor in beweging te brengen grondprisma eigenlijk statisch onbepaald.

Een belangrijk verschil met het geval van den actieven gronddruk wordt echter gevormd door de omstandigheid, dat bij de tot een veelvoud van de oorspronkelijke waarde toenemende horizontale korrelspanningen tijdens het opdringen van den wand eene groote vervorming moet ontstaan, waar tegenover de wijze van verplaatsing of de vervorming van de opdringende constructie betrekkelijk van minder invloed wordt. In ieder geval dient echter met de te verwachten vervorming bij de constructieve samenstelling van het geheel te worden rekening gehouden.

Ook hier zal het al dan niet optreden van wrijving tusschen grond en wand van invloed zijn op den grondweerstand en wel in veel belangrijker mate dan bij den actieven gronddruk.

Indien deze wrijving van den aanvang af werkzaam kan zijn, zooals in bepaalde gevallen bij niet aan palen of muurconstructies opgehangen wanden het geval is, zou eene overeenkomstige glijdvlakontwikkeling denkbaar zijn als reeds in § 102 werd besproken.

Men kan namelijk langs grafischen weg bij verschillende wrijvingshoeken van de grondmassa, de horizontale ontbondene van den grondweerstand bepalen op de wijzen, als waarop dit in fig. 190 is geschied voor $\varphi = 30°$. Voor dat geval wordt gevonden: ca. $6{,}5 . \tfrac{1}{2} . \gamma . h^2$.

Ter vergelijking moge bedacht worden, dat zonder op wrijving te rekenen deze weerstand zou bedragen $3 . \tfrac{1}{2} . \gamma . h^2$.

Voor $\varphi = 40°$ bedragen de weerstanden met en zonder wrijving respectievelijk $9{,}8 . \tfrac{1}{2} . \gamma . h^2$ en $4{,}6 . \tfrac{1}{2} . \gamma . h^2$.

Indien de opdringende wand niet reeds van den aanvang af een met wrijving gecombineerde druk op den ondergrond uitoefent, doch de wrijving eerst zou moeten worden opgewekt door de opstuwing der grondmassa bij eenige verplaatsing, dan zal in den regel de verplaatsing welke noodig zou zijn om den vollen door wrijving vergrooten weerstand te ontwikkelen voor practische doeleinden wel te groot zijn. De vervormings-eigenschappen van de betrokken grondsoort zijn in deze beslissend.

Grafische bepaling v.d. grondweerstand bij volle wrijvingsontwikkeling φ = 30°

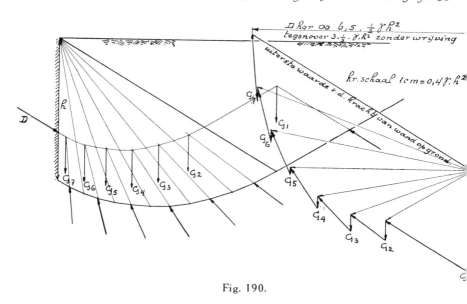

Fig. 190.

In zulk een geval zal meestal, naar uit proefnemingen bleek, de ligging van het glijdvlak zich meer ontwikkelen, als behoorende bij loodrecht op de zich verplaatsende wand gerichte hoofdspanningen en dus op de wijze als dit in het opgestuikte onbegrensde terrein het geval zou zijn.

Ook hier dient bedacht, dat een glijdvlak, dat zich eenmaal heeft ontwikkeld, neiging zal hebben zich te handhaven, zelfs al beginnen daarna wrijvingskrachten tusschen wand en opstuikende of wegschuivende grondwig een rol te spelen.

Indien men met den invloed van de wrijving geen rekening houdt, blijft daarin een veiligheids-reserve tegenover onvoorziene omstandigheden aanwezig.

§ 112. *Werkelijke gronddruk.* Aangezien de met grondmassa's in aanraking komende constructies zoodanig worden ontworpen, dat zij met een zekere overmaat tegen den actieven grondweerstand bestand zijn, zal de tusschen de constructie en den grond werkelijk aanwezige gronddruk meestal hooger zijn dan de actieve druk. Evenzoo zal de gronddruk tusschen opdringende constructies en de weerstand biedende grondmassa's meestal beneden de waarde van den uitersten grondweerstand blijven.

Vooral de eerstgenoemde omstandigheid zou men zich in bepaalde gedeelten der berekening voor oogen dienen te stellen teneinde plaatselijke overbelasting te voorkomen.

HOOFDSTUK X.

EVENWICHTSONDERZOEK VAN TALUDS.

§ 113. *Inleiding.*

Taluds kunnen voorkomen als begrenzing van kunstmatig tot stand gebrachte grondmassa's als dijken, dammen en uitgestrekte ophoogingen, doch kunnen ook gevormd worden bij het uitvoeren van ontgravingen in natuurlijk terrein, zooals bij ingravingen ten behoeve van wegen en spoorwegen en bij de vorming van bouwputten. Ter onderscheiding kunnen wij beide soorten aanduiden als taluds in geroerden grond en taluds in ongeroerden grond. In beide gevallen kunnen de daarbij betrokken grondlagen onderling van zeer uiteenloopende geaardheid zyn. Niet alleen bij kunstmatige ophoogingen op een bestaanden ondergrond is dit in den regel het geval, doch ook doet zich dit voor bij ingravingen in natuurlijke terreinen, welke dikwijls uit grondlagen van zeer uiteenloopend karakter bestaan.

Bij het bezwijken van een talud komt een meestal tot aan den teen van het talud of tot daar voorbij reikend deel der massa, in beweging ten opzichte van de rest; dikwijls wordt de primaire grondbeweging nog gevolgd door daardoor uitgelokte secondaire verplaatsingen en soms door een zettingsvloeiing. Het is dus vooral zaak, de primaire beweging te voorkomen.

De onmiddellijke oorzaken, welke tot overschrijding van de volgens een glijdvlak aanwezige schuifweerstanden en daarmede tot evenwichtsverstoring leiden, kunnen van allerlei aard zijn, zooals:

a. verhoogde uitwendige belasting (b.v. het komen van een werktrein op een in uitvoering verkeerende ophoging of van een trein op een spoordijk)

b. ontlasting van den taludvoet door stroomschuring (bijv. bij dijkvallen bij inscharende oevers, in combinatie met (*f*)).

c. ontlasting van den taludvoet (taludstortingen bij ontgraving aan den voet).

d. toenemende opdrijvende krachten op den taludvoet (talud stortingen) bij stijgende waterspiegel)

e. stijgende waterspanningen in het glijdvlak — bezwijkende binnentaluds bij waterkeerende dijken bij hoogen buiten-waterstand).

f. snelle daling van den buitenwaterstand (bezwijkende buitentaluds van stuwdammen bij snelle wateronttrekking aan het stuwmeer).

g. aardbevingskrachten.

h. afname van den schuifweerstand (het op den duur invallen van te steil opgezette nieuwe taluds in ongeroerden of overdichten grond ingevolge wateraanzuiging).

i. trillingen (bij spoordammen b.v. in combinatie met *a*).

Dikwijls werken verschillende dezer oorzaken samen of zijn zij feitelijk indentiek.

Bij het vaststellen van aan taluds te geven hellingen heeft vroeger uitsluitend de uit opgedane ervaringen getrokken leering als richtnoer gediend.

Dat flauwe taluds betere kansen op evenwicht hebben dan steile, zal men vermoedelijk wel steeds hebben beseft, doch tevens dat zij meer ruimte en meer grondverzet vereischen en dus kostbaarder zijn, zoodat zuinigheidsoverwegingen steeds in de richting van steile taluds hebben gedreven.

Daar voorts de ervaring meestal als eenig richtsnoer diende bij de vaststelling der nog juist toelaatbare steilten, is het niet verwonderlijk, dat de aldus bepaalde taludhellingen nabij de grens van het evenwicht verkeerden en bij toevallig in hoedanigheid ten achter staande gedeelten of onder ongewone omstandigheden evenwichtsverstoringen ontstonden.

Zoolang hieruit geen groote schaden of rampen voortvloeien, kan men deze wijze van ontwerpen van taludhellingen nabij den grens van het evenwicht, als een ideaal compromis tusschen veiligheid en economie beschouwen.

Er zijn echter vele gevallen, waarin het bezwijken van taluds als ontoelaatbaar moet worden beschouwd, zooals bij belangrijke waterkeerende dijken, stuwdammen, taluds van spoordijken en in andere gevallen waarin veiligheidshalve de eisch van een zekere overmaat aan stabiliteit moet worden gesteld, evenals dit bij gewone bouwconstructies meestal het geval is.

Het zijn juist de tegenslagen en rampen ingevolge bezwijkende taluds geweest, (havenwerken, spoorwegen, stuwdammen) die grooten aandrang tot een meer theoretisch wetenschappelijke behandeling van het taludprobleem hebben teweeggebracht en ook in meer algemeenen zin den stoot gaven tot de jongste ontwikkeling der grondmechanica.

In zulke gevallen zal men dienen te pogen zich van te voren zekerheid te verschaffen, dat een ontworpen talud met zijn omgeving en ondergrond, onder de inwerking van de verschillende, daarop in redelijkheid te verwachten krachten, in evenwicht zal blijven en wel door de afmetingen op zoodanige wijze vast te stellen, dat de voor het evenwicht vereischte schuifweerstanden op veiligen afstand blijven van de beschikbare waarden daarvan.

Men zou in zulke gevallen natuurlijk zoowel naar de stabiliteit tijdens den duur der uitvoering een onderzoek moeten instellen als naar die op latere tijdstippen. De eerste periode wordt in samendrukbare, slecht doorlatende terreinen veelal gekenmerkt door een in vergelijking tot de oorspronkelijke waarde weinig veranderde schuifweerstand en — in het geval van dammen en dijken — door afwezigheid van waterdrukverschil ter weerszijden; in de tweede periode is er wijziging ten gunste of ten ongunste ten aanzien van den schuifweerstand en wijzigen zich de actieve krachten die het evenwicht bedreigen. Het spreekt vanzelf dat voor al deze mogelijkheden het evenwicht dient te worden onderzocht.

Men kan hierbij het onderzoek richten op de in verschillende punten te verwachten spanningen en daarvan de toelaatbaarheid bevoordeelen, dan wel gebruik maken van een andere beschouwingswijze.

§ 114. *De moeilijkheden van een wijze van onderzoek, gericht op de werkelijk optredende spanningen.*

Gaan wij eerst na, hetgeen omtrent de spanningsbepaling in algemeenen zin kan worden gezegd.

Het bepalen van den spanningstoestand in en beneden een door een ophooging belast terrein bleek ons reeds een niet geheel tot oplossing gebracht vraagstuk te zijn; hetzelfde moet worden gezegd van de spanningsverdeeling in den ondergrond ingevolge plaatselijke belastingen als fundeeringen e.d. Dat onder deze omstandigheden de uit den aard der zaak weder statisch onbepaalde spanningsverdeeling in de thans aan de orde zijnde ingewikkelde belastingsgevallen, niet dan bij benadering zal kunnen worden aangegeven, behoeft geen verwondering te wekken, al worden pogingen tot exacte behandeling ondernomen.

Hierbij komt nog, dat dikwijls waterspanningen een belangrijke rol zullen spelen bij deze problemen.

Voor gevallen waarin het drukverhang van water een rol speelt, is bij homogenen grond of stelselmatige heterogeniteit en voor een stationnairen toestand van doorstrooming de bepaling der waterspanningen een voldoende tot oplossing gebracht probleem. Voor den niet-stationnairen toestand wordt bij samendrukbaren slecht doorlatenden grond het doorstroomingsvraagstuk zeer ingewikkeld, aangezien dan de veranderde waterspanningen met veranderende korrelspanningen samengaan en de grondmassa dus bij toeneming der waterspanningen ingevolge afneming der korrelspanningen water zal afstaan. Voor weinig samendrukbaren goed doorlatenden grond zou deze complicatie naar den achtergrond treden; toch kunnen ook daarin, bij in bedrijfstelling eener waterkeerende constructie tijdelijk waterspanningstoestanden optreden, waarvan nagegaan dient te worden of zij niet gevaarlijker voor het evenwicht zijn dan de latere toestanden van stationnaire doorstrooming. Op dit gebied is nog eene verdere ontwikkeling te verwachten.

Opgedane ervaringen wijzen er op dat plotselinge inbedrijfstellingen van waterkeerende constructies van goed doorlatenden grond ongewenscht kunnen zijn.

Stonden ons in het bovenstaande nog homogene of stelselmatig heterogene grondmassa's voor oogen, dan dienen wij er ons nog rekenschap van te geven, dat in de grondmassa's waarmede men in de werkelijkheid te maken heeft, dikwijls eene zeer onregelmatige afwisseling in de geaardheid van den grond wordt aangetroffen, die zoowel de drukverdeeling ingevolge bovenbelasting als de verdeeling der waterspanningen bij doorstrooming belangrijk zal kunnen beïnvloeden. Langs theoretischen weg bepaalde spanningsverdeelingen zullen in zulke omstandigheden slechts grove benaderingen van de werkelijkheid kunnen zijn, hoe voortreffelijk de theorie overigens moge zijn!

Samenvattend zien we dus, dat bij den huidigen stand der ontwikkeling en afgezien van de bepalingen der waterspanningen bij stationnaire doorstrooming in de gevallen van overzichtelijke en regelmatige laagverdeeling, inzake de korrel- en waterspanningsverdeeling in taluds met omgeving en ondergrond weinig met zekerheid valt te zeggen.

Men zou nu bij het onderzoek van taluds — evenals men zich bij de sterkteberekening der vaste bouwconstructies meestal op dit standpunt stelt — den eisch kunnen stellen, dat spanningen die in eenig punt der massa tot evenwichtsverstoringen zouden kunnen leiden, niet alleen dienen te worden vermeden doch ook niet te dicht mogen worden genaderd.

Doch deze, op zichzelf juist schijnende grondgedachte is, zooals uit het bovenstaande wel volgt, niet gemakkelijk in toepassing te brengen. Ten eerste vereischt dit de beschikking over een betrouwbare wijze van spanningsberekening, een eisch, die zooals wij reeds zagen meestal niet kan worden vervuld, ten tweede zou men, evenals dit bij bepaalde fundeeringsvraagstukken het geval is (zie § 92), bij de spanningsbepaling zeer wel tot de ontdekking kunnen komen, dat weliswaar plaatselijke te hooge spanningen schier onvermijdelijk zijn, doch dat ondanks het optreden daarvan, het ontstaan van een evenwichtsverstoring langs een volledig glijdvlak nog bij lange niet te vreezen is.

§ 115. *Wijze van onderzoek, gericht op de bepaling van den grenstoestand van het evenwicht.*

Onder deze omstandigheden komt men er toe — evenals men dit alweer in bepaalde gevallen bij de vaste bouwconstructie gewoon is te doen, waarbij men wel berekent onder welke belasting uiteindelijk breuk zou optreden om dan een breukdeel dezer belasting als veilig toelaatbaar te aanvaarden — de berekeningen te richten op de bepaling van dié waarde der schuifweerstanden, waarbij juist een volledig glijdvlak en dus algeheele evenwichtsverstoring zou ontstaan. Vervolgens gaat men dan na of, dooreengenomen, deze waarde der schuifweerstanden met voldoende overmaat door de betrokken grondsoort kan worden opgeleverd. Dat beginnende evenwichtsverstoringen bij deze wijze van onderzoek niet uitgesloten zijn, spreekt vanzelf. Bij de beoordeeling der van de grondmassa te verwachten wrijvingsweerstanden, dient er dan ook rekening mede te worden gehouden, dat over een deel van een onderzocht glijdvlak reeds belangrijke verplaatsingen van het materiaal ter weerszijden kunnen hebben plaatsgevonden en dus een afname van den weerstand (§ 25, 74) zal kunnen zijn ingetreden, voordat in het overige gedeelte van het glijvlak de daar beschikbare weerstanden ten volle tot ontwikkeling komen.

Dit sluit dus in, dat men zelden over de volle glijdvlaklengte op een optreden der maximum weerstanden tegelijkertijd zal mogen rekenen; het vormt een moeilijk punt, vast te stellen, in welke mate met deze omstandigheid rekening dient te worden gehouden. Van geval tot geval zal dat anders kunnen zijn. Natuurlijk gaat men zeker veilig, indien men zich overal op de bij groote verschuivingen optredende lagere waarden van de schuifweerstanden zou baseeren.

Ook meer in het algemeen blijkt, dat bij deze evenwichtsvraagstukken het vaststellen van de grootte van de van den grond te verwachten weerstanden een moeilijk probleem vormt, een probleem, moeilijker eigenlijk dan de bepaling der vereischte schuifweerstanden zelve, waarop de berekeningen zich in de eerste plaats richten.

§ 116. *Beloop van de te onderzoeken glijdvlakken.*

Het aantal der glijdvlakken volgens welke een talud in beweging zou kunnen komen is oneindig groot, zelfs indien wij bedenken, dat in verband met het in een afschuivende grondmassa optredende spel van krachten en vervormingen aan een glijdvlakbeloop zekere physische beperkingen zijn opgelegd. Verschillende schrijvers *) hebben eene differentiaalvergelijking voor het glijdvlakbeloop opgesteld en getracht deze te integreeren. Daarbij werd dan met evenwichtseischen, doch nog niet met vormveranderingseigenschappen rekening gehouden.

Zoolang de aard en de invloed dezer beperkingen niet nauwkeurig kan worden aangegeven dient men terecht veiligheidshalve de houding aan te

---

*) Köttner, Reissner, Ritter, Jaky.

nemen, alsof aan de glijdvlakken in dit opzicht geenerlei beperking zou zijn gesteld en alle beloopen dus als mogelijk moeten worden beschouwd.

Het stabiliteitsonderzoek richt zich dan op het opsporen van het glijdvlak — welk dan ook — dat, in verband met de daarin vereischte schuifweerstanden en in vergelijking tot de beschikbare waarden daarvan, als het gevaarlijkste moet worden beschouwd.

In de gevallen, waarin in de beschouwde grondmassa geen lagen voorkomen van in zoodanige mate bij die der overige achterstaande hoedanigheid, dat deze over groote lengten door het gevaarlijkste glijdvlak zouden moeten worden gevolgd, heeft men vooral van Zweedsche zijde (PETTERSON, FELLENIUS) en ook elders, waargenomen, dat de zich in werkelijkheid ontwikkelende glijdvlakken ongeveer ,een cirkel-cilindrisch beloop volgen; hierbij behoeft geen arbeid te worden verbruikt, om de wentelende grondmassa te vervormen. In zulke gevallen neemt men, gesteund door deze waarneming, meestal aan, dat de in de eerste alinea bedoelde beperking wijst in de richting van glijdvlakken met cirkelvormige of den cirkelvorm nabijkomende doorsneden en wordt het onderzoek daartoe beperkt *).

Zijn echter in de grondmassa sterk afwijkende lagen aanwezig, dan zou het star vasthouden aan het in doorsnede ongeveer cirkelvormige beloop in bepaalde gevallen tot misleidende gevolgtrekkingen voeren.

Het gevaar, dat men cirkelvormige glijvlakken als de eenige in aanmerking komende gaat beschouwen, wordt vergroot, doordat in verschillende verhandelingen deze glijdvlakvorm uitvoerig is bestudeerd en daaromtrent dus de meeste gegevens ter beschikking staan.

§ 117. *Onderzoek van cirkelvormige glijdvlakken bij homogenen grond, indien daarin een constante schuifweerstand wordt aanwezig verondersteld.*

Beschouwd wordt het talud EF van fig. 191, met aansluitende vlakke gedeelten.

Onder deze omstandigheden kan gemakkelijk worden aangetoond, dat O, het middelpunt van den gevaarlijksten glijdcirkel, boven het midden M van het talud EF gelegen zal moeten zijn. Immers, zoowel de toevoeging van een grondlaag $EFE'F'$ — met zwaartepunt links van O — als de verwijdering van een grondlaag $EFE''F''$ — met zwaartepunt rechts van O — zal dan het koppel van het gewicht der grondmassa om O verkleinen en aldus leiden tot een kleineren voor het evenwicht vereischten schuifweerstand volgens het glijdvlak.

---

*) FELLENIUS, Erdstatische Berechnungen mit Reibung und Kohasion.

Indien wij aldus inzien, dat het middelpunt O van het gevaarlijkste cirkel-vormige glijdvlak op de verticaal door M moet liggen, gaat het er nog slechts om, de gevaarlijkste ligging van het middelpunt op deze verticaal nader te bepalen. De plaats O zij daarbij vastgelegd gedacht door den

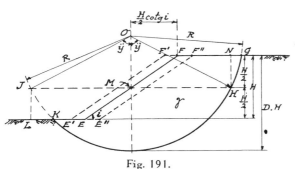

middelpuntshoek $2\,y$, die als een veranderlijke grootheid zal worden behandeld. Ter bepaling van het koppel van het grondgewicht om O kan worden opgemerkt dat dit — zooals uit de fig. volgt — nul zou zijn, indien het terrein beider-zijds op de hoogte M zou

Fig. 191.

gelegen zijn. Nu dit niet het geval is, kan dit koppel bepaald worden door te berekenen de som der koppels, die voortvloeien uit de, in vergelijking met dit horizontale vlak door M extra aanwezige grondhoeveelheid $MFGH$ eenerzijds en de ontbrekende grondhoeveelheid $MEKI$ anderzijds. Daar bovendien NGH en KLI nagenoeg aan elkaar gelijk zijn, kan de berekening ook worden gebaseerd op $MFNH$ als te veel en $MELI$ als te weinig aan-wezig. Ieder dezer trapezia is gelijk aan een rechthoek minus een driehoek. Het koppel wordt dan:

$$2 \left\{ \tfrac{1}{2} H \left(R \sin y \; \tfrac{1}{2} R \sin y \right) - \frac{1}{48} H^3 \cot g^2 i \right\} \gamma$$

en de per eenheid van lengte van het glijdvlak vereischte weerstand:

$$\frac{2 \left\{ \tfrac{1}{4} HR^2 \sin^2 y - \dfrac{1}{48} H^3 \cot g^2 i \right\}}{2 R^2 y} \gamma.$$

Deze uitdrukking wordt maximaal voor de y-waarde, die de eerste afgeleide naar den variant y tot nul maakt, dus waarvoor:

$$R^2 y \; \tfrac{1}{2} HR^2 \sin y \cos y = R^2 \left(\tfrac{1}{4} HR^2 \sin^2 y - \frac{1}{48} H^3 \cot g^2 i \right).$$

Onder verwaarloozing van den kleinen negatieven term leidt dit tot

$$y \cos y = \tfrac{1}{2} \sin y \quad \text{of} \quad y = 66° \, 47'.$$

Voor dit geval wordt de vereischte weerstand, daar $y = \dfrac{\sin y}{2 \cos y}$, (wij beschouwen steeds een moot ter dikte van een lengte-eenheid), per eenheid van oppervlak:

$$\imath = \tfrac{1}{4}\, HR^2\, sin^2\, y \, . \, \gamma \; : \; R^2\, \frac{sin\ y}{2\ cos\ y} = \tfrac{1}{4}\, H\, \gamma\, sin\, 2\, y.$$

Deze blijkt voor $y = 66°47'$ te bedragen o,181 $H\gamma$.

De straal R zou er na de gedane verwaarloozing niet meer toe doen. Wordt de negatieve term niet verwaarloosd, dan is duidelijk, dat de grootst mogelijke waarde van R de grootste uitkomst zal geven.

Indien men in een concreet geval geen benaderingen wenscht in te voeren, zal dus de grootst denkbare waarde van R dienen te worden toegepast.

Wij trekken uit deze eenvoudige afleiding de conclusie, dat met geringe benadering het gevaarlijkste cirkelvormige glijdvlak bij homogenen grond met constante schuifweerstand wordt gevonden, door op de verticaal door het midden van het talud een centrum aan te nemen, dat tot een middelpuntshoek van 133° 34' leidt en tegelijkertijd den straal van het glijdvlak zoo groot te nemen als de omstandigheden wettigen. Verder dan tot een glijdvlak nog juist gelegen binnen de lagen waarin men de (kleine) constante schuifweerstand aanwezig veronderstelt, zal men daarbij natuurlijk niet gaan.

Bevindt zich op eenigen afstand vóór den teen van het talud een ingraving, kanaal of sloot, dan zal het gevaarlijkste glijdvlak dikwijls daarin uitmonden. De plaats van de gevaarlijkste verticaal door O (het vóórterrein is nu niet vlak meer!) kan dan benaderd worden door het door talud, berm en ingraving gevormde beloop door een gemiddeld beloop te vervangen. Ook zal men, indien men niet met een onbeperkt uitgestrekt terras of ophooging te doen heeft, met het glijdvlak niet veel verder gaan dan tot even over de volle kruinbreedte van dijk of dam. Het herhalen van het onderzoek voor centra in de omgeving van de uit de theoretische afleiding volgende plaats is steeds aanbevelingswaardig, indien men in de werkelijkheid met een geval te maken heeft, dat afwijkt van het bij de afleiding der theoretische plaats veronderstelde. Men kan in zulke gevallen steeds om een aangenomen centrum en met aangenomen straal de momentenvoorwaarde opschrijven en door eenig probeeren het gevaarlijkste glijdvlak opsporen.

Ook kan de uit de benaderende berekening afgeleide grenswaarde van o,181 γH van practisch nut zijn, indien men deze zoo laag acht in verhouding tot hetgeen aan weerstand beschikbaar is, dat men van een nauwkeuriger onderzoek meent te mogen afzien.

De door een glijdvlak doorsneden lagen zullen in de werkelijkheid w⋅¹ zelden van gelijke geaardheid zijn. In vele gevallen zal men dan ook hebben na te gaan in hoeverre de gevolgde methode vertrouwen verdient. In ieder geval zal de voor het evenwicht vereischte schuifweerstandswaarde dan als een gemiddelde dienen te worden opgevat.

In fig. 192 is een eenvoudig rekenvoorbeeld gegeven, waarin de middelpuntshoek van 133° 30′ is aangehouden.

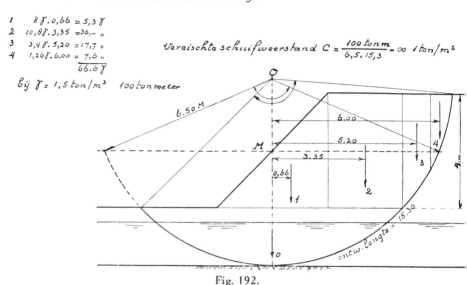

Fig. 192.

Bij de bepaling der koppels om O is het symmetrische benedengedeelte buiten beschouwing kunnen blijven; het zwaartepunt daarvan valt juist onder O. De vereischte schuifweerstand blijkt ca. 1 ton/m² te bedragen. Hadden wij de globale waarde 0,181 γH bepaald, dan zouden wij hebben gevonden $\tau = 0,181 . 1,5.4 = 1,086$ ton/m².

Bij onze afleiding gingen wij ervan uit, dat de voet van het gevaarlijkste glijdvlak buiten den teen van het talud zou liggen. Zooals wij in § 119 zullen zien behoeft dit niet steeds het geval te zijn. Voor taluds steiler dan 53° — bij uitzondering dus — zal bij de hier beoogde grondsoorten met constante schuifvastheid, dus waarbij aan φ een invloed o wordt toegekend, het gevaarlijkste glijdvlak door den teen van het talud gaan en dan, bij tevens andere ligging van het centrum, nog hoogere weerstanden dan $\tau = 0,181 \gamma H$ vereischen. Hierop wordt nog teruggekomen (§ 119). Voorloopig nemen wij aan met taluds, flauwer dan 53° te maken te hebben.

§ 118. *Invloed van waterspanningen in het glijdvlak.*

Vragen wij ons af, in hoeverre de methode en de uitkomsten gewijzigd zouden moeten worden, indien de grondmassa zich geheel beneden het phreatische vlak zou bevinden, dan ligt het voor de hand dat dan het gewicht der massa dient te worden berekend voor den ondergedompelden toestand. Overigens brengt dit geen verandering in de beschouwingen. Wel zal er bij de beoordeeling van de vereischte waarde van den schuifweerstand, rekening mede gehouden moeten worden, dat deze in dit geval door grond onder water moet worden geleverd.

Zou — hetgeen zoo dikwijls het geval is — het phreatische vlak liggen dicht onder het lage terreingedeelte, dan blijft eveneens het gevoerde betoog van kracht. De nu eigenlijk in rekening te brengen waterspanningen in het cirkelvormige glijdvlak zijn immers steeds op O gericht en vallen dus uit de momenten voorwaarde weg, onverschillig of het waterspanningen onder of boven het phreatische vlak betreft.

In fig. 192 hadden wij feitelijk reeds met een dergelijk geval te maken.

In fig. 193 is een waargenomen afschuivingsgeval afgebeeld, waarbij het glijdvlak ten deele beneden het phreatische vlak gelegen was.

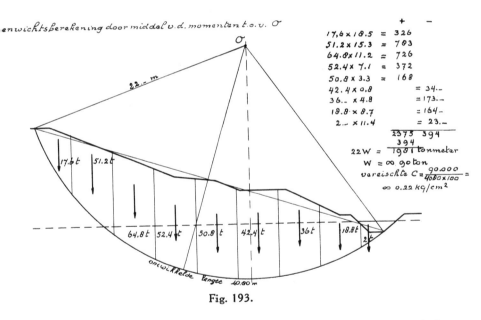

Fig. 193.

Al spelen de waterspanningen aldus bij de berekening van den vereischten weerstand geen rol, bij de beoordeeling der toelaatbaarheid daarvan is dat natuurlijk wel degelijk het geval. De aanwezigheid al of niet, van een van de waterspanningen afhankelijke schijnbare cohesie (§ 65) zou daarop bij voorbeeld van invloed kunnen zijn.

Ook indien het phreatische vlak onder helling zou staan, geldt eenzelfde betoog. Dat intusschen in deze laatste gevallen de werkelijke grondgewichten (korrels + water) in de berekeningen moeten worden ingevoerd spreekt vanzelf. Bij hellend phreatisch vlak zal ook daaruit eene beïnvloeding van het koppel om O volgen.

Is ingevolge deze omstandigheid of in verband met de geaardheid der grondlagen het volume gewicht van den grond op verschillende plaatsen verschillend, dan zou de afleiding van de gevaarlijkste verticaal voor O en van het gevaarlijkste glijvlak in bepaalde gevallen dienovereenkomstig kunnen worden herzien.

Dikwijls zal het eenvoudiger zijn, zonder het opstellen eener afleiding geldig voor een gegeven geval, eenige aannemelijk lijkende centra en glijdvlakken te onderzoeken, ten aanzien der daarlangs vereischte schuifweerstanden. Uit de mate, waarin de uitkomsten uiteenloopen blijkt dan al heel spoedig, waar het gevaarlijkste glijdvlak ongeveer gelegen zal zijn en welke schuifweerstand daarbij wordt vereischt.

Zooals uit het bovenstaande blijkt biedt het glijdvlak onderzoek voor gronden met constanten schuifweerstand geen al te groote moeilijkheden. Meestal zal deze constante schuifvastheid echter niet aanwezig mogen worden verondersteld en zal een in deze veronderstelling uitgevoerd onderzoek slechts voor het verkrijgen van een globalen indruk kunnen dienen.

§ 119. *Onderzoek van cirkelvormige glijdvlakken bij homogenen grond bij aanwezigheid van c en φ.*

Door een elementje df (fig. 194) van een verondersteld glijdvlak wordt nu een normale druk $\sigma_k \cdot df$ en een schuifkracht $(\sigma_k \cdot tg\,\varphi + c)\,df$ op een

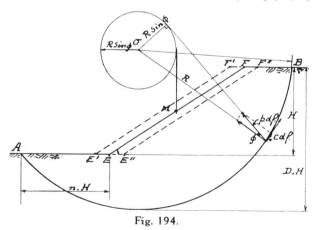

Fig. 194.

juist op het punt van afschuiving verkeerende massa uitgeoefend. Met c wordt hier weer bedoeld het niet door de wisseling der korrelspanningen beïnvloede deel van den schuifweerstand (zie § 65). De krachten $\sigma_k \cdot df$ en $\sigma_k \cdot tg\ \varphi \cdot df$ kunnen worden samengesteld tot een kracht $p\ df$ welke raakt aan een om het centrum O beschreven cirkel met straal $R\ sin\ \varphi$, als R de straal is van het onderzochte glijdvlak. Wij noemen deze cirkel den φ-cirkel.

Behalve de krachtjes $p\ df$ werken dan in het glijdvlak nog de schuifweerstandjes $c\ df$ die volgens de raaklijn zijn gericht.

Men kan nu voor een bepaalde plaats van O en een bepaalde R langs analytischen weg tot uitdrukking brengen, welke de waarde van de grootheid c moet zijn, die in combinatie met een gekozen φ-waarde nog juist het evenwicht zal kunnen handhaven.

Don. W. Taylor (Journal of the Boston Society of Civil Engineers, Juli 1937) wiens gedachtengang in deze § wordt gevolgd, onderzocht nu eerst glijdvlakken welke juist door den teen van het talud gaan en voert daarbij de hoeken x en y als varianten in (fig. 195).

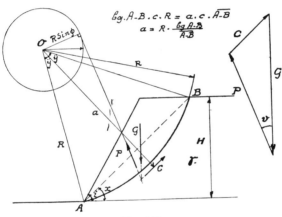

Fig. 195.

Indien de grondmassa, waarvan wij weer het evenwicht beschouwen van een schijf ter dikte van de lengte eenheid, juist op het punt is, in beweging te komen, werken daarop behalve het gewicht G, waarvan plaats en richting vaststaan, de resultante C der krachtjes $c\ df$, waarvan de resultante loodrecht staat op de loodlijn uit O op AB neergelaten en op een afstand

$$a = R \cdot \frac{boog\ AB}{koorde\ AB}$$ ligt en ten slotte de resultante der krachtjes $p\ df$, die zooals wij zagen alle aan den φ-cirkel raken.

Gaan wij na waar de resultante van deze krachtjes $p\ df$ zal gelegen zijn, dan is gemakkelijk in te zien, dat evenals de resultante C op een kleine afstand buiten AB gelegen is, ook de resultante P der krachtjes $p\ df$ iets buiten den φ-cirkel zal passeeren. Nemen wij als benadering aan, dat P aan den φ-cirkel raakt, dan komt dit feitelijk neer op een iets te lage schatting van den wrijvingshoek φ.

De ligging van P is dan bekend, omdat P door het snijpunt van G en C moet gaan, daar de krachten G, P en C een evenwicht van krachten moeten vormen. Van de krachten-driehoek dezer krachten zijn nu alle richtingen bekend en ook de grootte van G, zoodat C kan worden berekend. Daaruit volgt dan een waarde voor c, waarvoor gevonden wordt:

$$c = \frac{\frac{1}{2}\ cosec^2\ x\ (y\ cosec^2\ y - cotg\ y) + cotg\ x - cotg\ i}{2\ cotg\ x\ .\ cotg\ v + 2} \cdot \gamma \cdot H.$$

Voert men nu, zooals TAYLOR dit gedaan heeft, de berekening van de telkens voor het evenwicht vereischte c uit, bij verschillende waarden van i en φ, voor uiteenloopende waarden der hoeken x en y en de daaruitvolgende waarden van den hoek v, dan blijkt daaruit, voor welke waarden van x en y, dus voor welk glijdvlak de grootste voor het evenwicht vereischte c-waarde optreedt. De c-waarde is steeds van de gedaante $t\,H\,\gamma$, waarin t de bovenstaande breuk voorstelt, welke *de taludfactor* zou kunnen worden genoemd indien de gevaarlijkste x, y en v-waarden daarin zijn verwerkt.

Dat indien $i = \varphi$ geen c-waarde noodig is en daarvoor $t = o$ wordt, ligt voor de hand.

De t-waarden en de daarbij behoorende glijdvlakken zijn voor tal van combinaties van i en φ in de tabel van fig. 196 vereenigd en ook in het diagram van fig. 197, dat interpolaties gemakkelijk toelaat.

TAYLOR heeft verder nagegaan of glijdvlakken tot buiten den teen van het talud reikende, misschien nog gevaarlijker zijn, d.w.z. grootere taludfactoren t zouden opleveren. Daartoe heeft hij glijdvlakken onderzocht, die op een afstand $n\,H$ vóór den teen zouden uitkomen (fig. 194).

Een te onderzoeken glijdvlak zou dan door drie naar willekeur te varieeren groootheden zijn bepaald indien niet de omstandigheid, dat alleen de gevaarlijkste glijdvlakken opgespoord behoeven te worden nog tot eene betrekking tusschen deze groootheden zou leiden welke slechts twee varianten doet overblijven.

Deze betrekking bestaat hierin, dat de φ-cirkel moet raken aan de verticaal door het taludmidden M. Voor $\varphi = o$ zou dit beteekenen — wij bewezen dit vroeger afzonderlijk — dat O op deze verticaal zelve zou moeten liggen.

Om het thans gestelde aan te toonen, overwegen wij, wat de invloed zou zijn op de evenwichtskansen van het talud van een ter rechterzijde van M

Gegevens betreffende de gevaarlijkste cirkelvormige glijdvlakken met bijbehoorende taludfactoren.

in graden				coëfficienten van H		taludfactoren	
i	φ	x	y	n	D	t	$t_{gecorr.}$
90	0	47,6	15,1			0,261	0,261
"	5	50	14			0,239	0,239
"	10	53	13,5			0.218	0,218
"	15	56	13			0,199	0,199
"	20	58	12			0,182	0,182
"	25	60	11			0,166	0,166
75	0	41,8	25,9			0,219	0,219
"	5	45	25			0,195	0.195
"	10	47.5	23,5			0,173	0,173
"	15	50	23			0,153	0,152
"	20	53	22			0,135	0,134
"	25	56	22			0,118	0,117
60	0	35,3	35,4			0,191	0,191
"	5	38,5	35,5			0,163	0.162
"	10	41	33			0,139	0,138
"	15	44	31,5			0,118	0,116
"	20	46,5	30.2			0,098	0,097
"	25	50	30			0,081	0,079
45	0	(28,2)	(44,7)		(1,062)	(0,170)	(0,170)
"	5	31,2	42,1		1,026	0,138	0,136
"	10	34	39,7		1,006	0.110	0,108
"	15	36,1	37.2		1,001	0.086	0,083
"	20	38	34,5		—	0,065	0,062
"	25	40	31		—	0,046	0,044
30	0	(20)	(53,4)		(1,301)	(0,156)	(0,156)
"	5	(23)	(48)		(1,161)	(0,112)	(0,110)
"	5	20	53	0,29	1,332	0,113	0,110
"	10	25	44		1,092	0,078	0,075
"	15	27	39		1,038	0,049	0,046
"	20	28	31		1,003	0,027	0,025
"	25	29	25		—	0,010	0,009
15	0	(10,6)	(60,7)		(2,117)	(0,145)	(0,145)
"	5	(12,5)	(47)		(1,549)	(0,072)	(0,068)
"	5	11	47,5	0,55	1,697	0,074	0,070
"	10	(14)	(34)		(1.222)	(0,024)	(0,023)
"	10	14	34	0,04	1,222	0,024	0,023
voor alle i waarden bij glijdvlakken vanonbeperkte diepte	0	0	66,8	∞	∞	0,181	0,181

De voor het evenwicht vereischte schuifweerstand (zonder reserve) bedraagt $\sigma.tg\,\varphi+t.\gamma.H$. De tusschen haakjes geplaatste taludfactoren en bijbehoorende gegevens wijzen erop dat voor andere glijdvlakken, dieper dan den teen, grootere taludfactoren gelden.

Fig. 196.

geplaatste verticale last. Het glijdvlak zou daartegenover eene verticale reactie juist beneden de last gelegen, dienen uit te oefenen, doch de helling van het glijdvlak is daar $> \varphi$, zoodat teneinde desondanks het evenwicht te blijven handhaven een extra bijdrage aan schuifweerstand volgens het glijdvlak wordt vereischt. Een ter linkerzijde van M geplaatste last zou daartegen een reactie opwekken ter plaatse waar de glijdvlakhelling $< \varphi$ is; een ter beschikking komende extra weerstand langs het glijdvlak zou daarvan het gevolg zijn!

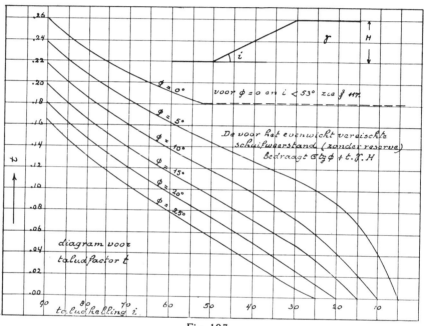

Fig. 197.

Door nu het talud EF t.o.v. het glijdvlak evenwijdig aan zichzelf naar links te verschuiven tot $E'F'$ en dus een links van M aangrijpende extra last aan te brengen zou het evenwicht gemakkelijker gehandhaafd worden. Doch door het talud EF op dezelfde wijze naar rechts te verschuiven, b.v. naar $E''F''$ zou men eene belasting met voor de stabiliteit ongunstige uitwerking verwijderen en dus eveneens het glijdvlak minder gevaarlijk doen worden. Uit een en ander volgt, dat de stand EF, waarbij het punt M juist ligt op een verticale raaklijn aan den φ-cirkel, nagenoeg den zwaarsten eisch aan de stabiliteit zal stellen, hetgeen aan te toonen was. Daar hier de uitwerking van een verdeelde belasting in dit opzicht geheel aan die der resultante wordt gelijkgesteld schuilt in de bewijsvoering een kleine benadering. Het woordje „nagenoeg" brengt dit tot uitdrukking.

Bij berekening blijkt dat de juist gevonden betrekking leidt tot

$$n = \tfrac{1}{2} \, (cotg \; x - cotg \; y - cotg \; i + sin \; \varphi \; cosec \; x \, . \, cosec \; y)$$

TAYLOR vindt nu door opstelling der evenwichtsvoorwaarden om het centrum O op overeenkomstige wijze als vroeger besproken voor den voor het evenwicht vereischten schuifweerstand:

$$c = \frac{\tfrac{1}{2} \, cosec^2 \; x \; (y \; cosec^2 \; y - cotg \; y) + cotg \; x - cotg \; i - 2 \, n}{2 \; cotg \; x \, . \, cotg \; v + 2} \; . \; \gamma \; . \; H.$$

Ook voor deze c-waarden zijn de factoren van $\gamma \, H$ voor verschillende i- en φ-combinaties becijferd en daarvan de maximum waarden opgezocht en als taludfactoren in de tabel van fig. 196 opgenomen.

Overtreffen de aldus bepaalde taludfactoren de waarden dezer factoren voor de door den teen van het talud gaande glijdvlakken, dan zijn deze laatste in de tabel tusschen haakjes geplaatst, daar zij niet maatgevend zijn.

Behalve bij flauwe taludhellingen en kleine φ-waarden blijken de t-factoren bij de verder naar voren grijpende glijdvlakken niet hooger uit te vallen dan die voor glijdvlakken door den teen van het talud.

Met deze flauwe taludhellingen en kleine φ-waarden zal men intusschen dikwijls te maken hebben.

Met behulp van tabel en grafiek is het aldus mogelijk om van den voor de stabiliteit van een gegeven talud vereischten schuifweerstand — zonder veiligheidsmarge — onmiddellijk aan te geven, mits de aan de afleiding ten grondslag liggende omstandigheden zich ook in de werkelijkheid voordoen.

Zoo zou voor een 8 meter hoog talud van een grondmassa met een volume gewicht $\gamma = 1,8$ ton/m³ en een wrijvingshoek $\varphi = 20°$, bij een taludhelling $i = 30°$, een weerstand $c = t \, . \, \gamma \, . \, H$ worden vereischt (behalve $\sigma_k \, . \, tg \; \varphi$) van $0,027 \, . \, 1,8 \, . \, 8 = 0,39$ ton/m².

In de laatste kolom van de tabel zijn taludfactoren aangegeven, die nog iets kleiner zijn dan die in de voorlaatste kolom. Daarbij is namelijk nog rekening gehouden met in werkelijkheid iets gunstiger richting van P, die immers als rakend aan den φ-cirkel werd aangenomen, doch in feite op iets grooteren afstand van O zal passeeren, hetgeen op een iets hoogere φ-waarde resp. een iets lagere t-waarde neerkomt. De correcties blijken overigens niet van beteekenis te zijn.

Voor $\varphi = 0$ worden, blijkens de gegeven uitkomsten, bij steile taludhellingen $(i > 53°)$ nog grootere taludfactoren gevonden dan de vroeger besproken waarde van 0,181; zóó steile hellingen komen slechts bij ongeroerden grond voor, dus in ingravingen.

§ 120. *Glijdvlakken in den vorm van een logarithmische spiraal.*

Indien inplaats van cirkel-cilindrische glijdvlakken, glijdvlakken worden onderzocht, die een logarithmische spiraal tot doorsnede hebben, dan blijken de verschillen in de uitkomsten klein te zijn. Zij wettigen dan ook niet. dat de eenvoudig te behandelen cirkelvormige glijdvlakken door glijdvlakken in den vorm van logarithmische spiralen, welke moeilijker te behandelen zijn, zouden moeten worden vervangen.

Voor $\varphi = 0$ zou de logarithmische spiraal weder in een cirkel ontaarden.

§ 121. *Invloed van waterspanningen in een glijdvlak met φ en c.*

Tot nog toe werd voor dit geval de mogelijkheid van aanwezigheid van waterspanningen in het glijdvlak buiten beschouwing gelaten; in de werkelijkheid zullen deze juist dikwijls aanwezig zijn. Toch behoeft deze omstandigheid in bepaalde gevallen bij de toepassing der verkregen uitkomsten op practische problemen nog geen overwegende bezwaren op te leveren.

Zoo kan, indien de geheele grondmassa beneden den waterspiegel ligt en dus alzijdige waterdruk heerscht, met deze omstandigheid rekening worden gehouden door het grondgewicht onder water, onder aftrek der opdrijving in rekening te brengen en dus $\gamma = (1 - n) (2,65 \text{ à } 2,75 - 1)$ te stellen. Wij richten ons daarbij dan onmiddellijk op de bepaling van korrelspanningen. Natuurlijk zou bij zulke taluds met eene uit eventueelen golfaanval voorvloeiende krachtswerking afzonderlijk rekening dienen te worden gehouden.

De lage γ-waarde zal tot lage vereischte c-waarden leiden, waartegenover staat, dat dan ook bij de bepaling van den beschikbaren schuifweerstand met de aanwezigheid van den grond beneden den waterspiegel zal dienen te worden rekening gehouden.

Is daarentegen de geheele grondmassa boven het phreatische vlak gelegen en geheel van capillair water verzadigd, dan komt dit allereerst tot uitdrukking bij de bepaling van het volume-gewicht γ. De dan in het glijdvlak aanwezige waterspanningen hebben geen koppel om O, en beïnvloeden verder de vereischte c-waarde niet. Wel zal de beschikbare schuifweerstand in den vorm van schijnbare cohesie den gunstigen invloed der lage waterspanningen in het capillaire water ondergaan.

Heeft bij slecht doorlatenden grond de waterspiegel gedurende langen tijd ten naasten bij gelijk gestaan met den bovenkant der grondmassa, zoodat de spanningen in de massa zich daarop hebben ingesteld, alsof men met grond met volumegewicht $(\gamma - 1)$ te maken had en wordt dan plotseling het water zeer snel afgelaten, dan kan een toepasselijke taludfactor worden afgeleid voor het extreme geval dat dit zóó snel zou gebeuren, dat de waterspanningen in het glijdvlak nog onveranderd zouden zijn op het tijdstip, waarop vóór het talud het water reeds verdwenen is. Voor het volumegewicht γ dient dan op de volle waarde te worden gerekend.

De waterspanningen, die nu wél in het geding moeten worden gebracht, hebben weliswaar geen moment om O, doch leiden tot het gelijkblijven van de korrelspanning. Het is nu de vraag, hoe dit op eenvoudige wijze in rekening kan worden gebracht. Gesteld eens, dat de voor de aanwezige φ en i geldende taludfactor bedraagt t en dus de vereischte c-waarde bij ondergedompelde grond zou worden $c_0 = t \,.\, (\gamma - 1)\, H$, dan kan men denzelfden taludfactor dus niet toepassen voor het geval van snelle daling van den waterspiegel, niettegenstaande de invoering van het dan zooveel grootere volumegewicht γ, aangezien het aanhouden van een ongewijzigde φ-waarde niet met de werkelijkheid zou strooken. Immers, in het thans veronderstelde geval zullen de korrelspanningen niet plotseling, zooals dit daartoe noodig zou zijn, in de verhouding $\dfrac{\gamma}{\gamma - 1}$ kunnen stijgen. Integendeel, wij willen veiligheidhalve in het geheel geen stijging veronderstellen!

Om deze omstandigheid recht te doen wedervaren, dienen wij niet slechts met de groote γ rekening te houden, doch ook met de omstandigheid, dat de wrijvingskrachten gebaseerd blijven op een φ-waarde, in combinatie met de bij $\gamma - 1$ behoorende korrelspanningen, zoodat zij dus ook kunnen worden opgevat te behooren bij de in de verhouding $\dfrac{\gamma}{\gamma - 1}$ toenemende grondspanningen, mits een schijnbare wrijvingshoek φ' wordt toegepast, zóó gekozen, dat $tg\,\varphi' \,.\, \gamma = tg\,\varphi\,(\gamma - 1)$. Aldus zou dan een $tg\,\varphi' = \dfrac{\gamma}{\gamma - 1}\,.\,tg\,\varphi$ het veronderstelde gedrag van den grond bij snelle spiegelverlaging in formule brengen; φ' is daarbij een hoek die uitsluitend als rekengrootheid dient te worden opgevat, met behulp waarvan de vroeger besproken rekenmethode voor dit bijzondere geval kan worden pasklaar gemaakt.

Het is duidelijk dat bij i en φ' een ongunstiger, dus grootere taludfactor zal behooren, welke aan de tabel kan worden ontleend.

Een getallenvoorbeeld zal een en ander nog verduidelijken.

Het vroeger als voorbeeld genomen talud ($\gamma = 1{,}8$ ton/m³, $\varphi = 20°$, $i = 30°$) zou, indien het geheel onder water zou verkeeren, een c-waarde vereischen van: $0{,}027 \,.\, (1{,}8 - 1) \,.\, 8 = 0{,}173$ ton/m².

Geheel capillair verzadigd en boven water ware dit: $0{,}027 \,.\, 1{,}8 \,.\, 8 = 0{,}390$ ton/m². Bij een phreatisch vlak op terreinhoogte en daaropvolgende plotselinge spiegeldaling, ware eerst φ' te berekenen uit $tg\ \varphi' = tg\ 20\cdot\dfrac{0,8}{1,8} = 0,16,$ hetgeen leidt tot $\varphi' = 9°$.

De taludfactor voor $i = 30°$ en $\varphi' = 9°$ wordt dan (uit de grafiek) 0,800, zoodat de vereischte $c = 0,800\ .\ 1,8\ .\ 8 = 1,152$ ton/m². Zou men $\varphi = 0$ stellen dan zou (zie § 117) vereischt zijn $c = 0,181\ .\ 1,8\ .\ 8 = 2,6$ ton/m².

Zou men te maken hebben met een horizontaal of hellend phreatisch vlak, dat het glijdvlak snijdt, dan kan de gegeven afleiding niet meer zoo eenvoudig voor het geval van het optreden van waterspanningen worden pasklaar gemaakt en komt deze te vervallen.

Men zou dan, rekening houdend met het verloop der waterspanningen in de grondmassa, probeerender wijze het gevaarlijkste glijdvlak moeten opsporen.

Acht men dit niet gewettigd of wil men met de kans op het volregenen of volslaan van vroeger ontstane droogscheuren aan het boveneinde van het glijdvlak rekening houden en dus met een uiterste opvoering der waterspanningen, dan zou men zich op het standpunt kunnen stellen, dat de taludfactor, bepaald voor snelle spiegel verlaging, volgende op langdurige verzadiging, aan den veiligen kant is. Zelfs zou men in verband met een bij inscheuring kortere glijdvlaklengte de gevonden waarde van den vereischten schuifweerstand nog kunnen verhoogen, in de verhouding van de meetkundige lengte van het glijdvlak tot de effectieve lengte daarvan na inscheuring. Men rekent dan wel héél globaal!

§ 122. *Glijdvlakonderzoek in een algemeen geval.*

De behandelde methode van den φ-cirkel gaat uit van de veronderstelde aanwezigheid van homogenen grond en houdt, zooals reeds eerder opgemerkt, geen rekening met de zich dikwijls voordoende omstandigheid, dat de massa door een phreatisch vlak wordt doorsneden. In de gevallen der praktijk zal het dan ook dikwijls noodig zijn, om voor ieder afzonderlijk geval weer een afzonderlijk daarop gericht onderzoek in te stellen, waarbij intusschen aan de in vorige paragrafen gevonden uitkomsten belangrijke aanwijzingen kunnen worden ontleend.

Het zal dikwijls aanbeveling verdienen, bij een en ander dan grafisch te werk te gaan. De boven een te onderzoeken glijdwerk aanwezige massa waarvan men het evenwicht wil onderzoeken, wordt daarbij door platte scheidingsvlakken in geschikte stukken verdeeld, waarbij de snijpunten van het glijdvlak met de scheidingsvlakken tusschen uiteenloopende grondlagen, in de eerste plaats als deelpunten in aanmerking komen.

De door de scheidingsvlakken overgebrachte drukkrachten in water staan
natuurlijk loodrecht op die vlakken; ten aanzien van de korreldrukkrachten
moet echter wat de richting betreft een aanname worden gedaan. Uiteenloopende aannamen te dien opzichte blijken echter niet van grooten invloed
op de uitkomsten te zijn. Bij verticale scheidingsvlakken wordt daarom de
richting wel gemakshalve horizontaal genomen. Ook worden wel — indachtig aan de omstandigheid dat de grenstoestand van het evenwicht steeds
tegelijkertijd aanwezig is in twee vlakken die een hoek 90 — φ met elkaar
maken — de scheidingsvlakken onder een hoek van 90 — φ met het glijdvlak aangebracht; dan is althans nabij het glijdvlak en meestal wordt deze
omstandigheid dan voor het geheele scheidingsvlak aanwezig verondersteld,
de richting van de overgebrachte korreldruk aan het glijdvlak evenwijdig.

Teekent men nu van bovenaf beginnend aaneensluitende krachtenveelhoeken voor iedere grondmoot, waarin alle actieve krachten en alle weerstand biedende krachten met hun maximum-waarden worden opgenomen,
dan ontstaan figuren als in fig. 198 voorgesteld *). De waterspanningen in
de deelvlakken en in het glijdvlak komen daarbij ten volle tot hun recht.
De normale korreldrukken worden daardoor verkleind, zoodat kleinere wrijvingskrachten optreden en dus een ongunstiger evenwichtstoestand aan het
onderzoek wordt ten grondslag gelegd, dan zonder het in rekening brengen
der waterspanningen het geval zou zijn.

Indien aldus bij het teekenen van den krachtenveelhoek aan de weerstanden hunne maximale waarden worden gegeven, zal aan het einde der
constructie een overschot aan weerstand aan den dag moeten treden. De
verhouding, waarin dit overschot zou staan tot de in totaal langs het glijdvlak
uitgeoefende schuifweerstanden geeft dan een maat voor de veiligheid welke
volgens het onderzochte glijdvlak aanwezig is. Beter, want nauwkeuriger,
is het, om te pogen daarna de grootten der verschillende weerstanden in
zoodanige verhouding te verminderen, dat de krachtenveelhoek juist zonder
noemenswaardig overschot of tekort bij de laatste grondmoot tot sluiting
komt. De reserve, die dan in de vereischte weerstanden schuilt in vergelijking
tot de beschikbare waarden daarvan, geeft dan weer een maat voor de
veiligheid.

Men kan dan tegelijkertijd een druklijn voor de korrelmassa construeeren,
waaruit eene goede voorstelling van het krachtenspel in het inwendige van
het talud ontstaat. Ook bij overigens analytische behandeling is het wel
wenschelijk zich toch ook langs grafischen weg van het krachtenspel eene
voorstelling te maken. Te meer is dit gewenscht, wanneer feitelijk geen

---

*) Proceedings Internationale Conference on soil mechanics and foundation engineering. 1936.
Deel I, blz. 150—156.

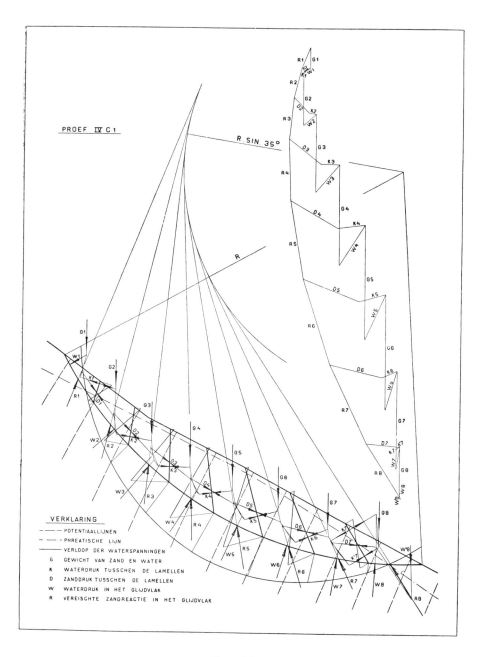

Fig. 198.

volledig evenwichtsonderzoek werd ingesteld. Immers, bij de analytische behandeling werd de afschuivende massa eenvoudig als een samenhangend geheel opgevat en daarvan slechts het rotatie-evenwicht om O bestudeerd. Echter moet ook het inwendige evenwicht verzekerd zijn en moeten de in een deelvlak overgebrachte krachten steeds binnen de begrenzingen daarvan vallen niet alleen, doch deze ook niet te dicht naderen, daar anders plaatselijk het inwendig evenwicht in de korrelmassa niet zou kunnen worden gehandhaafd. Eerst door bestudeering van de druklijn en de krachtpunten in de deelvlakken kan men zich inzake deze punten zekerheid verschaffen.

Verder moet behalve rotatie ook translatie uitgesloten zijn. Bij sluitende krachtenveelhoek en te niet loopende druklijn is die mogelijkheid nog niet vanzelf uitgesloten; immers zal men (vooral bij het optreden van hooge waterspanningen) eveneens de evenwichtskansen dienen te onderzoeken van het gedeelte van den ondergrond, waartegen de grondschol steunt, van welke tot nog toe nog slechts de kans op wenteling ter sprake kwam.

Feitelijk komt dit erop neer, dat men andere dan cirkelvormige beloopen van het benedeneinde van het glijdvlak onderzoekt. Hebben deze gedeelten grootere kromtestralen, dan laten zij de wentelende beweging der afschuivende grondmassa toe, doch zullen zich daarin scheuren moeten ontwikkelen.

§ 123. *Voorbeelden van grafisch onderzoek.*

Het resultaat van een grafisch onderzoek, zooals dit in het eerste gedeelte van de vorige § werd bedoeld, is in het voorbeeld van fig. 198, aangegeven waarin een hellend phreatisch vlak binnenin een zandtalud aanwezig was. Het bleek, dat de zandmassa voor $\varphi = 35°$ juist in een grenstoestand van evenwicht moest verkeeren. De in de deelvlakken overgebrachte korrel en waterdrukken zijn afzonderlijk aangegeven. De krachtenveelhoek sluit. Het betrof hier een in het laboratorium waargenomen glijdvlak, waarbij de waterspanningen door meting waren bepaald.

In het voorbeeld van fig. 199 is een geval uit de praktijk behandeld, waarbij zich eene afschuiving had voorgedaan en waarbij voor $\varphi = 29°$ in het losgepakte zand en in den veengrond onder de aangegeven bovenbelasting juist de grens van het evenwicht was bereikt. Het glijdvlak is aan waarnemingen ontleend. De richtingen der in de deelvlakken overgebrachte korreldrukkrachten zijn in verband met een aannemelijk verloop van de

druklijn gekozen. Bij dit voorbeeld bleek, dat eene wijziging van het cirkelvormige glijdvlakbeloop aan het beneden einde tot ongunstiger uitkomst
leidde.

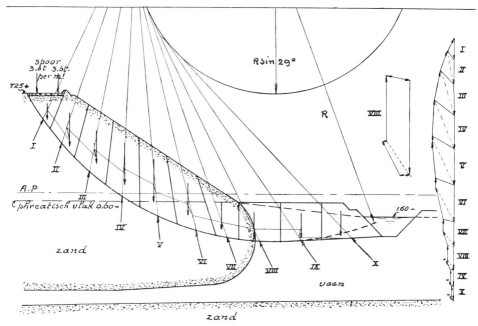

Fig. 199.

§ 124. *Andere glijdvlakbeloopen dan nagenoeg cirkelvormige.*

Er werd reeds in de inleiding van dit hoofdstuk op gewezen, dat, indien
daartoe aanleiding bestaat, ook andere dan cirkelvormige of den cirkelvorm
nabijkomende glijdvlakken in beschouwing dienen te worden genomen.

Hiertoe bestaat des te meer aanleiding, naarmate de waterspanningen in
het glijdvlak hoogere waarden kunnen aannemen, zooals dit bij het uitvoeren
van ophoogingswerken op samendrukbare, slecht doorlatende grondlagen
dikwijls het geval is. Deze waterspanningen veroorzaken weliswaar geen
koppel om het middelpunt van een cirkelvormig glijdvlak en komen bij het
onderzoek van cirkelvormige glijdvlakken dus slechts ten deele — namelijk
als eene vermindering der korrelspanningen — tot uitwerking. Intusschen
wordt door de waterspanningen de voorwaartsche druk op de massa wel
degelijk vergroot en ontstaat verhoogde kans op het bezwijken van de
keerende massa aan het benedeneinde van het glijdvlak (§ 122) en dus in
verhoogde mate hetgeen reeds in het klein bij fig. 199 werd opgemerkt.

Het niet-wentelen van de taludmassa volgens een cilindrisch glijdvlak beteekent alleen dan een evenwicht, indien het talud niet inwendig bezwijkt en ook de grondmassa aan den voet van het glijdvlak stand houdt (§ 122). De vraag dringt zich dan ook op of terwijl b.v. in fig. 200 het gedeelte BDF in hoofdzaak om het centrum O wentelt, het gedeelte FDE onder invloed van de voorwaartsche druk in vlak FD geen horizontale verschuiving kan ondergaan. Hierbij spelen de hoofdrollen de genoemde druk in FD eenerzijds en anderzijds de weerstand volgens vlak ED, met inachtnming van mogelijke, de korrelspanningen verminderende hydrodynamische water-spanningen, welke als uitvloeisel der hooge hydrodynamische spanningen bij D, te verwachten zijn. Ligt in het vlak ED een laag met geringen schuif-weerstand dan bestaat tot dit onderzoek dubbele aanleiding. Natuurlijk kan

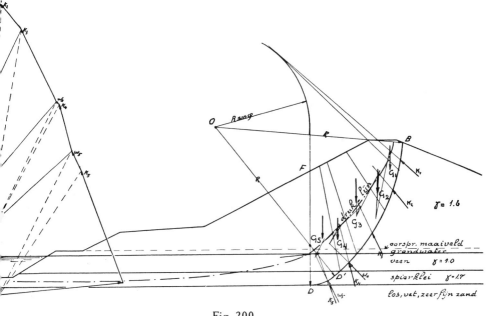

Fig. 200.

— indien dit tot ongunstiger resultaat zou leiden — inplaats van den cirkel-boog BD' een recht gedeelte met een cirkelvormigen overgang worden toe-gepast of zullen nog andere mogelijkheden onderzoek vereischen.

In de figuur is het onderzoek weergegeven voor één glijdvlak, in verband met een geval uit de praktijk, waarin zich eene verschuiving had voorgedaan. Bij dit glijdvlakonderzoek spelen in verband met de snelle uitvoering de hydrodynamische waterspanningen in de kleilaag een belangrijke rol. Bij de grafische behandeling nu, is verondersteld dat 80 % der in de laag spierklei uitgeoefende drukkingen door hydrodynamische spanningen wordt geleverd, en dus 20 % door korrelspanningen. Is daarvoor $tg\,\varphi = \frac{1}{2}$, dan zal dus de totale reactie volgens het glijdvlakgedeelte in de spierklei onder $\frac{1}{10}$ hellen ten opzichte van de normaal op het glijdvlak.

Opgemerkt dient voorts, dat bij de grafische constructie eenige willekeur mogelijk is en dat in de veenlaag en in de kleilaag de hydrostatische water-drukken in de krachtenveelhoeken afzonderlijk werden opgenomen.

Een steilere helling van de drukkracht in vlak DF zou tot een iets kleinere vereischte weerstand volgens vlak DE leiden. De grafische constructie spreekt overigens voor zichzelf.

De aldus gevonden voorwaartsche drukking op den berm stemt daarbij ongeveer overeen met den verschuivingsweerstand volgens de laag DE dien men op grond van het laboratorium-onderzoek van grondmonsters aanwezig achtte.

Uit dit laatste voorbeeld blijkt wel ten duidelijkste, dat inzake het even-wichtsonderzoek van taluds geen vaste regels kunnen worden gegeven. doch dat van geval tot geval nagegaan moet worden, welke evenwichtsverstorin-gen in een bepaald geval denkbaar zouden zijn, om dan langs grafischen en (of) analytischen weg te onderzoeken in hoeverre gevaar bestaat, dat de gedachte verstoringen ook in werkelijkheid zullen optreden.

Vormt daarbij de bepaling van het gevaarlijkste glijdvlak en van de vol-gens dat vlak voor het evenwicht vereischte schuifweerstanden dikwijls een moeilijk tot oplossing te brengen vraagstuk, in niet mindere mate geldt dit veelal ten aanzien van de beoordeeling der toelaatbaarheid der voor het evenwicht vereischte weerstanden. De vele factoren, welke hierop van invloed zijn werden in § 80 uitvoerig besproken, zoodat daarnaar kan worden verwezen.

Eveneens wordt ten slotte ten aanzien van de kansen op evenwichtsver-storing bij aardbevingen verwezen naar hetgeen in § 25 omtrent zettings-vloeiingen werd opgemerkt, terwijl hetgeen bijzondere moeilijkheden mede-brengt, om met de in een bepaald gebied te verwachten aardbevingsversnel-lingen en de daaruit voortvloeiende traagheidskrachten rekening te houden, welke tenslotte in een richtingswijziging van het zwaartekrachtsveld der aarde resulteeren.

Tevens werd daar uitvoerig op de zettingsvloeiing de aandacht gevestigd als secundair verschijnsel of als verschijnsel dat, plaatselijk door geringe primaire oorzaken uitgelokt, om zich heen grijpend, zeer groote uitbreiding kan verkrijgen en werden de middelen tot voorkoming aangegeven.

§ 125. *Plaatselijke evenwichtsverstoringen onder invloed van uittredend water.*

Een der omstandigheden die tot locale primaire evenwichtsverstoring kan aanleiding geven, zonder dat daarin aanvankelijk glijdvlakken van grootere uitgebreidheid betrokken zijn, doet zich dikwijls voor, indien het phreatische vlak een talud bereikt op een boven den teen gelegen punt. Zooals dit door VAN ITERSON is aangegeven kan men dan in eerste benadering veronderstellen dat in het betrokken gebied de stroombanen horizontaal en de equipotentiaallijnen verticaal zullen zijn. Het verhang i volgens een horizontale stroombaan bedraagt dan overal $\dfrac{z}{z : tg\, a} = tg\, a$ (fig. 201), het-

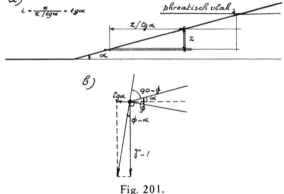

Fig. 201.

geen dan volgens § 5 eveneens de per eenheid van grondvolume uitgeoefende stroomingsdruk aangeeft, welke in dit geval dan zuiver horizontaal zou werken. Het is dan alsof op de van water verzadigde en ondergedompelde eenheid van grondvolume, behalve het verticale krachtveld der aarde ook nog een horizontaal krachtveld $tg\, a$ wordt uitgeoefend. Men kan zich als resultaat een van de verticaal afwijkend krachtveld denken.

Gaat men er verder van uit, dat het korrelmateriaal indien er geen echte cohesie is nog juist in evenwicht kan blijven indien het oppervlak een hoek $(90 - \varphi)$ maakt met de richting van het krachtveld, dan is het duidelijk, dat een taludhelling a bij uittredend water juist tot een grenstoestand van evenwicht zal leiden als voldaan wordt aan de voorwaarde, dat (fig. 201):

$$tg\,(\varphi - a) = \frac{tg\, a}{(\gamma - 1)} \; .$$

Bij gegeven φ-waarde, en gegeven waarde voor $(\gamma - 1)$ volgt hieruit gemakkelijk de waarde van a.

Bij $(\gamma - 1) = 1$ ton/m³ en $\varphi = 30°$, wordt $\alpha = 15°$ de grenswaarde. Bij hier beneden blijvende taludhelling gaat men echter pas veilig, indien bij het langs het talud stroomen van het uittredende water geen deeltjes worden meegevoerd; daartegen dienen dus bovendien maatregelen te worden genomen.

§ 126. *Wanden, dienende tot steun van taluds.*

Indien tot steun van taluds, van muren of damwanden wordt gebruik gemaakt, zal het mogelijk zijn om de daarop door de gesteunde grondmassa uitgeoefende krachten te bepalen onder gebruikmaking van gebogen gliid-vlakken en onder toepassing van de beginselen welke in dit hoofdstuk werden aangegeven.

Immers moet de wand de taak overnemen van het deel van het talud dat men wenscht achterwege te laten. De te verwachten ligging van het phrea-tische vlak in verband met eventueel aan te brengen draineeringen speelt hierbij een belangrijke rol.

Het zal noodig zijn, niet alleen het evenwicht van het steunlichaam van het talud onder invloed der erop aangrijpende krachten te onderzoeken, doch bovendien na te gaan of ook voor diepe onder het steunlichaam door-gaande glijdvlakken het evenwicht verzekerd is.

Daar het hier van geval tot geval toepassing betreft van reeds in alge-meen verband behandelde beginselen, zal op deze problemen hier niet verder worden ingegaan.

Eenige Uitgaven van Uitgeverij Waltman Delft.

Prof. Ir. J. Klopper.

LEERBOEK DER TOEGEPASTE MECHANICA.

Deel I: Statica.   3e druk, 500 blz. 418 fig.   Gebonden ƒ 15,—

Krachten in een plat vlak; Zwaartepunten; Traagheidsgrootheden; Krachten in de ruimte; Belastingen en oplegkrachten; Staven onder den invloed van uitwendige krachten; Invloedslijnen; Maximum- en minimumlijnen; Balken op twee steunpunten; Draagconstructies met onderling beweegbare deelen; Vakwerken; Bepaling der staafkrachten in een plat, statisch bepaald vakwerk; Vakwerkligger, aan de uiteinden opgelegd; Vakwerken met onderling beweegbare deelen; Vormverandering van platte vakwerken; Ruimtevakwerken; Gronddruk.

Deel II: Sterkteberekeningen.   3e druk, 456 blz. 302 fig.

Gebonden ƒ 15,—

Spanningen en vormveranderingen; Veerkracht; Veerkrachtsgevallen; Uitrekking of samendrukking; Buiging; Buiging met uitrekking of samendrukking; Buiging met afschuiving; Wringing; Spanningsleer; Vormveranderingsarbeid; Mathematische veerkrachtsleer; Platen; Plaatselijke spanningen; Materiaaleigenschappen; Sterkteberekeningen; Knik.

Deel III: Statisch onbepaalde constructies.   3e druk, 448 blz. 352 fig.

Gebonden ƒ 15,—

Statisch onbepaalde constructies; De vormveranderingsvergelijkingen; De keuze der statisch onbepaalden; De wet van minimumvormveranderingsarbeid; Statisch onbepaalde balken; Liggers over de volle lengte ondersteund; Statisch onbepaalde bogen en gewelven; Statisch onbepaalde staafverbindingen; Het ontwerpen van statisch onbepaalde constructies.

H. J. van Leusen.

LANDMETEN EN WATERPASSEN.

4e druk.   Gebonden *f* 5,50

DEEL I. Landmeten; De voornaamste onderdeelen der instrumenten;
Instrumenten voor het uitzetten van rechte hoeken; Instrumenten voor
lengtemeting; Het uitbakenen van rechte lijnen; De opmeting van een
terrein van kleinen omvang met behulp der meest eenvoudige meetwerk-
tuigen; Hoekmeetinstrumenten; Grootere metingen; Veelhoeksmeting;
Secundaire driehoeksmeting; Inhoudsbepaling.

DEEL II. Waterpassen; Waterpasinstrumenten en waterpasbakken; Het
waterpassen; Het opnemen van waterleidingen; Tachymetrie; Uitzetten.

Ir. A. van Linden v. d. Heuvell.

DE WEG.

KOSTEN EN AANLEG VAN LANDVERKEERSWEGEN.

Gebonden *f* 4,90

Historische en wettelijke beschouwingen over den landverkeersweg; Gevolgen
van het autoverkeer op het wegbeheer; Wegaanleg (constructie); Wegonder-
houd (constructie); Kosten van aanleg, verbetering en onderhoud, totale
jaarkosten; Slotbeschouwingen; Beknopte samenvatting; Richtlijnen ten aanzien van aanleg en verbeteringskosten.

A. de Jong en F. Goud.

HANDBOEK DER METAALBEWERKING.

3e geheel herziene druk.

DEEL I. Materialenkennis, harden en temperen van staal, koper-, blik-
en zinkwerken, vormen en gieten, enz.

Gecartonneerd *f* 2,25

DEEL II. Bank-, plaat- en constructiewerk, sloten, smeden en wellen,
machinaal smeden, autogeen en electrisch lasschen, enz.

Gecartonneerd *f* 2,25

DEEL III. Passen en meten, werktuigen, boren, schaven, draaien,
fraischen, slijpen, forceeren, enz.

Gecartonneerd *f* 2,25

De 3 deelen gezamenlijk in één band gebonden *f* 6,50